第1章

苹果

“选框工具”操作素材

第2章

参考线操作素材

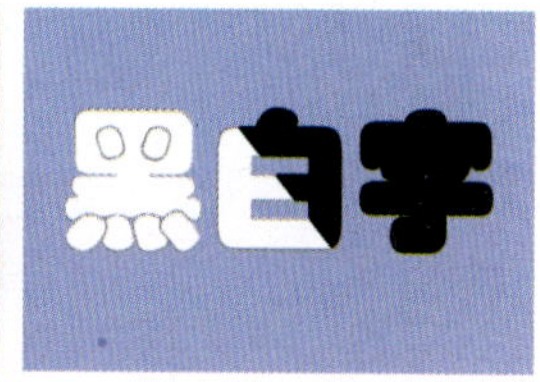

黑白字实例

第3章

猫咪

修补图像实例

定义画笔操作素材

第4章

路径文字实例

自定义工具实例

紫荆花

小狗路径

第5章

"模式"工具操作素材

"缩放"工具操作素材

"抓手"工具操作素材

"魔棒"工具操作素材1

第6章

"渐变映射"命令

"去色"命令

"阴影/高光"命令

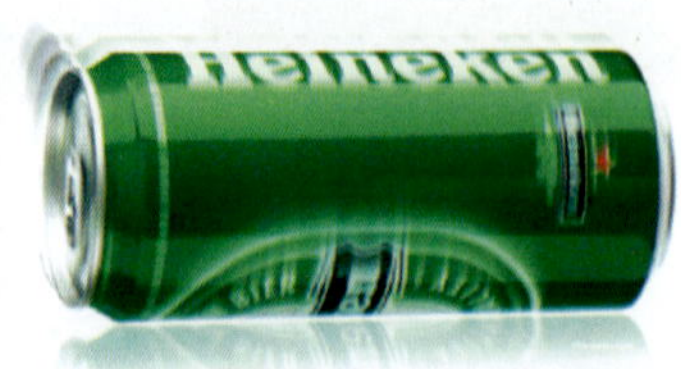

"色调分离"命令

"自动对比度"命令

"亮度/对比度"命令

"色阶"命令

"自动颜色"命令

第7章

金属字效果

描边效果

图层操作素材

球体效果

定义图案操作素材

颜色叠加效果

“混合选项”操作素材

第8章

烧纸实例操作素材

烧纸效果

砖墙字实例操作素材

砖墙字效果

淡雾实例操作素材

淡雾效果

第9章

扭曲滤镜操作素材

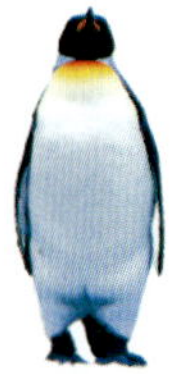
液化滤镜操作素材

像素化滤镜操作素材

画笔描边滤镜操作素材

木板雕刻效果

木板雕刻实例操作素材

“粗糙蜡笔”滤镜效果

第10章

动画操作素材

第10章

木板

木板雕花效果

雨景实例操作素材

雨景效果

卷边实例操作素材

卷边效果

贺卡效果

电脑 | 即学即用 | 系列
Diannao Jixuejiyong Xilie

Photoshop CS3 即学即用

王彬华　编著

电子科技大学出版社

图书在版编目（CIP）数据

Photoshop CS3 即学即用 / 王彬华编著. —成都：电子科技大学出版社，2008.1
（电脑即学即用系列）
ISBN 978-7-81114-728-5

Ⅰ. P… Ⅱ. 王… Ⅲ. 图形软件，Photoshop CS3 Ⅳ. TP391.41

中国版本图书馆 CIP 数据核字（2007）第 191977 号

Photoshop CS3 即学即用

王彬华 编著

出　　版：电子科技大学出版社（成都市一环路东一段 159 号电子信息产业大厦　邮编：610051）
策划编辑：谢应成
责任编辑：谢应成
主　　页：www. uestcp. com.cn
电子邮箱：uestcp @ uestcp.com.cn
发　　行：新华书店经销
印　　刷：四川南方印务有限公司
成品尺寸：185 mm×230 mm　　印张 14. 5　彩插　4　　字数 334 千字
版　　次：2008 年 1 月第一版
印　　次：2008 年 1 月第一次印刷
书　　号：ISBN 978-7-81114-728-5
定　　价：24. 00 元

《电脑即学即用系列》

电脑作为现代办公设备必不可少的一种工具，已经广泛地应用到各个领域，正在改变着人们的生产和生活。不会使用电脑就跟不上时代，因此，如何快速地学会电脑操作技能，就成为现代社会每个人都需要解决的新问题。

为适应这种需求，各类学历教育学校以及社会培训学校都开设计算机专业方面的课程，各类学校也将非计算机专业学生的电脑知识和技能教育纳入教学计划。为此，我们组织了一批教学精英编写这套《电脑即学即用》系列，以满足学校教学和学习电脑知识人员的需要。本套教材的作者均长期从事一线教育工作，熟悉教学内容的编排，了解学生的需求和接受能力，并将丰富的授课和写作经验融入本套教材的编写中。

本套教材涵盖了计算机各个应用领域，包括操作系统使用、办公软件、互联网、网页制作、计算机组装、图形图像、二维动画、三维动画、电脑制图等。众多的图书品种可以满足不同读者、不同电脑课程设置的需要。

本套丛书全部以最流行软件为基础，详细讲解每个软件的使用方法及应用技巧，并以大量的案例贯穿于教学过程中，使读者真正熟练掌握所学软件，融会贯通。本套丛书具有以下特点：

1. 本丛书紧密结合自学与课堂教学的特点，针对广大初、中级读者电脑基础知识薄弱的现状，突出基础知识和实践指导方面的内容。

2. 版式设计简洁、大方，突出重点，对于标题、正文、注释、技巧等都设计了醒目的字体，读者阅读起来会感到轻松愉快。

3. 语言精练实用，不讲深奥的原理，只介绍学习电脑应用最需要的内容。

4. 以详细、直观的步骤讲解相关操作，方便读者阅读。本套丛书在实例的讲解上注意选材，书中的实例都具有较强的代表性。

5. 本套丛书中涉及的制作实例、素材等内容均可在 http://www.zrbook.net 网站上下载使用。

编　者

2007 年 10月

Photoshop CS3 即学即用 前言

21 世纪的今天，是一个充满创造和想象力的时代，一个崇尚美的时代。走在大街上，随意可看到许多精美的广告牌、灯箱，而信手翻阅书刊时，其精美的图片也让人爱不释手。在这个时代里，每个人都在努力发挥自己的才能，不断创造美丽的事物。广泛的社会需要必然会营造巨大的商业空间，人们对视觉美的要求，使越来越多专业的、非专业的人员开始从事设计工作，同时也使 Photoshop 在这一领域中广泛应用，特别是后来出现的 Photoshop CS3，它所具有的功能会更加强大。

Photoshop CS3 的出现改变了用黑、白、灰，用点、线、面描述的生活形态。它以形象直观的特点，使越来越多的人在表达自己的图像设计思路时更加频繁地使用它。Photoshop CS3 集图像编辑、扫描、合成、设计、网页制作为一体，是平面设计人员的首选工具。

本书全面详细地介绍了 Photoshop CS3 工具、菜单、面板的各种功能特性及使用方法。在介绍重点、难点知识中结合实例，使读者更加清晰地了解 Photoshop CS3 的各种功能和使用技巧。在本书中列举了大量的文字制作过程和大量的图像创意综合应用实例，通过这些丰富的实例，由浅入深地带领读者进入到平面设计世界中去。本书使用的是 Windows XP 操作系统，读者朋友在实际操作时可对应自己的操作系统和 Photoshop CS3 版本进行学习，不会产生影响。本书中所使用的素材及图像效果都可在网站：Http://www.zrboox.net 下载文件中找到。

本书在每一小节前都有一个问答，通过这些问答来引入一个知识点，读者朋友在学习本书时，可根据每小节前面的问答理解本节内容。此外，本书在最后一章还有综合练习，读者可以对照其实例进行练习，以巩固所学知识。

本书内容全面，结构合理，图文并茂，实例丰富，不仅适合广大平面设计师使用，而且也可作为各大、中专学校的学习教材或平面设计人员的培训教材。

由于时间仓促，水平有限，如有疏漏之处，敬请读者朋友批评指正。

王彬华

2007 年 10 月

Photoshop CS3 即学即用

第 1 章 Photoshop CS3 基础知识 …1

1.1 Photoshop CS3 的概念 …2
1.2 Photoshop CS3 工作界面 …2
1.2.1 菜单栏 …2
1.2.2 工具属性栏 …4
1.2.3 工具箱 …5
1.2.4 浮动控制面板 …6
1.2.5 文件浏览器 …6
1.3 Photoshop CS3 参数设置与窗口操作 …6
1.3.1 Photoshop CS3 的参数设置 …7
1.3.2 Photoshop CS3 的窗口操作 …7
1.4 Photoshop CS3 基本操作 …9
1.4.1 新建文件 …9
1.4.2 打开文件 …10
1.4.3 保存文件 …11
1.4.4 关闭文件 …11
1.5 图像基础知识 …12
1.5.1 图像类型 …12
1.5.2 分辨率 …13
1.5.3 图像的色彩模式 …13
1.5.4 图像的格式 …14

第 2 章 选择工具 …17

2.1 矩形选框工具组 …18
2.1.1 矩形选框工具 …18
2.1.2 椭圆选框工具 …20
2.1.3 单行/单列框工具 …21
2.2 移动工具 …22
2.3 套索工具组 …25
2.3.1 套索工具 …25
2.3.2 多边形套索工具 …26
2.3.3 磁性套索工具 …27
2.3.4 裁剪工具 …28
2.4 切片工具组 …28
2.4.1 切片工具 …29
2.4.2 切片选取工具 …30

第 3 章 绘图工具 …31

3.1 画笔工具组 …32
3.1.1 画笔工具 …32
3.1.2 铅笔工具 …35
3.1.3 颜色替换工具 …35
3.2 污点修复画笔工具组 …36
3.2.1 修复画笔工具 …36
3.2.2 修补工具 …38
3.2.3 红眼工具 …41
3.3 图章工具组 …42
3.3.1 仿制图章工具 …42
3.3.2 图案图章工具 …43
3.4 历史记录画笔工具组 …45
3.4.1 历史记录画笔工具 …45
3.4.2 历史记录艺术画笔工具 …47
3.5 橡皮擦工具组 …48
3.5.1 橡皮擦工具 …48
3.5.2 背景色橡皮擦工具 …49
3.5.3 魔术橡皮擦工具 …49
3.6 填充工具组 …50
3.6.1 渐变工具 …50
3.6.2 油漆桶工具 …53
3.7 模糊工具组 …54
3.7.1 模糊工具 …54

3.7.2 锐化工具……55
3.7.3 涂抹工具……55
3.8 减淡工具组……56
3.8.1 减淡工具……56
3.8.2 加深工具……57
3.8.3 海绵工具……58

第4章 路径与文字工具……59
4.1 钢笔工具组……60
4.1.1 钢笔工具……60
4.1.2 自由钢笔工具……61
4.1.3 添加锚点工具……61
4.1.4 删除锚点工具……62
4.1.5 转换点工具……63
4.2 路径选择工具组……63
4.2.1 路径选择工具……63
4.2.2 直接选择工具……64
4.3 形状工具……65
4.3.1 矩形工具……66
4.3.2 圆角矩形工具……67
4.3.3 椭圆工具……67
4.3.4 多边形工具……68
4.3.5 直线工具……68
4.3.6 自定义形状工具……69
4.3.7 路径面板……70
4.4 文字工具……72
4.4.1 横排文字工具……72
4.4.2 直排文字工具……73
4.4.3 横排文字蒙版工具……74
4.4.4 直排文字蒙版工具……75

第5章 色彩和辅助工具……77
5.1 色彩工具……78
5.1.1 魔棒工具……78
5.1.2 吸管工具组……79
5.1.3 前景色和背景色工具……79
5.2 辅助工具……82
5.2.1 注释工具组……82
5.2.2 抓手工具……84
5.2.3 缩放工具……85
5.2.4 模式工具……86
5.2.5 屏幕切换工具……88

第6章 色彩调整命令……89
6.1 调整图像的色调……90
6.1.1 色阶……90
6.1.2 自动色阶……91
6.1.3 自动对比度……92
6.1.4 自动颜色……92
6.1.5 曲线……93
6.1.6 色彩平衡……94
6.1.7 亮度/对比度……96
6.2 调整图像的色彩……97
6.2.1 色相/饱和度……97
6.2.2 去色……98
6.2.3 颜色匹配……99
6.2.4 替换颜色……100
6.2.5 可选颜色……101
6.2.6 通道混合器……101
6.2.7 渐变映射……102
6.2.8 照片滤镜……103
6.2.9 阴影/高光……104

Photoshop CS3 即学即用 目录

6.2.10 曝光度……105
6.3 图像色彩的特殊调整……106
6.3.1 反相……106
6.3.2 色调均化……107
6.3.3 阈值……108
6.3.4 色调分离……109
6.3.5 变化……109

第7章 图层调板……111
7.1 图层的概念……112
7.2 图层调板的操作……112
7.2.1 显示/隐藏图层调板……112
7.2.2 认识图层调板……113
7.3 图层的基本操作……114
7.3.1 新建图层……114
7.3.2 复制图层……115
7.3.3 删除图层……117
7.4 管理图层……117
7.4.1 链接图层……117
7.4.2 重命名图层……118
7.4.3 使用图层组……119
7.4.4 改变图层顺序……120
7.5 图层样式……121
7.5.1 混合选项……121
7.5.2 投影……123
7.5.3 内阴影……124
7.5.4 外发光/内发光……124
7.5.5 斜面和浮雕……126
7.5.6 光泽……129
7.5.7 颜色叠加……131
7.5.8 渐变叠加……132
7.5.9 图案叠加……133
7.5.10 描边……135

第8章 通道与蒙版……137
8.1 通道的概念……138
8.2 认识通道调板……138
8.3 管理通道面板……139
8.3.1 新建通道……139
8.3.2 复制通道……142
8.3.3 删除通道……142
8.3.4 分离通道……143
8.3.5 合并通道……144
8.3.6 通道实例……145
8.4 专色通道……147
8.4.1 专色通道的基本操作……147
8.4.2 通道转换……148
8.5 蒙版的概念……149
8.5.1 创建蒙版……149
8.5.2 快速蒙版……151
8.6 使用蒙版……152
8.6.1 烧纸效果……152
8.6.2 淡雾效果……155

第9章 滤镜……157
9.1 滤镜的概念……158
9.2 特殊滤镜……158
9.2.1 抽出滤镜……158
9.2.2 滤镜库……160
9.2.3 液化滤镜……160
9.3 像素化滤镜……161
9.3.1 彩色半调……162

9.3.2 晶格化……162
9.3.3 点状化……163
9.3.4 铜版雕刻……163
9.3.5 马赛克滤镜……164
9.4 扭曲……165
9.4.1 切变滤镜……165
9.4.2 扩散亮光……166
9.4.3 挤压滤镜……167
9.4.4 旋转扭曲滤镜……168
9.4.5 极坐标滤镜……168
9.4.6 波纹滤镜……170
9.5 杂色滤镜……171
9.5.1 蒙尘与划痕滤镜……171
9.5.2 添加杂色滤镜……172
9.6 模糊滤镜……174
9.6.1 动感模糊滤镜……174
9.6.2 径向滤镜……176
9.7 渲染滤镜……177
9.7.1 分层云彩滤镜……177
9.7.2 镜头光晕……180
9.8 画笔描边滤镜……181
9.8.1 喷溅滤镜……182
9.8.2 墨水轮廓……183
9.8.3 阴影线滤镜……183
9.9 素描滤镜……184
9.9.1 基底凸现滤镜……184
9.9.2 铬黄滤镜……185
9.10 纹理滤镜……187
9.10.1 拼缀图滤镜……187
9.10.2 马赛克拼贴滤镜……188
9.11 艺术效果滤镜……189
9.11.1 塑料包装滤镜……189
9.11.2 粗糙蜡笔滤镜……190
9.11.3 水彩滤镜……191
9.12 视频滤镜……192
9.13 锐化滤镜……192
9.14 风格化滤镜……194
9.14.1 查找边缘滤镜……194
9.14.2 风滤镜……195
9.15 其他滤镜……199
9.16 Digimarc 滤镜……199

第 10 章 ImageReady CS3 的应用……201

10.1 ImageReady CS3 的概念……202
10.1.1 ImageReady CS3 的界面……202
10.1.2 ImageReady CS3 的工具栏……204
10.2 ImageReady CS3 的使用……205
10.2.1 动画控制面板……205
10.2.2 复制帧……206
10.2.3 反转帧……207
10.2.4 保存动画……209

第 11 章 综合实例……211

11.1 卷边效果……212
11.2 木板雕刻……214
11.3 贺卡……217
11.4 雨景……220

电脑即学即用

教你学电脑

第 1 章 Photoshop CS3 基础知识

本 章 要 点:

- Photoshop CS3 的相关概念
- Photoshop CS3 的工作界面
- Photoshop CS3 的基本操作
- Photoshop CS3 图像基础知识

电脑博士，听说 Photoshop CS3 可用来修复照片，制作精美贺卡及产品包装效果，你能教我吗？

小丽，学习这门软件其实很轻松有趣。本章就先教你 Photoshop CS3 的一些基础知识，如 Photoshop CS3 的工作界面、参数设置和图像基础知识等。

1.1 PhotoshopCS3 概念

在众多的图形图像处理软件中，Photosho 一直居于首位，它从最低级的版本发展到现在的 CS3 版本经过了无数次的更新，在其多年的发展过程中，它都以强大的功能及梦幻般的效果征服了一批又一批的用户。

Photoshop 是一门图形图像软件，主要可用来做平面设计。在日常生活中，我们经常会看到许多的平面印刷品。如学习时看到的书的封面；散步时看到街上的海报、广告、灯箱等，这些都是由 Photoshop 制作或处理而成的。

当然 Photoshop 之所以如此受到人们的欢迎不仅仅是因为它具有强大的图像制作功能，更主要的是它具有非常广泛的图像处理功能，如合成图片、修复照片、给图像调色等。

1.2 PhotoshopCS3 工作界面

Photoshop CS3 的工作界面主要由菜单栏、工具属性栏、工具箱、浮动控制面板、栏和文件浏览器组成。下边分别对 Photoshop CS3 的工作界面进行详细的介绍。

1.2.1 菜单栏

菜单栏：为 Photoshop CS3 提供了丰富的菜单命令，位于窗口的最上方，共有 9 个菜单命令。Photoshop CS3 的菜单跟其他软件中的菜单一样，每个菜单都可使用鼠标和键盘两种方法打开。使用鼠标打开时只需将鼠标放在将要打开的菜单命令上单击即可弹出下拉菜单命令；用键盘打开时需按住“Alt”键再按每个菜单命令后面的字母（如打开“文件”菜单可按“Alt+F”键），以上介绍的两种方法都可方便、快捷地打开 Photoshop CS3 的菜单命令。

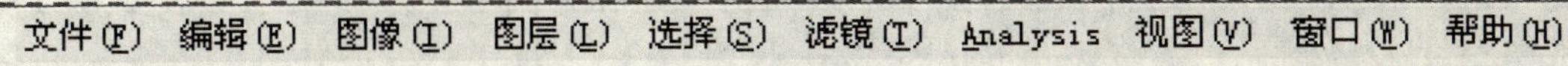

菜单栏

菜单命令的使用也非常方便，Photoshop CS3 中提供了许多使用快捷键就能打开的菜单命令，如“新建”文件可用“Ctrl+N”快捷键打开，“打开”文件可用“Ctrl+O”快捷键打开。一般能用快捷键打开的菜单命令在下拉菜单后，会在命令后出现一个快捷键，只要记住这些快捷键，以后就可直接使用。

在菜单命令中，若出现三个圆点，则表示可打开该命令的对话框，并可在打开的对话框中设置一些参数。

1 执行“文件”菜单并单击鼠标左键，打开“文件”下拉菜单。

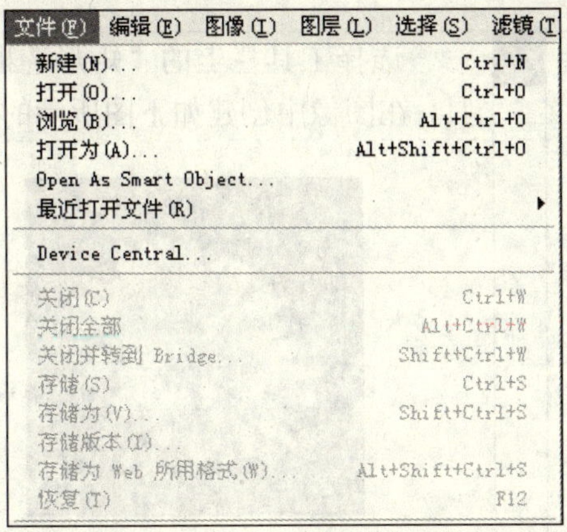

2 在菜单中选择“新建”命令。

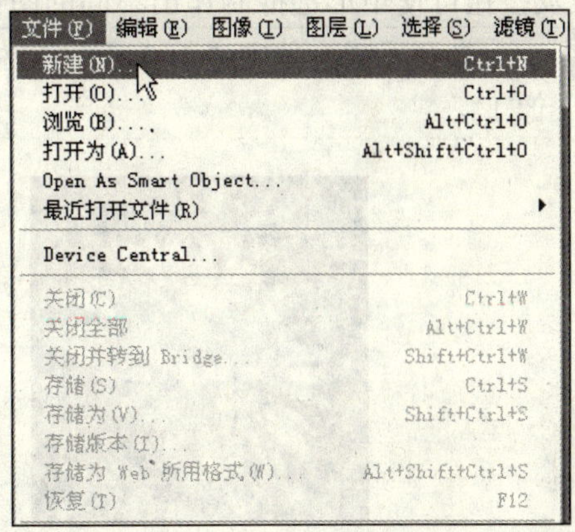

3 单击“新建”命令后，弹出“新建”对话框。

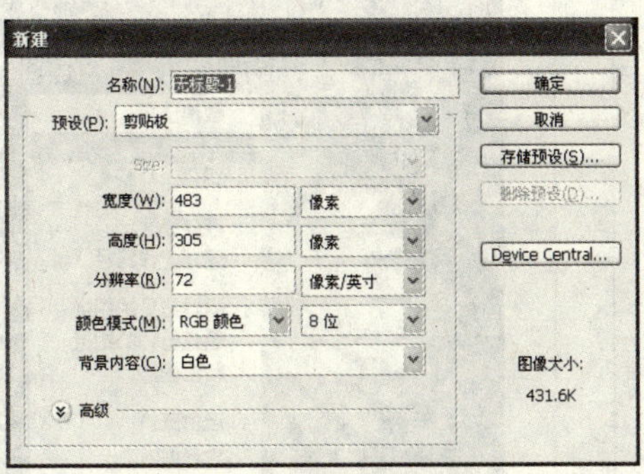

4 在“新建”对话框中设置相应的参数，如填写图像的名称、大小等。

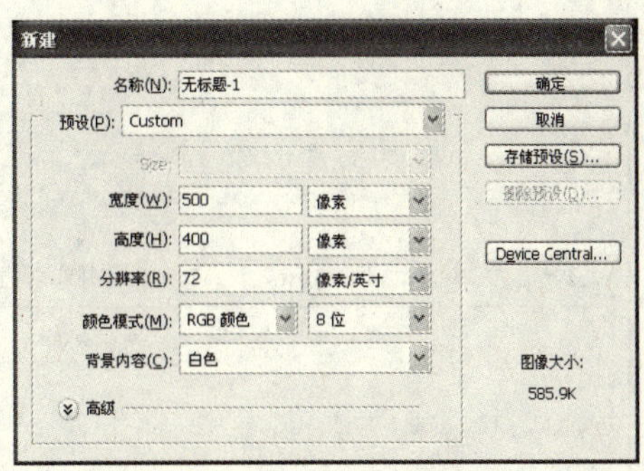

1.2.2 工具属性栏

工具属性栏位于菜单栏下方（如下图所示），用于显示 Photoshop CS3 中各个工具的属性，不同的工具其属性也不相同。

上图是一个矩形选框的属性栏，从图中可以看出属性栏中有许多按钮及选项，通过这些选项及按钮可使矩形选框制作出不同的图像效果。

1 打开下载文件中“第 1 章”文件下的“图像 1”。

2 选择工具栏上的“矩形选框”工具，在图像中创建如下图所示的选区。

3 在矩形选框属性栏的“羽化”文本框中输入 10 个像素的羽化值。

4 将鼠标指向选区内，单击右键并在弹出的快捷菜单中选择“反向选择”命令。

5 最后得到的图像羽化效果如下图所示，使用羽化效果后，图像的边缘变得模糊从而产生柔和边缘的效果。

6 若不执行“步骤 3”，也就是说不对属性栏进行设置，删除图像后，图像的边缘不会变得模糊反而跟原图一样清晰。

1.2.3 工具箱

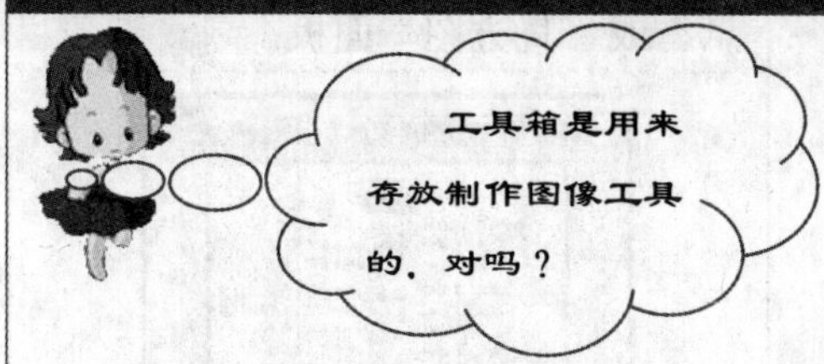

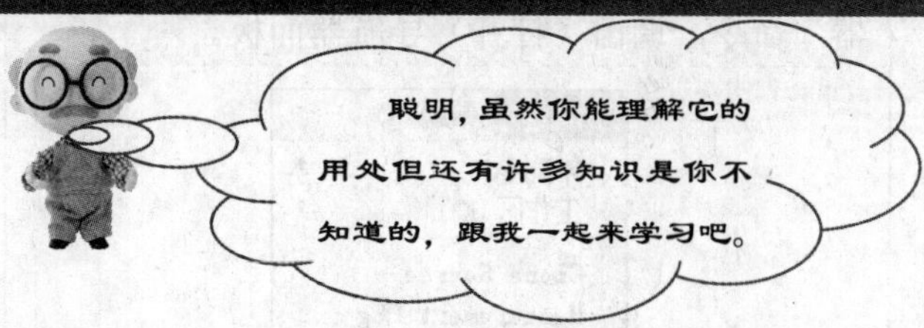

工具箱用于存放图像操作工具。使用这些工具可以很方便地对图像进行编辑、修补等操作。工具箱位于工具属性栏的下方，整个窗口的左边。注意观察的用户会发现许多工具的右下方都有一个向右的小三角符号，表示它是一个工具组，点击右边小三角符号会打开以前被隐藏起来的工具。

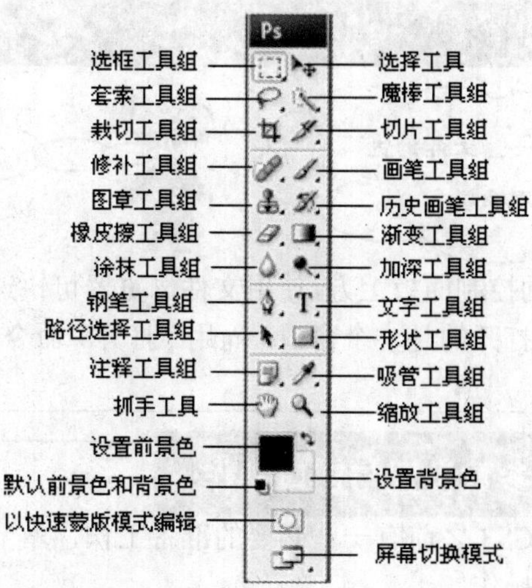

工具栏

1.2.4 浮动控制面板

浮动控制面板可在窗口中任意浮动而不影响图像的编辑，它包括导航器面板、颜色面板、历史记录面板和图层面板。调板的操作方式有关闭、打开、组合、移动和折叠等。

执行“窗口”菜单命令，即可打开控制面板。用户可通过查看在“窗口”菜单下的控制面板命令前是否有一个“✔”来判断此面板是否打开。关闭某个控制面板的方法是，直接单击其右上角的“☒”按钮即可。

1 单击菜单栏上的“窗口”菜单，选择“导航器”命令，调出（打开）导航器面板。

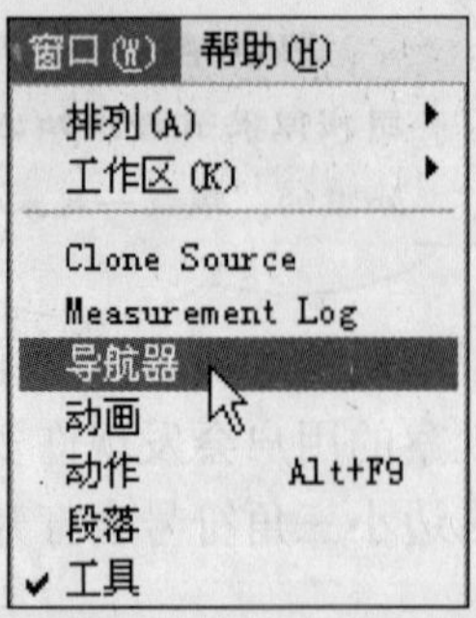

2 在导航器面板中可切换至“信息”或“直方图”面板。

1.2.5 文件浏览器

文件浏览器：位于浮动控制面板上方，使用文件浏览器可快速查找和打开各种类型的文件。打开文件浏览器后可发现打开的是一个窗口，而用“打开”命令查找文件时弹出的是一个对话框。

1.3 PhotoshopCS3 参数设置与窗口操作

在使用 Photoshop CS3 之前有一些必要的准备工作，本节所要学习的内容是 Photoshop CS3 的参数设置及窗口操作。

1.3.1 Photoshop CS3 的参数设置

在编辑图像时，往往根据用户的需要和电脑的配置来设置 Photoshop CS3 的内存分配和操作环境，以便能够更好、更方便地编辑图像，如可通过设置显示方式和光标来设定图像的不透明区域等。

设定不透明区域显示，是为了方便地编辑图像，正确地分辨出透明区域和非透明区域。具体的设置方法是通过“编辑”菜单中“首选项”命令下的“透明区域与色域”命令。单击此命令后将弹出一个“预置”对话框，在此对话框中即可对透明度和色域进行相应的设置。

设置光标的显示方式后，用户可对图形进行精确的绘制，具体的设置方法是通过“编辑”菜单命令来实现的。

1 单击“编辑”菜单，选择“首选项”菜单下的“显示与光标”命令。

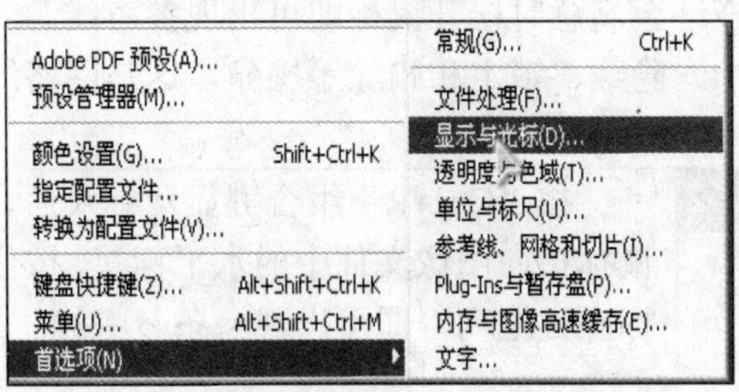

2 在弹出的“首选项”对话框中，对光标进行设置。

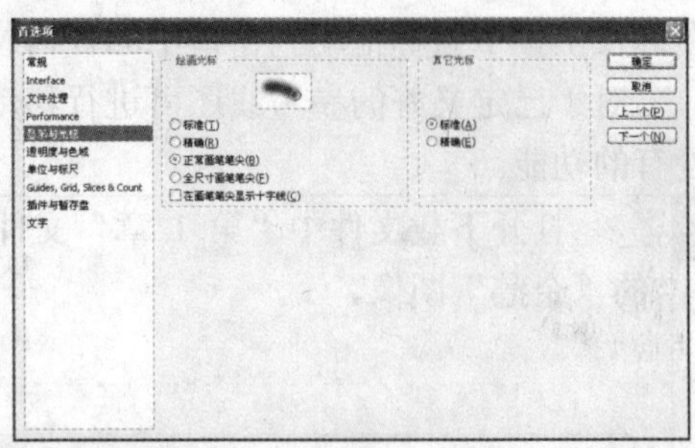

1.3.2 Photoshop CS3 的窗口操作

在 Photoshop CS3 中同时可以打开多个图像文件，因此，经常要在多个图像之间进行切换，改变图像窗口的视图模式以及改变图像窗口的位置和大小、新建图像窗口等。

这些操作能使编辑图像更加简便，下面就对这些操作进行简单的介绍。

（1）图像文件的操作

在编辑图像时，需要同时打开好几个图像文件，打开的这些图像文件都放在窗口中，显得特别零乱。如果通过还原、最小化和最大化操作将这些图像文件进行管理后就好多了。例如，需要一个图像文件就将它还原成打开时的样子，用完后，又将它最小化放在窗口的最下方，这样管理起来就不会造成零乱的感觉了。图像文件的还原、最小化和最大化都是通过文件窗口右上方的三个按钮来操作的，分别是：“ ”（最小化）、“ ”（还原）、“ ”（最大化）。

（2）标尺

标尺作为一种测量工具，在 Photoshop CS3 中起着非常重要的作用。不管是图像编辑还是制作图像，都会不可避免的用到标尺。使用标尺可显示出当前光标所在位置的坐标值，从而增加了操作的准确度。标尺的显示和隐藏非常方便，常用的方法是按“Ctrl+R”组合键显示，若想隐藏标尺即再按一次“Ctrl+R”组合键即可。标尺通常是以厘米为单位，若用户需要也可改变其单位。可通过“编辑”菜单来改变标尺单位。

（3）网格线

网格线的作用与标尺相似，都是为用户制作图像做参考的，方便用户在制作图像时对齐物体，从而起到精确的作用。可通过执行“视图”/“显示”/“网格”命令打开网格线。

（4）参考线

参考线即是一种灵活的网格线，它与网格线的作用一样都是用来对齐物体。它与网格线不同的是，它的位置是由用户自己设置。需注意的是在使用网格线之前必须显示标尺，然后在标尺上按下鼠标拖动到窗口中的任何位置，拖动至满意时松开鼠标即可出现参考线。

对于已定义好的参考线还可进行移动、显示、隐藏、锁定和删除等操作，这是网格线所没有的功能。

1 打开下载文件中“第 1 章”文件夹下的“企鹅”图像。

2 按“Ctrl+R”组合键显示标尺后，将鼠标指向图像文件中的水平标尺，按住鼠标左键拖动，即可出现一条参考线。

1.4 Photoshop CS3 基本操作

Photoshop CS3 的基本操作包括图像文件的新建、打开、关闭和保存。

1.4.1 新建文件

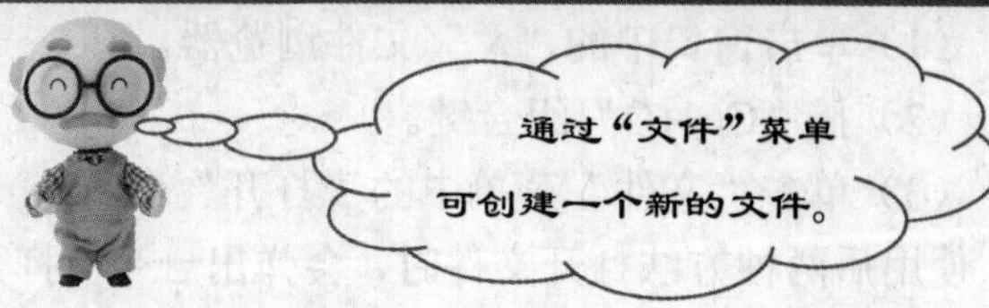

新建文件的方法有两种，可通过组合键和菜单命令来完成。对 Photoshop CS3 用得比较熟的用户一般都用组合键进行操作，如直接按“Ctrl+N”键即可打开“新建”文件对话框。另一种方法即是通过“文件”菜单新建文件。“新建”文件对话框中各参数的含义如下：

名称：指新建文件的名称，在后面的文本框中直接输入文件名即可。

预设：指文件的大小，单击文本框后向下的按钮可看到一竖排尺寸，用户可任选其中的一个，也选择“自定义”选项。选择“自定义”后用户可根据自己的需要设置文件的大小。

宽度：指文件的宽度，用户可直接在后面的文本框中输入宽度，也可根据需要在后面的文本框中选择宽度的单位，如像素、英寸等。

高度：指文件的高度，其参数设置与宽度一样。

分辨率：指文件的分辨率。

颜色模式：有 RGB、CMYK、LAB 颜色、灰度和位图几种。

背景内容：指新建文件的背景，默认为白色，用户也可将其设置为背景色和透明。设置为透明后，文件将无背景色。

设置好各个参数后，点击右边的“确定”即可。

1 单击“文件”菜单，选择“新建”命令。

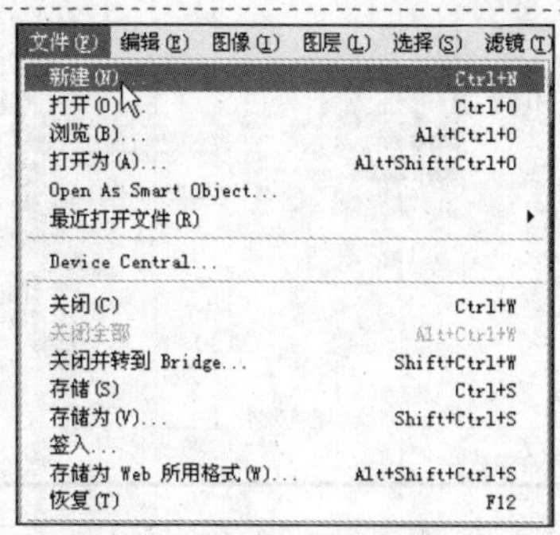

2 在弹出的“新建”文件对话框中，输入文件名称，设置大小等参数。

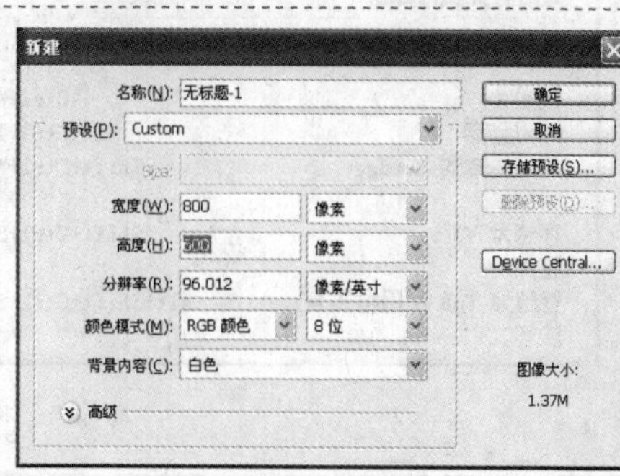

1.4.2 打开文件

Photoshop CS3 提供了以下三种打开文件的方法：

（1）单击窗口中的“ ”文件浏览器。

（2）按“Ctrl+O”组合键。

（3）单击“文件”菜单中的“打开”命令。

使用后两种方法打开文件时，会弹出一个“打开”文件对话框，对话框中各项参数的含义如下：

查找范围：用于查找将要打开的文件所在位置，单击右边向下的按钮即可进行选择。也可通过单击左边的图标查找文件所在位置。

文件名：指将要打开的文件的名称。

文件类型：指将要打开的文件类型。

需注意的是，选择好要打开的文件后，在对话框下边将显示出文件的大小信息，若打开的是图像文件，则会出现图像的缩略图。

选择好所有的选项后，按右边的“打开”按钮即可打开文件。

1 单击“文件”菜单，在弹出的下拉菜单中选择“打开”命令。

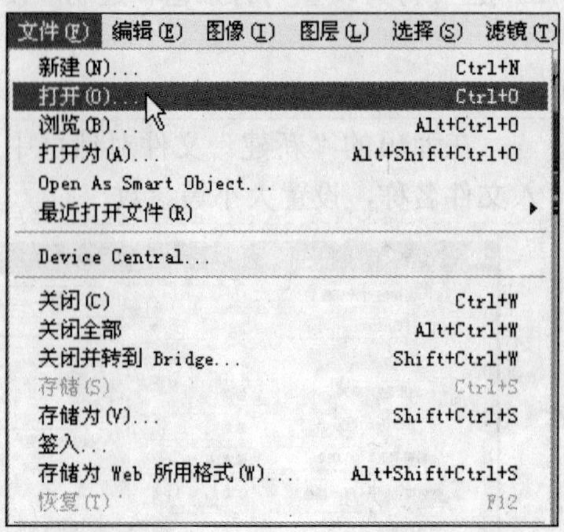

2 在弹出的“打开”文件对话框中设置相应的参数。

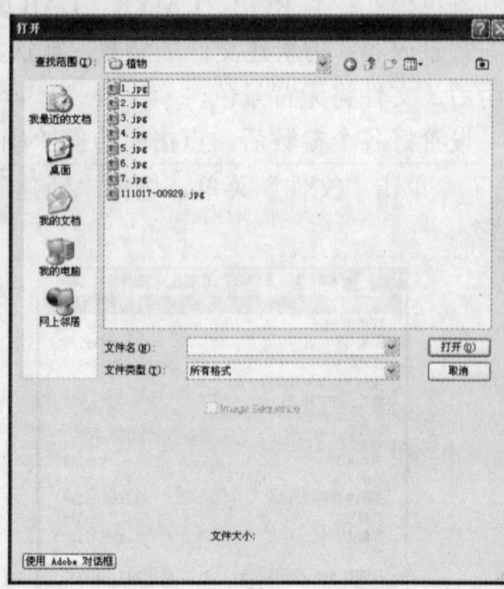

1.4.3 保存文件

保存文件有两种方法，即是通过菜单和组合键进行操作。使用组合键保存文件，按“Ctrl+O”键即可。使用菜单保存文件，则要用到“文件”菜单中的“保存”命令。在保存文件时，如果是第一次保存将会弹出一个“另存为”对话框。

1 单击“文件”菜单，在弹出的下拉菜单中选择“存储为”命令。

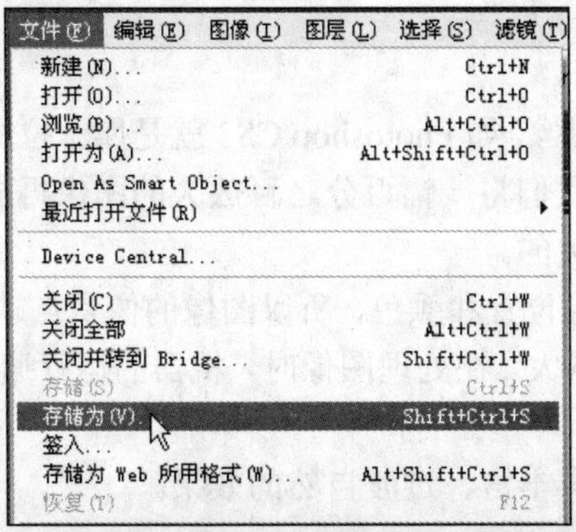

2 在弹出的“存储为”对话框中，选择文件存储的路径及名称。

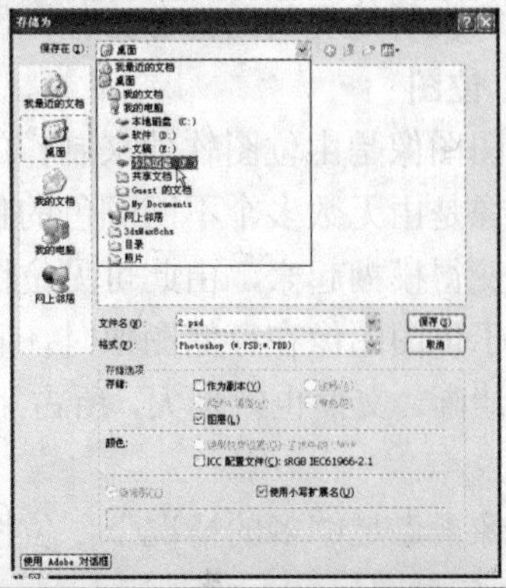

1.4.4 关闭文件

在 Photoshop CS3 中提供了三种关闭文件的方法，分别是：

（1）单击文件右上角的“×”按钮，这是一种最常用的关闭文件的方法。

（2）执行“文件”/“关闭”命令，也可以关闭文件。

（3）按“Alt+F4”组合键关闭文件。

在关闭文件时，如果对文件进行了编辑，那么无论使用哪种关闭方法，都会弹出一个对话框提示是否保存对此文件的修改，单击“是”则保存修改后的效果，如果单击“否”则不保存对文件的修改，单击“取消”则不关闭此文件。

1.5 图像基础知识

对于初学者来说，正确认识图像的概念及 Photoshop CS3 与图像之间的关系是非常重要的。只有正确认识这两者之间的关系，才能很好地运用 Photoshop CS3 制作出优秀的作品。作为一名优秀的平面设计师，必须要撑握图像的基础知识。

1.5.1 图像类型

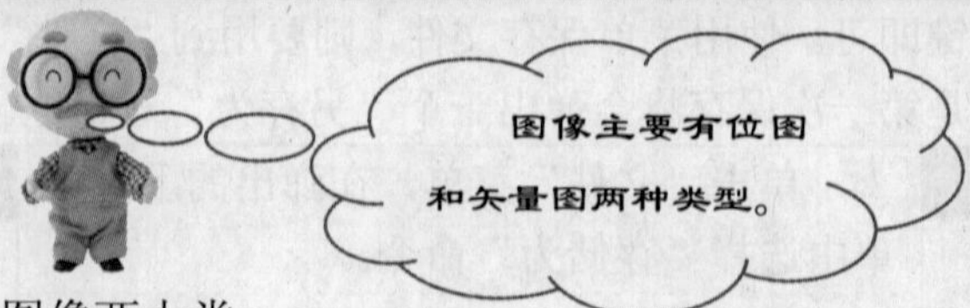

计算机所处理的图像分为位图图像和矢量图像两大类。

1．位图

位图图像是由位图软件来制作的，又叫做栅格图像，如 Photoshop CS3 就是属于位图软件。位图图像是由无数多个不同颜色的像素组成的，当我们将一幅百分之百放大的图像再放大后，图像会变得模糊起来，由此可见位图是与分辨率有关的。

由于位图图像在存储图像时，记录每个像素点的位置和颜色，所以图像的像素点越多，图像就越清晰，文件也就越大，所占用的内存空间也越大。在处理图像时，机器的运行速度就会越慢。

在像素点足够多的情况下，位图图像能表达色彩丰富、过渡自然的效果。

2．矢量图

矢量图是由矢量软件制作的，此类图形以数学公式的方法被保存下来。其中的各个元素都是根据图形的几何特性进行具体描述的。矢量图形可以缩放到任意大小，也可以按任意分辨率打印，都不会丢失细节，影响图像的清晰度。因此，矢量图形文件所占空间较小，而且在放大、缩小、旋转等操作时，不会影响图形的质量，此种特性也被称为无级平滑放缩。

1 打开下载文件中“第 1 章”文件夹下的“位图图像”，将其放大后的效果如下图所示。

2 打开下载文件中“第 1 章”文件夹下的“矢量图像”，将其放大后的效果如下图所示。

1.5.2 分辨率

分辨率是指图像中每单位打印长度上所包含的像素数量，单位通常用“像素/英寸”来表示。相同尺寸的图像，分辨率越高，单位长度上的像素越多，图像就越清晰；反之图像就越粗糙。

前面提到过，矢量图与分辨率无关，而位图与分辨率有着密不可分的关系。一般情况下，位图图像的质量取决于自身的分辨率设置以及打印机的分辨率设置，与图像在显示器中的分辨率大小无关，因此，要想获取较高品质的位图图像，就要为其设置合适的分辨率。通常，设置图像的分辨率为 150 个像素时，基本上可以满足图像的任何输出要求。

1 打开下载文件中“第 1 章”文件夹下的“苹果”图像。

2 打开下载文件中“第 1 章”文件夹下的“苹果”图像，将其分辨率设置成原图像的 3 倍后。

1.5.3 图像的色彩模式

对于做平面设计的人员来说，色彩模式是表现创作者思想及情绪的重要手段。色彩模式运用得合理，能够激发人们的想象力，可以使欣赏者与创作者之间产生一种心灵上的共鸣。

在 Photoshop CS3 中，常见的色彩模式有 RGB 模式、CMYK 模式、Lab 模式和灰度模式四种。

1. RGB 模式

RGB 模式以红、绿、蓝三种颜色做基础，因此又叫做三原色。RGB 模式是 Photoshop CS3 中使用最频繁的一种色彩模式。在工作时，这三种颜色通过不同程序的相互叠加，可以调配出多达 1 670 万种的色彩，当红、绿、蓝三种颜色完全叠加时会产生白色，因此又叫加色模式，这三种颜色的取值范围都在 0～255 之间。

使用 RGB 模式的优点是：

可节省内存，提高运行速度。

具有很大的设备独立性，由于 RGB 色彩空间不依赖于油墨，因此不管使用显示器还是输出设备，都会保留对图像进行的校正。

RGB 模式的颜色区域比 CMYK 的大得多，因此在做调整之后很可能保留更多的颜色。

2. CMYK 模式

CMYK 模式是以品蓝、品红、品黄和黑色组成的，因此又叫做印刷四分色。它产生色彩的原理是以白光照射在物体上，经物体吸收一部分颜色后，反射而产生的。CMYK 模式中的每种颜色取值都在 0～100 之间。这种模式被广泛地应用于印刷行业。

3. Lab 模式

Lab 模式是 Photoshop 在不同色彩模式之间转换时使用的内部色彩模式，它能够毫无偏差地在不同系统和平台之间进行转换。

Lab 是目前包含色彩范围最广泛的色彩模式。计算机将 RGB 模式转换成 CMYK 模式时，实际上是先将 RGB 模式转换成 Lab 模式，然后再将 Lab 模式转换成 CMYK 模式。

Lab 模式中的 L 代表从蓝到黄的光谱变化，取值范围在 0～100 之间；a 表示从绿到红的光谱变化 ，取值在 + 120～ - 120 之间；b 表示从蓝到黄的变化 ，其取值范围在 + 120～ - 120 之间。

4. 灰度模式

灰度模式是以黑色和白色为基本色，并与黑白之间的 255 个不同程序的灰色共同组成。灰度图像的每个像素有一个黑色到 255 之间的亮度值。灰度值也可以用黑色油墨覆盖的百分比来表示，0%表示白色，100%表示黑色。使用黑白或灰度扫描仪产生的图像常以灰度模式来显示。用户可将彩色图像转换成灰度模式。

1.5.4 图像的格式

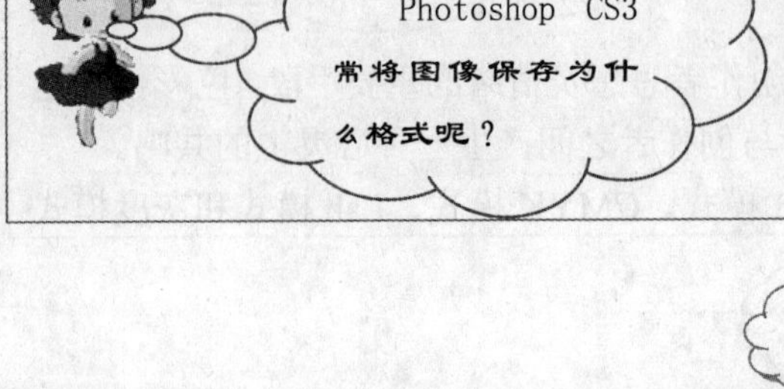

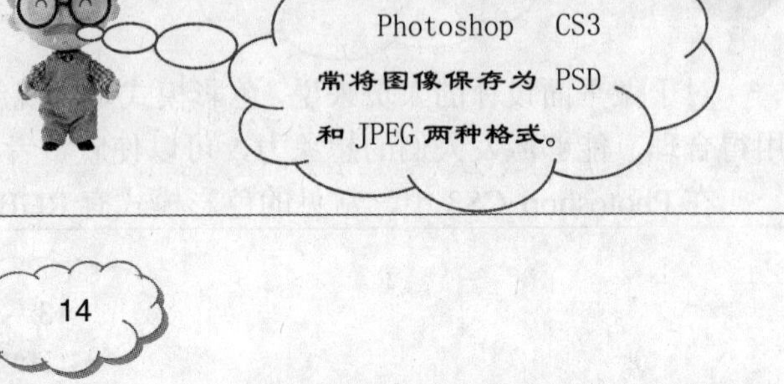

Photoshop CS3 支持的格式很多，一般可支持 20 多种图像文件的格式。在 Photoshop 中可以打开不同格式的图像进行编辑并保存，也可将文件另存为其他格式。下面介绍几种常用及常见的格式。

1. PSD 格式

PSD 格式是 Photoshop CS3 自带的格式，也就是默认格式。使用这种格式保存的文件可保存 Photoshop 中所有的图层、通道、参考线等信息，便于修改图像。虽然 PSD 格式在保存时会将文件压缩，但其保存的信息确实太多，因此所占用的内存空间还是比其他格式的大。

2. JPGE 格式

JPGE 格式也是 Photoshop 中常用的一种保存图像文件的格式。JPEG 格式最大的特点就是压缩性很强，占用内存空间很小，因此这种格式的应用非常广泛。但在使用这种格式保存图像时要注意，当它设置的压缩比率过大时，会对图像产生破坏性压缩，从而影响到图像的质量。因此，在生成 JPEG 格式的文件时，一定要注意其品质的设置。

3. GIF 格式

GIF 格式主要应用于因特网的网页文档中，可支持 8 位图像文件。GIF 格式最多只能保存 256 色的 RGB 色阶数，采用 LZW 压缩方式压缩文件而不会太占磁盘空间。

除以上 3 种外还有很多其他的格式，如 PICT 格式、PNG 格式、EPS 格式、PCX 格式等。在实际操作时用户可根据需要选择使用哪种格式保存文件。

1 执行“文件”/“存储为”命令，会弹出如下图所示的对话框。在文件名及格式文本框中显示的是文件处理后的信息，如“图像 1”是 JPEG 格式的文件，那么格式中默认的也是 JPEG 格式。

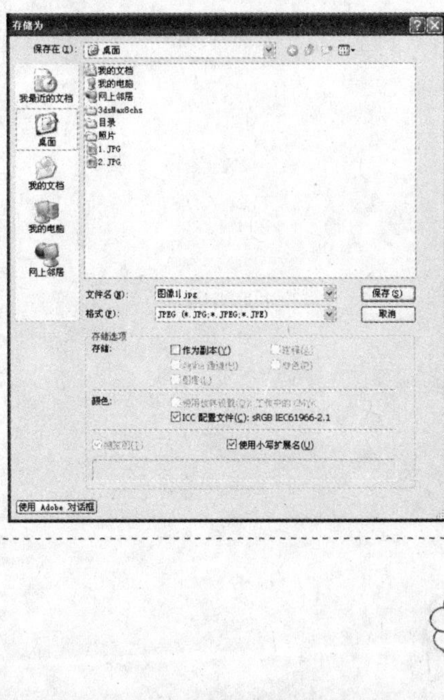

2 单击“格式”文本框后面的按钮，会打开格式列表框，列表框中共有 18 种文件格式，用户应根据需要选择文件保存的格式，若在此选择 Photoshop CS3 默认的“PSD”格式。

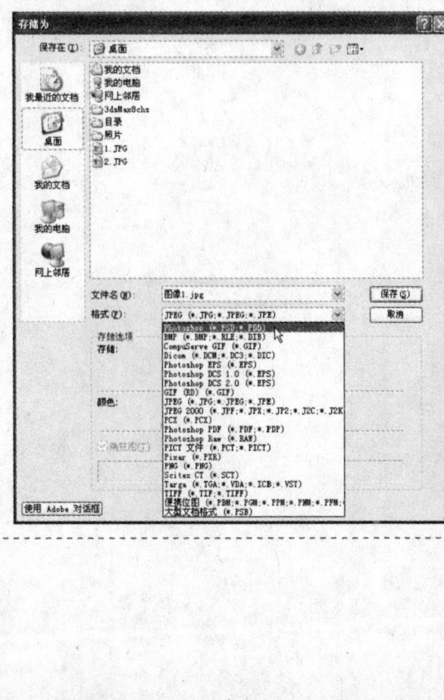

单击“确定”按钮后，在 Photoshop CS3 窗口中会弹出提示框。单击“确定”按钮后即可存储文件。

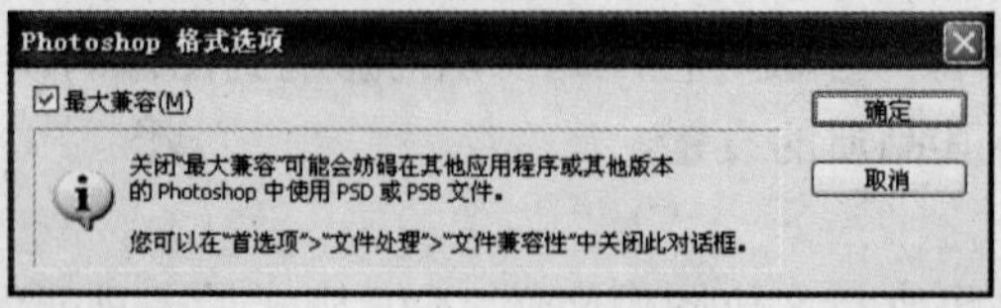

4 若在格式选项中选择“JPEG”格式，会弹出对话框，在此对话框中可对保存的文件设置一些参数，如品质、文件大小等。在此选项中一般将文件的品质设置为“12”最佳。

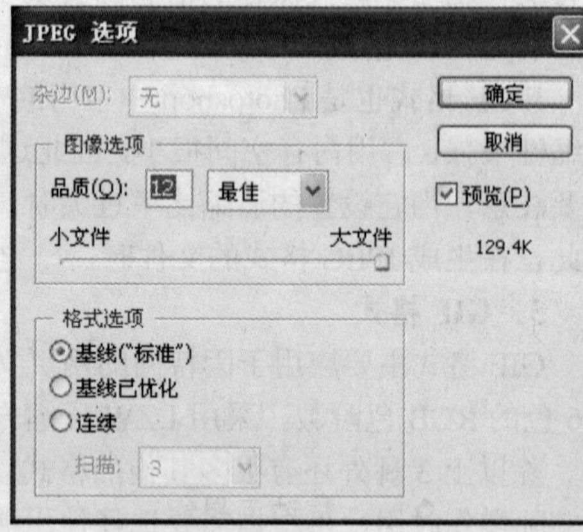

电脑即学即用

教你学电脑

第2章 选择工具

本章要点：

- 矩形选框工具组
- 移动工具组
- 套索工具组
- 裁剪工具
- 切片工具组

电脑博士，听说在 Photoshop CS3 中可创建不规则选区，是真的吗？

小丽，Photoshop CS3 可使用矩形选框工具组和套索工具组创建选区。接下来就来学习这些工具的使用方法和特点吧。

2.1 矩形选框工具组

矩形工具组共提供了 4 种创建选区的工具，分别是“矩形选框工具”、“椭圆选框工具”、“单行选框工具”和“单列选框工具”。矩形工具主要用于创建规则选区。

2.1.1 矩形选框工具

矩形选框工具可在Photoshop CS3中创建一个矩形选区。矩形选框工具的使用方法很简单，直接选择工具箱中的“⬚”矩形工具即可。选择矩形选框工具后，并将鼠标移到图像文件中，此时鼠标变成一个十字形状，表示可在文件中创建选区了。利用矩形选框工具可在文件的任何位置创建大小不一的矩形选区，但每次只能在文件中创建一个选区。

许多初学者都很纳闷，创建选区与制作图像到底有什么关系呢？其实在制作图像时用得最多的就是选区工具，创建选区只是一个基础，把它结合着颜色填充、变形工具、滤镜工具等一起使用，做出的图形就会显得更加逼真，更具有吸引力。选择矩形选框工具后，可启动矩形选框工具的属性栏，在属性栏中可设置“羽化”、“样式”等参数。

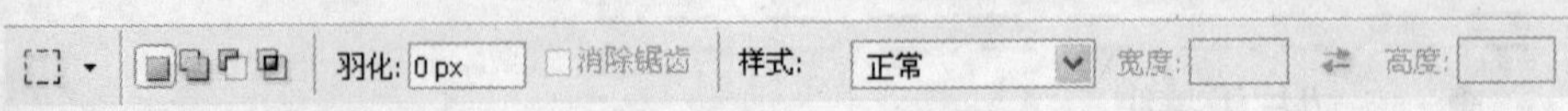

属性栏从左至右分别是：

工具预设选取器：用来存放各项参数已经设置完成的工具。如果下次再使用此工具，可直接单击它的下拉按钮，从弹出的下拉列表中选择此工具即可。

布尔按钮组：此按钮组用于进行选区操作。分别是“新选区”、“添加到选区”、“从选区中减去”和“与选区交叉”等。

羽化：可通过建立选区和选区周围的像素转换来模糊图像的边缘。在羽化框中输入数值即可达到想要的羽化效果。

消除锯齿：选择此复选框后，可消除选区边缘的锯齿，使其变得光滑。

样式 ：用于控制选区的创建形式，点击文本框后面的下拉按钮可打开样式下拉列表框，以此列表框中即可选择所需的样式。

使用矩形选框工具可制作两色或多色字，具体的操作步骤如下例所示。

1 创建一个新文件，选择工具箱中的矩形选框工具，在文件中创建一个矩形选区，并选择工具栏上的“◇”填充工具对选区填充为淡紫色。

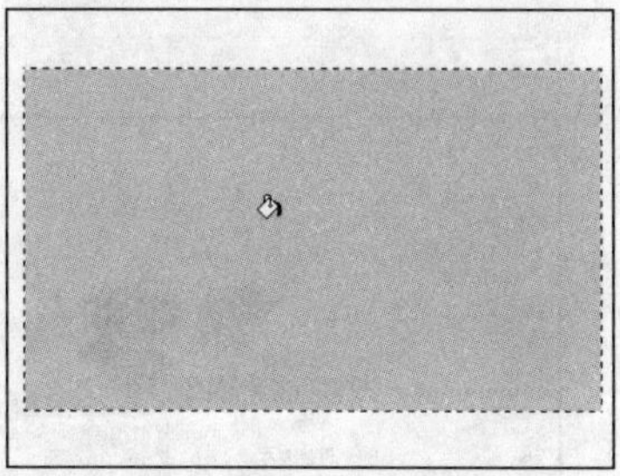

2 选择工具箱中的“T”横排文字工具，在图中创建一个文本，并输入“黑白字”。

3 按“Ctrl+Entet”键提交当前文字的编辑操作，并在图层面板中，右键单击“黑白字”图层，在弹出的快捷菜单中选择“栅格化图层”命令，使文字图层变为普通图层。

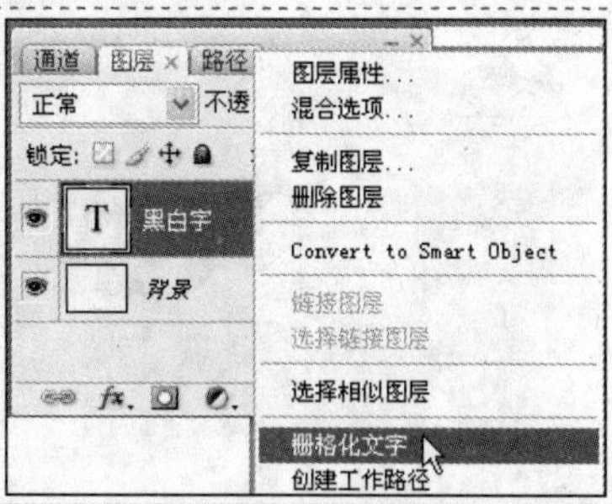

4 栅格化文字图层后，图层将变为普通图层。

5 新建一个图层，并选择工具箱中的“矩形选框”工具，创建如下图所示的选区。

6 使当前前景色为白色，并使用填充工具对选区进行填充。

7 执行“编辑”/“变换”命令，此时会在图像的周围出现 8 个控制点，通过移动和旋转控制点将图层变成如下图所示的效果。

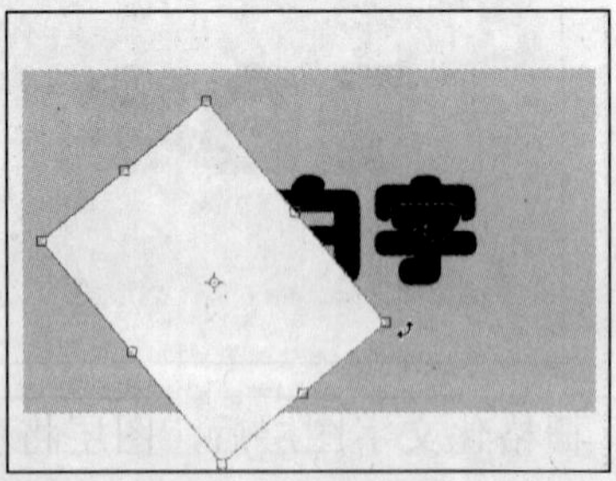

8 按住“Ctrl”键，并用鼠标单击文字图层，载入文字选区。在工具栏上选择“矩形选框”工具，指向文字选区内单击右键，在弹出的快捷菜单中选择“选择反向”命令。

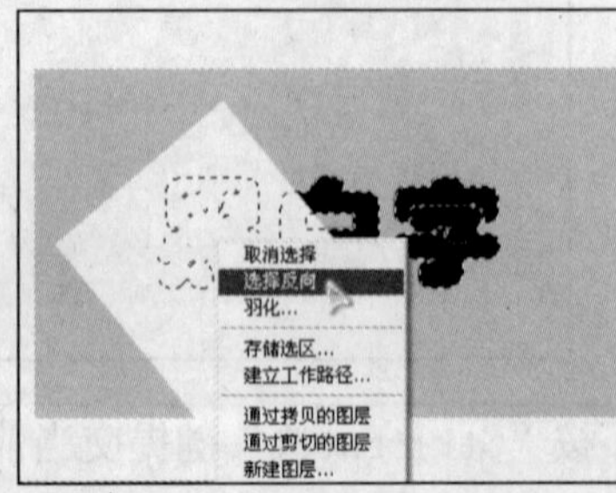

9 选择文字图层的下一图层，按“Delete”键删除文字选区以外的部分。

0 按“Ctrl+D”键取消选区后，黑白文字效果如下图所示。

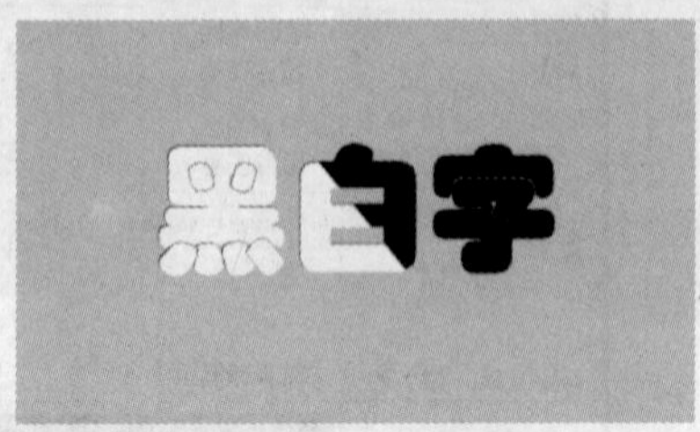

2.1.2 椭圆选框工具

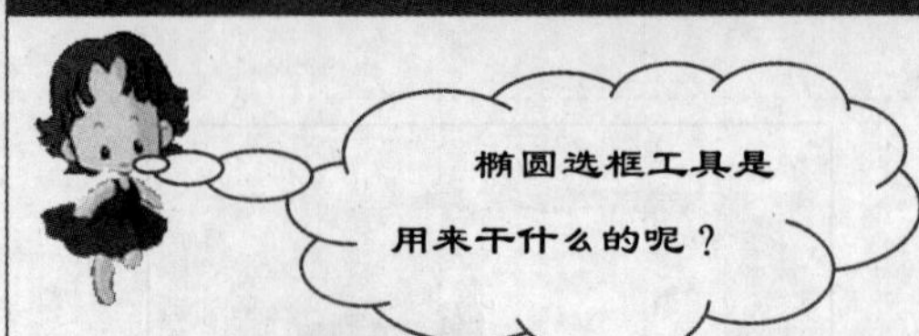

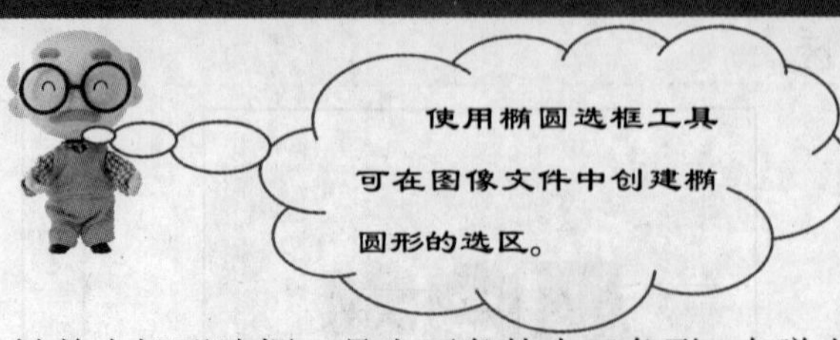

使用椭圆选框工具的方法是，用鼠标右键单击矩形选框工具右下角的小三角形，在弹出的隐藏工具列表中选择“ ”椭圆选框工具即可。椭圆选框工具用于创建椭圆或正圆形选区，在创建正圆形选区时，只要按住“Shift”键并拖动鼠标即可。

椭圆选框工具的属性栏和矩形选框工具的属性栏各参数选项一样，故不再多说。

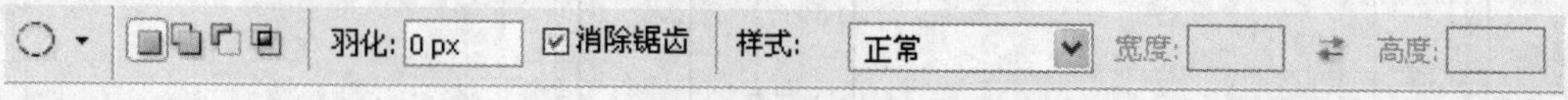

在制作图像时可将椭圆选框工具和矩形选框工具结合着使用，制作出的图像效果会更佳。

2.1.3 单行/单列框工具

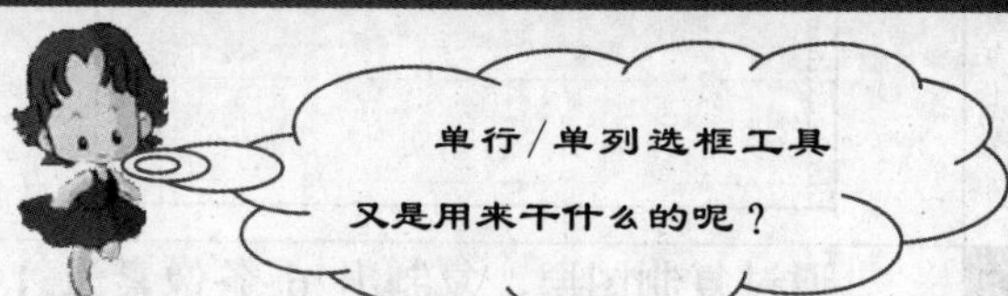

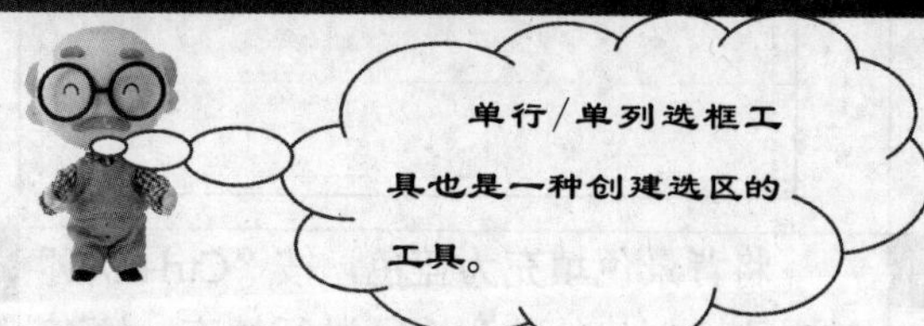

单行/单列选框工具是一种特殊选区工具，它规定了所创选区的高度/宽度只能为1个像素。

与椭圆选框工具一样它们都隐藏在矩形选框工具组中，只要打开工具组，单击“▭”/“▯”单行/单列选框工具即可使用。

1 按“Ctrl+R”显示标尺，选择工具箱上的单行选框工具，并将鼠标移到文件中并拖动鼠标，创建一个单行选区。

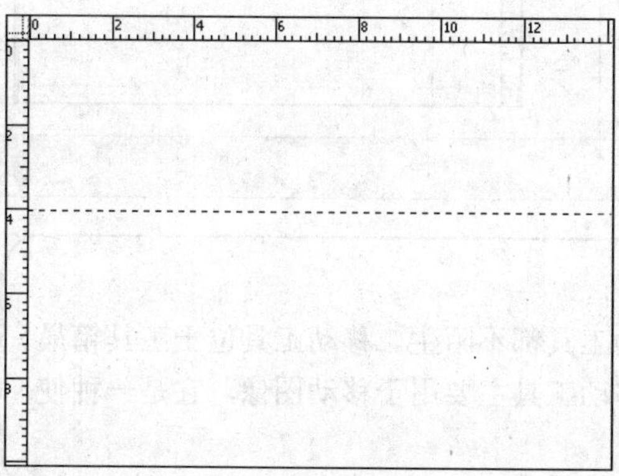

2 将背景色填充为蓝色，按“Ctrl+Del”键填充单行选区，并按“Ctrl+D”键取消选区。

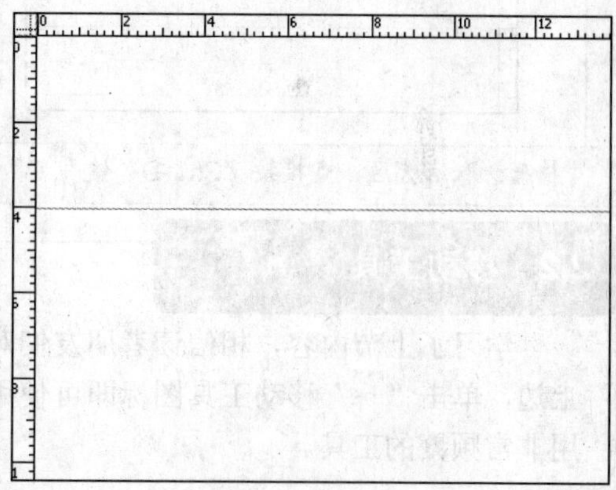

3 通过复制图层，复制出4条像素为“1”的横线，并通过移动工具根据标尺调整每条直线的位置。

4 单击工具栏上的“▯”按钮，将鼠标移到文件中并拖动鼠标，创建一个单列选区。

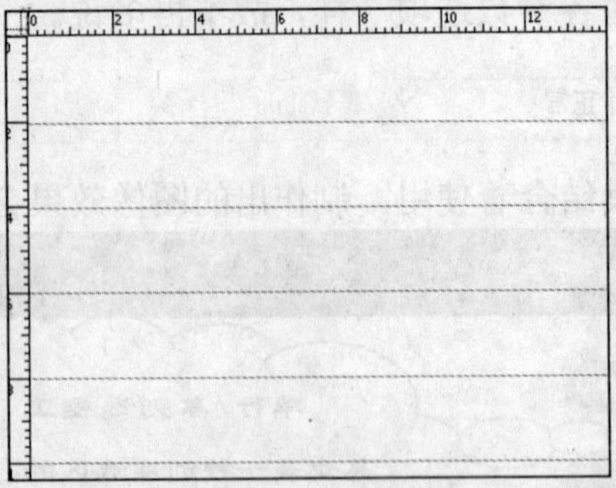

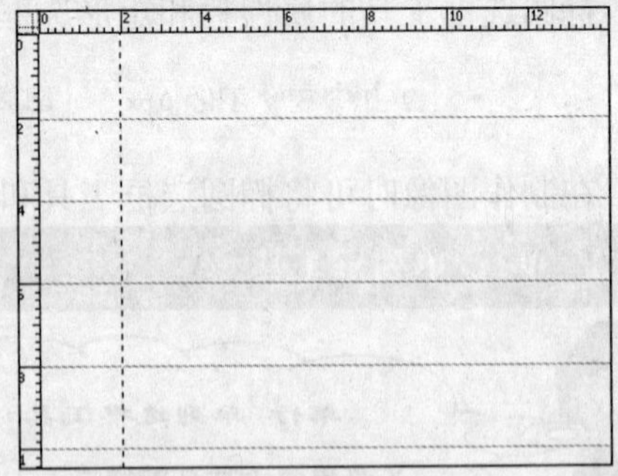

将背景色填充为蓝色，按“Ctrl+Del”键对刚才创建的单列选区进行填充，填充完后取消选区。

通过复制图层，复制出 6 条像素为 1 的直线，并通过移动工具根据标尺调整每条直线的位置。调整完毕，一个网格线就制作好了。

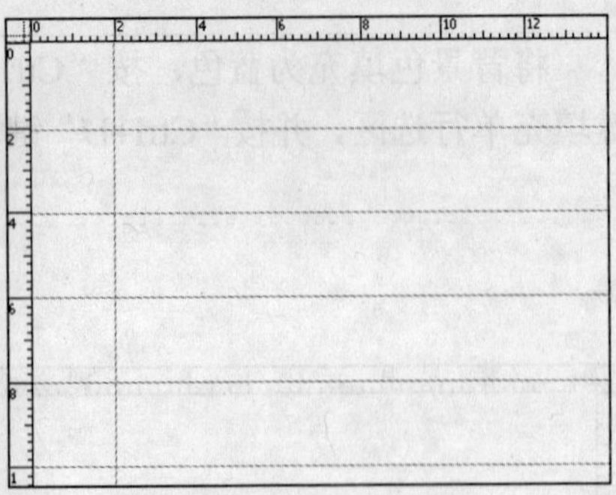

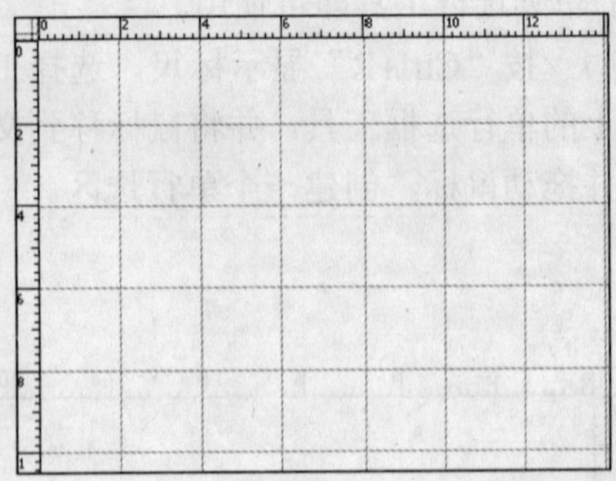

技巧：取消选区，直接按“Ctrl+D”键即可。

2.2 移动工具

学习了上节内容，相信读者朋友们对移动工具都不陌生。移动工具位于工具箱最上边，单击“▶+”移动工具图标即可使用。移动工具主要用于移动图像，它是一种使用非常频繁的工具。

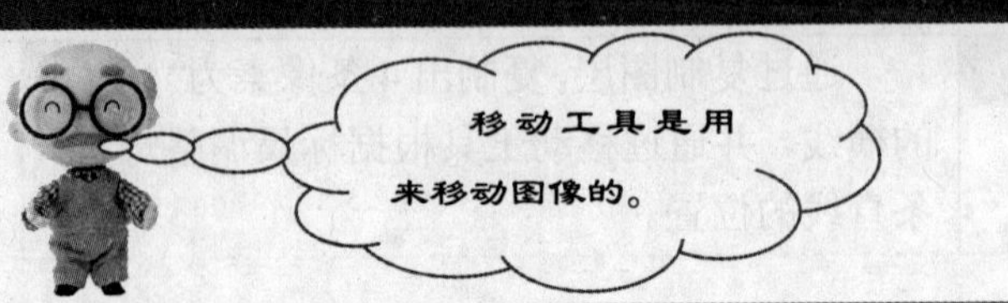

在工具箱中选择移动工具后，其属性如下图所示：

此属性栏从左到右依次是：

自动选择图层复选框：选择此复选框，在制作图像时可自动选择鼠标点击对象所在的图层。

显示变换控件：选择此筛选框，可将所选择的对象用一个矩形的虚线定界框包围起来，用鼠标拖动定界框的不同位置，可执行旋转和缩放操作。

使用移动工具可制作拼合图像的效果：

1 新建一个文件，并选择工具栏上的填充工具，为背景填充紫色。

2 按“Ctrl+R”键显示标尺，并拖动标尺边沿显示参考线。

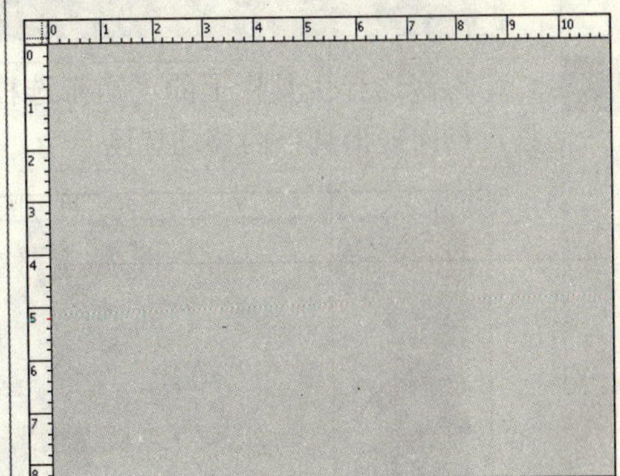

3 打开下载文件中“第 2 章”文件夹下的“图像 1”，并按“Ctrl+R”键显示标尺。

4 在图像中设置参考线。

5 选择工具栏上的“矩形选框”工具，沿参考线拖动一个矩形选区。

6 在工具箱中选择“移动工具”指向图像中的选区，并按住鼠标不放拖动到新建文件中。

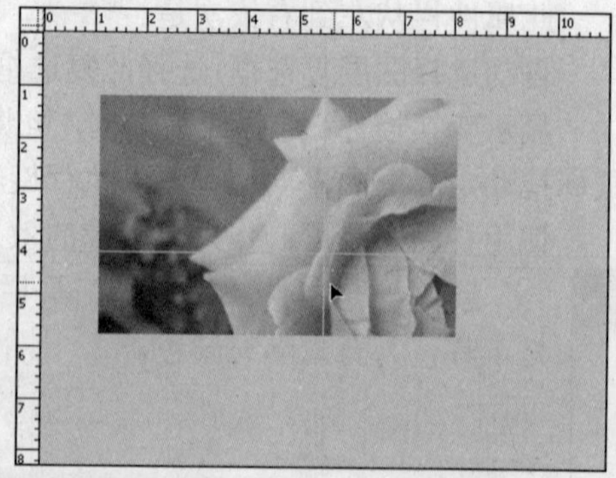

7 再次选择工具栏上的“矩形选框”工具，指向矩形选框内移动选区。

8 使用步骤 6 相同的方法移动选区到新建图像中。

9 重复步骤 5 和步骤 6 的操作，将四个图像全部移动完成后。

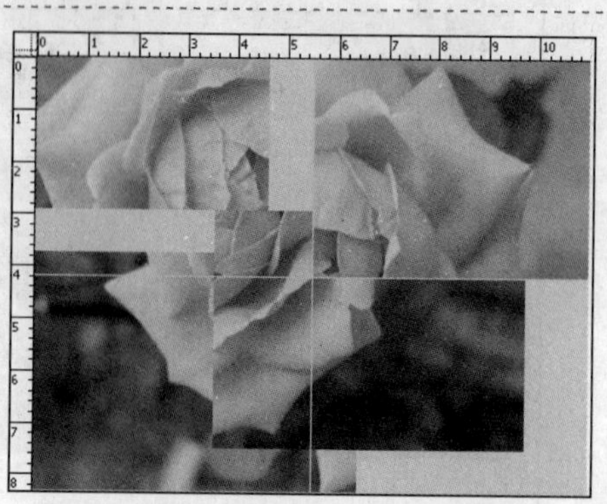

10 选择“移动工具”将图层按“图像 1”中的位置进行调整。

11 调整完图层后，效果如下图所示。

12 将鼠标指向图像中的参考线，按住鼠标并拖动到图像外，删除参考线。

提示：

在进行图像移动时，若移动的距离不是很大，为精确图像的位置可使用键盘上的四个方向键盘进行移动。

2.3 套索工具组

套索工具是一组创建不规则选区的工具组，它可创建任意形状的选区。套索工具组包括 3 种套索工具，分别是“套索工具”、“多边形套索工具”和“磁性套索工具”。

2.3.1 套索工具

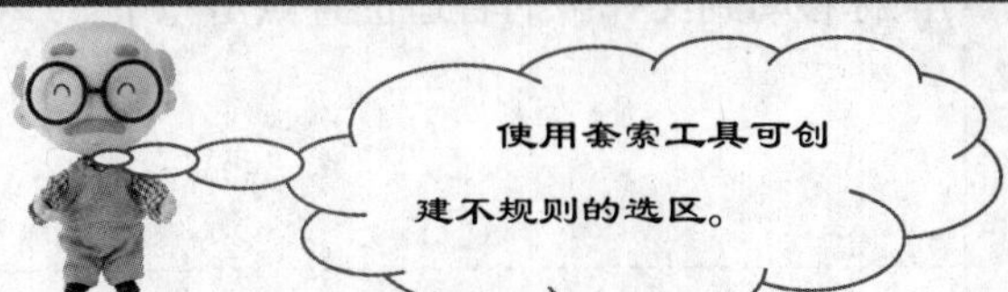

套索工具的使用方法很简单，单击工具栏中的套索工具，当鼠标变为“ ”时即可在文件中按住鼠标不放任意拖动出一个选区。

套索工具属性栏和矩形工具属性栏中的参数设置一样，故在此不多做介绍。

1 新建一个文件，并选择工具箱中的“套索工具”，当鼠标变为“”形状时，在文件中拖动。

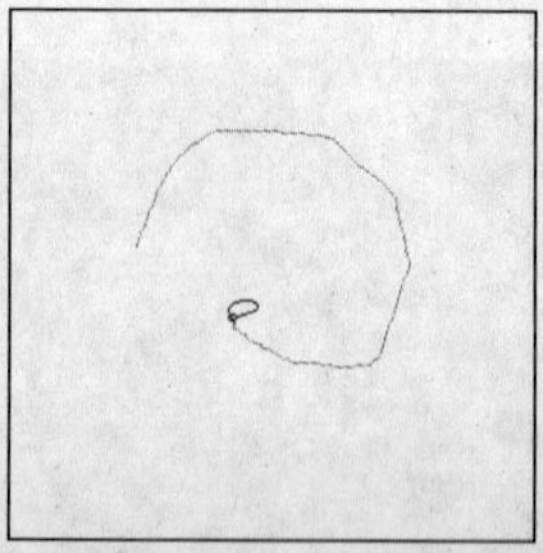

2 松开鼠标，此时会自动形成一个不规则的选区。

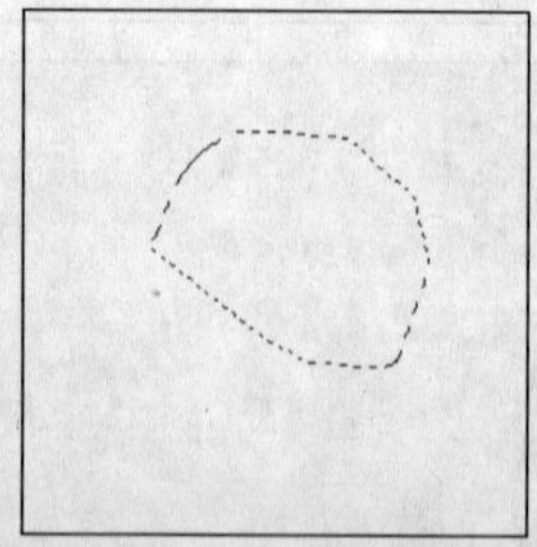

2.3.2 多边形套索工具

使用多边形套索工具可创建多边形选区。选择工具栏上的多边形套索工具，当鼠标变成“”时就可以在文件中创建选区了。使用多边形创建选区的方法是：

将鼠标移动到合适的位置点击一下，再移动鼠标到目标位置点击，此时将会自动地将这两点用一条直线连接起来，这样不停地点击，最后将鼠标移到起点处，当指针旁出现小圆点后点击，就可创建出不规则选区了。

1 选择工具栏上的多边形套索工具，并将鼠标移动到文件中的合适位置点击一下。

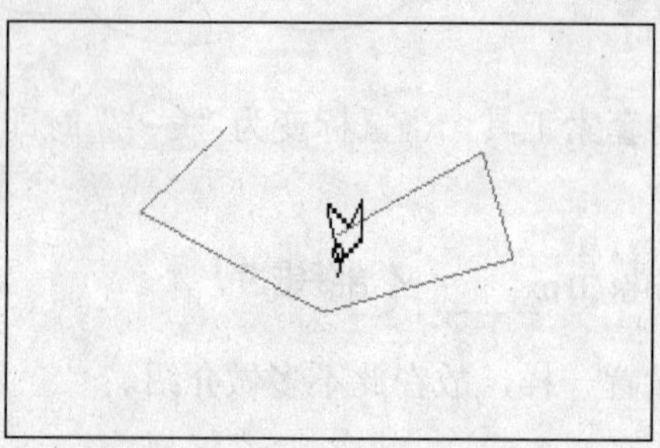

2 点击鼠标后移动鼠标到目标位置即可连接起一条直线，再到下一目标位置点击又出现一条直线，最后将鼠标移到起点处点击一下，完成多边形选区的创建。

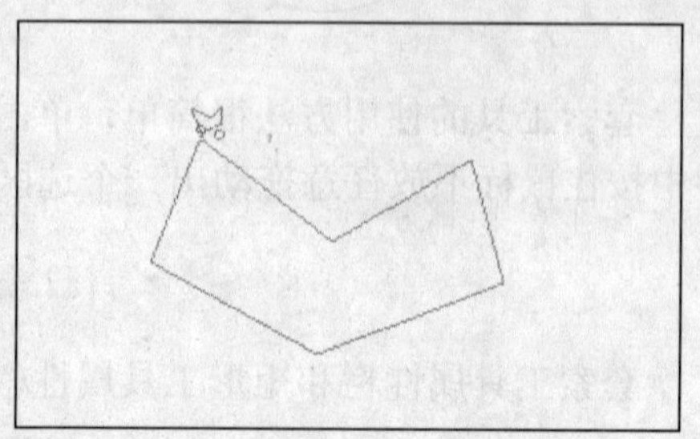

2.3.3 磁性套索工具

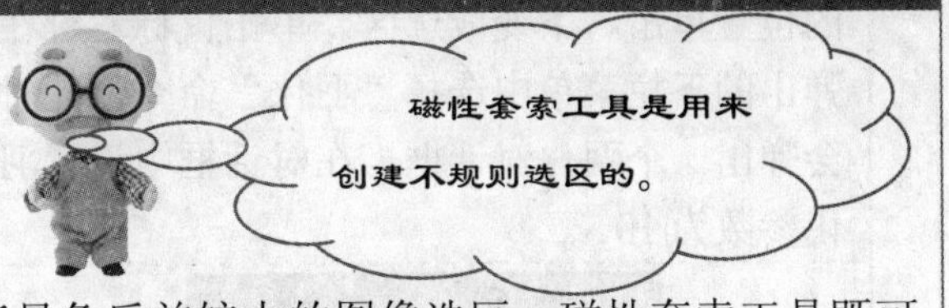

磁性套索工具主要用于选取图像颜色与背景色反差较大的图像选区。磁性套索工具既可用来创建选区，也可用来抠取图像。在用磁性套索工具创建选区时，其背景色与图像颜色的反差越大，那么选取的区域就越精确。

通常，在选取图像或创建选区时都会涉及其工具属性栏中的一些参数设置，如羽化、宽度、边对比度等。

宽度：是指使用工具时的探测宽度，探测从光标位置开始，到指定宽度以内的范围。

边对比度：用于设定“磁性套索工具”对边缘的灵敏度，设置的数值越大，对边缘与周围环境的反差要求就越高。

频率：使用磁性套索时会有很多小的矩形标记对图像的选区进行固定、确保选区不被移动变形。频率用于设定小矩形出现的频率，设定范围在0～100之间，数值越高，则标记的关键点就越多，套索的范围就越精确。

钢笔压力：用于设置绘图板的光笔压力，选择此项后，随着钢笔的压力增加，套索的线宽将变细。

用磁性套索工具创建选区的方法是：

当鼠标变成“”时，在图像文件中找到合适的位置点击鼠标，此时会出现一个小正方形，接着移动鼠标，Photoshop CS3会自动在图像的周围创建一个选区，并自动地出现小正方形来控制选区，当选择错误时可按键盘上的“Delete”键撤销操作。

1 打开下载文件中“第2章”文件夹下的“图像2”，选择工具栏上的磁性套索工具。当鼠标变成“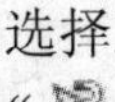”形状时在图片中单击，会出现一个控制点。

2 沿着苹果的周围拖动，创建一个苹果形状的选区。

3 沿苹果的周围选取完毕后，在鼠标起始的位置单击一下变成选区。单击鼠标右键在弹出的下拉菜单中选择“羽化”命令，此时会弹出一个羽化对话框，在对话框中设置羽化参数为 10。

4 选择工具箱中的“移动”工具，将选区中的苹果选区移动到另一个文件中，此时可看到苹果的周围会变得模糊。模糊的效果取决于羽化的参数值，值越大就越模糊，反之就越清晰。

2.3.4 裁剪工具

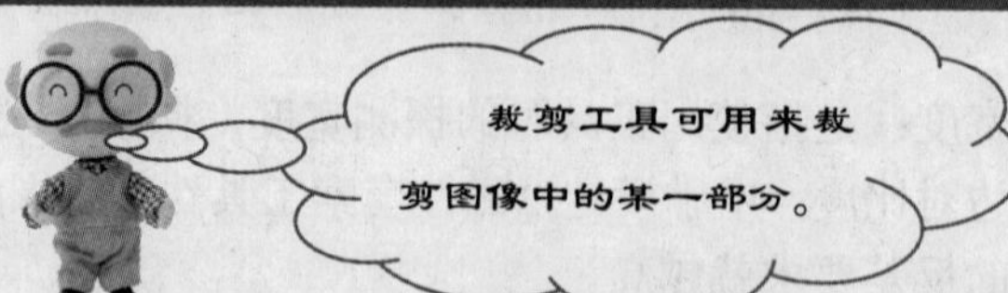

裁剪工具是用来裁切图像的。选择裁剪工具，在图像中拖动鼠标建立裁切区域，释放鼠标后按回车键，裁切区域以外的部分会被裁剪掉。在确定裁剪前，还可以对裁剪框进行旋转、变形和设定裁剪部分的分辨率等操作。

裁剪工具的属性栏中有许多的属性参数设置，这些参数的设置有助于用户更好地使用裁剪工具。

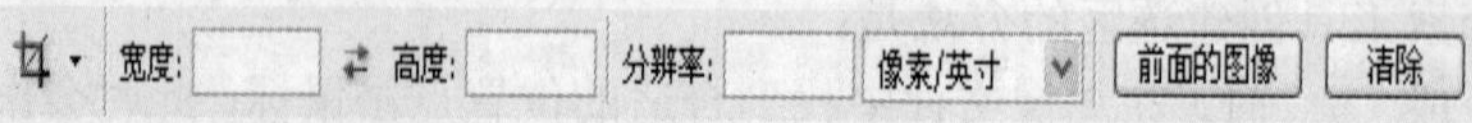

宽度：用来设置裁剪区域的宽度。

高度：用来设置裁剪区域的高度。

分辨率：设置需要保留下来的图像的分辨率。

单位：点击右边向下的箭头即可选择分辨率的单位。

前面的图像：用于显示当前图像的宽度、高度和分辨率。

清除：用于清除选项栏上的各项参数设置。

2.4 切片工具组

切片工具组主要用来制作网页设计。单击工具箱中切片工具右下角的三角形符号即可打开被隐藏的切片工具，切片工具组包括两种切片工具，分别是“切片工具”和“切片选取工具”。

2.4.1 切片工具

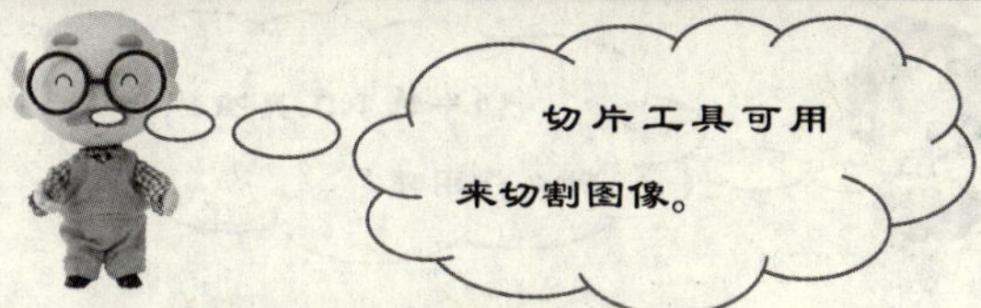

切片工具主要用于切割图像，选择切片工具后，其属性栏如下图所示。

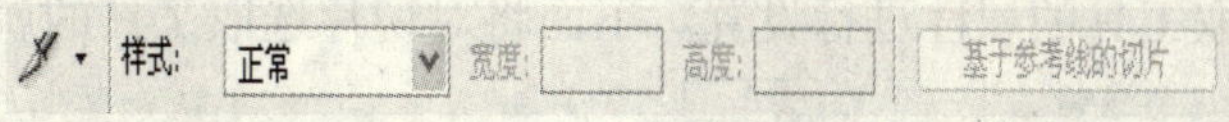

切片工具属性栏中各选项的含义如下：

样式：用来决定创建切片的方式。用鼠标单击右边向下的箭头会弹出一个下拉菜单，菜单中包含有三个选项分别是："正常"、"固定长宽比"、"固定大小"。用户可根据需要在此下拉菜单中选择其样式。

基于参考线的切片：可按当前图像文件中的参考线位置对图像进行切片，因此只有当图像中有参考线时才能使用此选项。

1 打开下载文件中"第 2 章"文件夹下的"图像 3"，并按"Ctrl+R"键显示标尺以便设置参考线。

2 将鼠标移到打开的图像中设置一条参考线。

3 继续设置参考线，将花蕊包围起来。

4 选择工具栏上的切片工具，沿参考线所设置的位置创建切片范围。

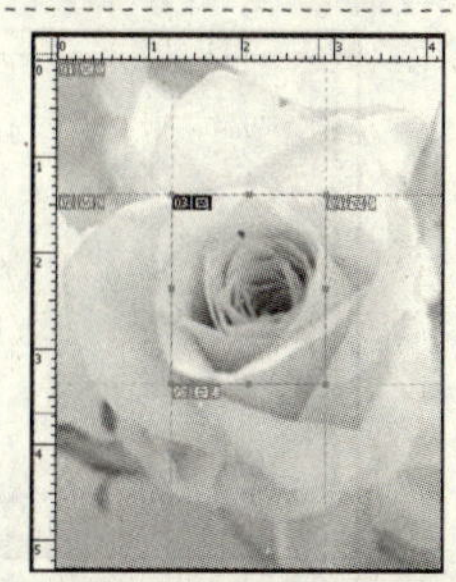

提示：可按"Delete"键删除图像中不需要的切片。

2.4.2 切片选取工具

切片选取工具可用来编辑切片，如排列切片、划分切片、组合切片、删除切片等，这些操作都可通过切片选取工具的属性进行设置。下面将对切片选取工具的属性栏进行详细的介绍。

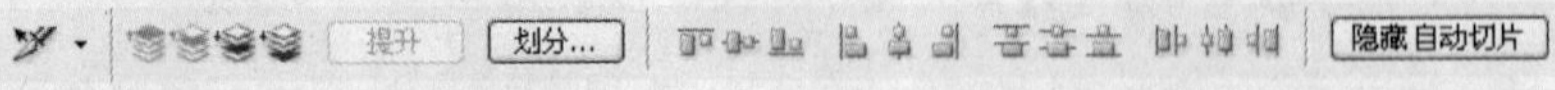

属性栏的前四个图标用于排列切片顺序，从左至右分别是：置于顶层、上移一层、下移一层和置于底层。

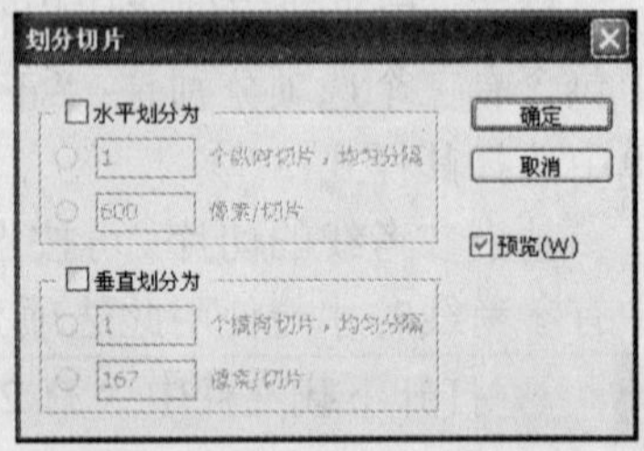

划分：单击此按钮会打开一个“划分切片”对话框（如右图所示），在对话框中有“水平划分为”和“垂直划分为”两个参数的设置。

（1）选择“水平划分为”复选框后，可根据需要选择下面的单选按钮。如，可在输入框中输入划分为几个纵向切片或输入划分为多少像素的切片。

（2）选择“垂直划分为”复选框后，也可根据需要选择下面的单选按钮，其含义和水平划分中的单选按钮相同。

隐藏自动切片：此按钮主要用于显示或隐藏在文件中自动形成的切片。

除用切片选项工具属性可设置以上参数外，还可使用快捷菜单进行操作，其操作方法是：将鼠标移到创建好的切片上单击鼠标右键，会弹出一个快捷菜单，在此快捷菜单中也包括有工具属性栏上的一些参数设置命令。

1 打开上图已创建好切片的图像文件，并单击属性栏上的“划分”按钮，在弹出的“划分为”对话框中设置划分为4个纵向切片。

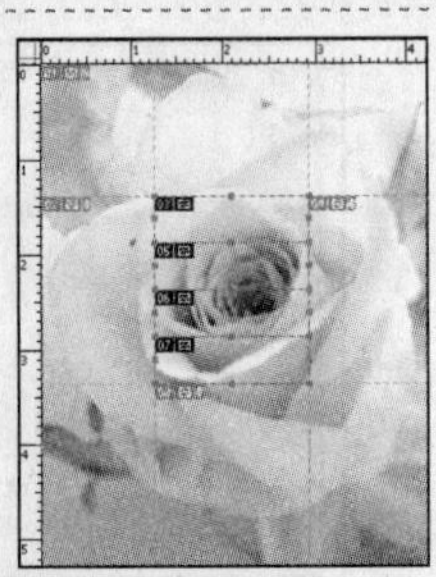

2 改选水平划分为复选框为垂直划分为对话框，设置划分为4个横向切片。

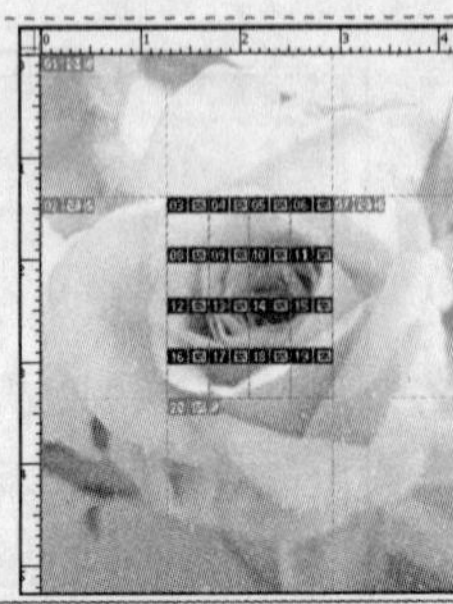

电脑即学即用

教你学电脑

第3章 绘图工具

本章要点：

- 画笔工具组
- 橡皮擦工具组
- 填充工具组
- 模糊工具组

电脑博士，听说使用 Photoshop CS3 可以手绘图像，是真的吗？

小丽，Photoshop CS3 中提供了“画笔”、“模糊”和“涂抹”三种手绘工具。接下来就来介绍这些工具的使用方法。

3.1 画笔工具组

画笔工具组主要用来绘制图像，共包括“画笔工具”、“铅笔工具”和“颜色替换工具”三种。使用这三种工具可绘制出不同风格的图像效果，如模仿毛笔绘制国画等。

3.1.1 画笔工具

画笔工具是画笔工具组中使用最频繁的工具，使用它可绘制出各种型号及形状的画笔笔触。画笔工具属性栏如下图所示：

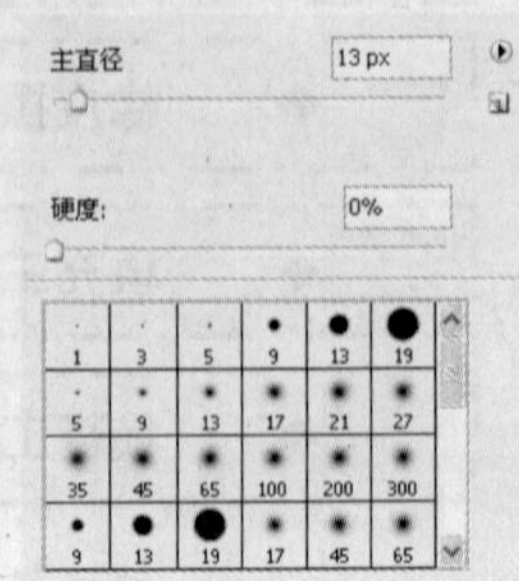

画笔：点击右边向下的小三角形会打开一个如右图所示的画笔控制面板。在此面板中可设置画笔的主直径（大小）和硬度。

模式：用于设置图像效果，点击右边向下的箭头，用户即可在弹出的下拉列表中选择所需要的模式。同一个图像使用不同的模式产生的效果是不同的。

不透明度：用于设置画笔笔触的不透明度，在右边的文本框中可直接输入画笔的不透明度。不透明度越高，画笔画出的图像就越明显，反之则越淡。

流量：用于设置画笔在绘画时的压力大小，在后面文本框中输入的数值越大，画出颜色就越深。

喷枪：选择之后画笔会变得具有喷枪功能。

单击工具属性栏后面的“▣”图标可打开画笔面板。

画笔面板中各复选框含义如下：

画笔笔尖形状：用于显示画笔笔触的形状，选择此项后，会在右边的下拉框中列出所有画笔笔尖的形状。

形状动态：选择此复选框可使画笔产生一种自然流动的效果。可通过右边的一些设置改变画笔形状动态的参数，如大小抖动、角度抖动、圆度抖动等。用户可根据自己的需要来设置这些参数。

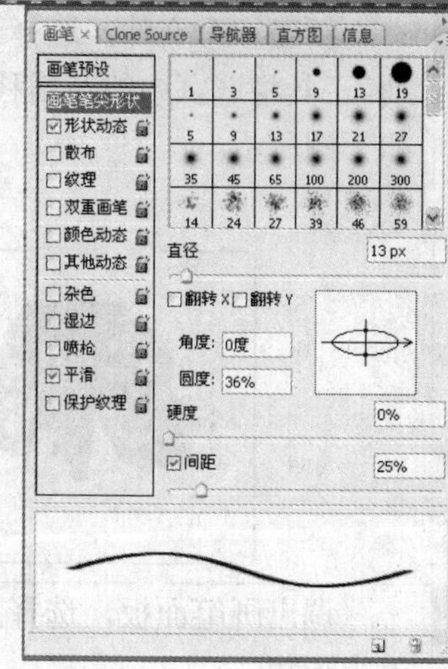

散布：选择此复选框可使画笔产生一种散射的效果，其散射度可通过右边“散布”参数的设置进行调整，数值设置得越大散射的效果就越明显。

纹理：选择此复选框可使画笔产生纹理效果，通过右边图案列表框选择所需要的纹理图案。

双重画笔：选择此复选框可使画笔具有两种不同笔尖形状的笔刷绘制纹理的效果。

颜色动态：选择此复选框可使画笔笔尖产生不同颜色的效果，其参数可通过右边的“前景/背景抖动”、“色相抖动”、“饱和度抖动”进行设置。

其他动态：选择此复选框可设置画笔绘制了颜色的不透明度和颜色之间产生不同的流动效果。

杂色：选择此复选框可使画笔绘制出的图像具有杂色效果。

湿边：选择此复选框可使画笔绘制出的图像周围产生湿润效果。

喷枪：选择此复选框可使画笔绘制出的图像具有喷枪的性质，当按下鼠标后，画笔的颜色会加深。

平滑：选择此复选框可使画笔绘制出的图像边缘变得光滑。

保护纹理：选择此复选框可对所有的画笔执行相同的纹理图案和缩放比例。当使用多个画笔时，可模拟一致的画布纹理效果。

在绘制图像时，如果在画笔面板中找不到需要的画笔笔触怎么办呢？Photoshop CS3 专对这一情况设置了一项功能，即是使用“编辑”菜单下的“定义画笔”命令自定义画笔，定义好后可与系统定义的画笔一起使用。

1 打开下载文件中“第 3 章”文件夹下的“图像 1”。

2 在工具箱中选择“磁性套索”工具，沿花的周围拖动，创建一个选区。

新建一个文件，选择工具箱中的“移动”工具将选区中的花瓣移到新建文件中，如下图所示。

4 执行“编辑”菜单下的“定义画笔预设”命令，将打开一个对话框，在对话框的名称中输入所要定义的画笔的名称，再按“确定”按钮。

调出画笔面板，选择刚才定义的画笔笔尖形状。

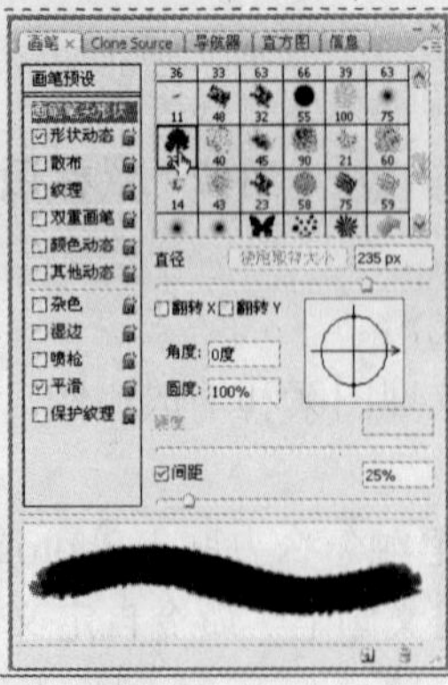

6 选择画笔面板中的“散步”复选框和“形状动态”复选框，并设置相应的参数。

7 选择画笔面板中的“颜色动态”复选框，并设置相应的参数。

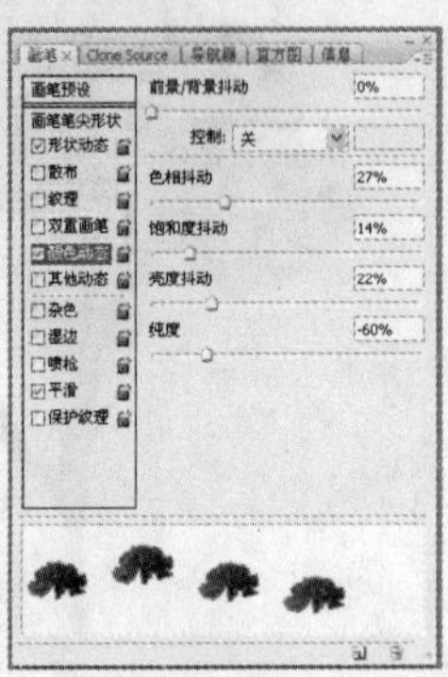

8 选择画笔面板中的“形状动态”复选框，设置好相应的参数后，在文件中进行拖动，即可得到颜色、大小及角度都不一样的花瓣。

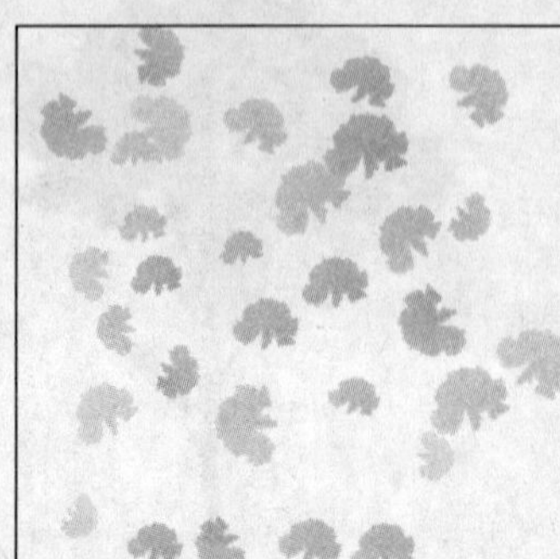

3.1.2 铅笔工具

铅笔工具不比画笔工具柔和，但它可模拟真实的铅笔进行绘画，从而产生一种硬性的边缘线效果。单击画笔工具右边向下的三角形符号即可选择铅笔工具。铅笔工具的属性栏与画笔工具的相似，如下图所示：

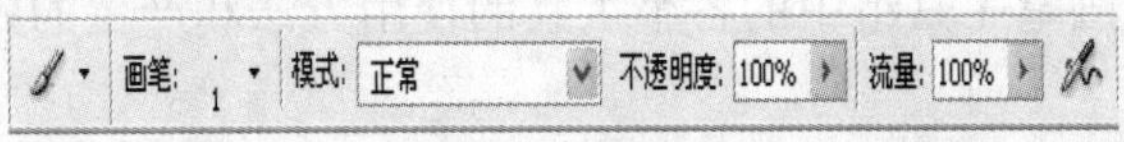

自动抹除：此复选框可使铅笔工具根据落笔点的颜色来变化绘制的颜色。如落笔点的颜色为背景色，那么铅笔工具将以前景色进行绘制，反之则以背景色进行绘制。铅笔工具若不选择此复选框则与画笔工具的使用方法一样。

3.1.3 颜色替换工具

颜色替换工具可用前景色来替换图像的当前颜色，也可简化图像中特定颜色的替换及校正颜色在目标颜色上绘画。颜色替换工具的属性栏如下图所示：

颜色替换工具属性栏

颜色替换工具有四种模式，分别是：“色相”、“饱和度”、“颜色”和“亮度”。在此选择不同的色彩模式产生的效果都不一样。

模式后面的三个图标从左至右依次是：“取样连续”、“取样一次”和“背景色板”。

取样连续：指在拖移时可对颜色连续取样。

取样一次：指只替换第一次颜色所在区域中的目标颜色。

背景色板：指只抹去包含当前背景色的区域。

限制包括三个选项，分别是：“不连续”、“连续”和“查找边缘”。

不连续：用于替换出现在指针下任何位置的样本颜色。

连续：用于替换与紧挨在指针下的颜色邻近的颜色。

查找边缘：用于替换包含样本颜色的相连区域，同时更好地保留形状边缘的锐化程度。

容差：可在后面的文本框中输入一个百分比值（范围为 1～100）或者拖动下面的移动滑块改变其容差值。选取较低的百分比可以替换与所点按像素非常相似的颜色，而增加该百分比则可替换范围更广的颜色。

消除锯齿：可为所校正的区域定义平滑的边缘。

3.2 污点修复画笔工具组

污点修复画笔工具组是一组用来修复图片的工具，包括“污点修复画笔工具”、“修复画笔工具”、“修补工具”和“红眼工具”四种工具。Photoshop CS3 提供的这些修补工具可去除旧图片中的各种瑕疵，因此许多的影楼都使用这一工具来处理一些具有纪念意义的旧照片。污点修复画笔工具组中的各个工具的使用方法和产生的效果都不相同，下面对它分别进行介绍。

3.2.1 修复画笔工具

修复画笔工具用于清除图片中的污点，它主要采用图像中的样本像素进行绘画，并将样本像素中的纹理、光照和阴影与目标像素相互匹配，从而达到修复图像的目的。单击“污点修复画笔工具组”右边向下的三角形符号，在弹出的被隐藏的工具组中选择“修复画笔工具”即可使用。

使用“修复画笔工具”时，先将鼠标移到需要复制的目标像素位置，按住“Alt”键，直到鼠标变成采集形状后，再点击鼠标左键采集信息，并移到图像中需要修复的位置拖动，即可用采集到的样本修复鼠标拖动过的图像。

修复画笔工具的属性栏如下图所示：

属性栏中各选项的含义如下：

源：源包括“取样”和“图案”两个单选按钮。选择“取样”单选项后在对图像进行取样时必须按住“Alt”键，选择“图案”单选项后，可选择图案对图像进行修复。

对齐：选择此复选框后会以当前取样点为基准连续取样。这样，无论是否连续进行修补操作都可以连续应用样本像素；若取消此选项，每次停止和继续绘图时，都会从最初取样点开始应用样本像素。

对所有图层取样：选择此复选框后可对所有的图层采集信息，取消选择则只能在当前图层采集信息。

1 打开下载文件中“第 3 章”文件夹下的“图像 2”。这是一张有许多斑点的小狗图片。

2 选择工具栏上的“画笔修复工具”，将鼠标移动到合适的位置按住“Alt”键进行取样。

3 取样结束后，即可将鼠标移到斑点比较多的地方拖动。

4 去斑后，图像的效果。

3.2.2 修补工具

修补工具与画笔修复工具都可用来修复图像，但修补工具并不以采集样本修复图像，而是通过创建选区来完成对图像的修补。修补工具的属性栏如下图所示：

属性栏前面四个选区图标在创建选区时已讲过，故不再重述。

使用图案：选择此复选框，可对选取的图像进行图案修补，因此只有当创建了选区之后才可使用此复选框。

修补：修补包括“源”和“目标”两个选项。下面分别通过两个例子对这两个选项进行说明。

•“源”选项可将采集来的图像替换当前各地区内的图像。

1 打开下载文件中“第 3 章”文件夹下的“图像 3”，并选择工具栏上的“修补工具”，在属性栏上选择“源”单选项。

2 当鼠标变成“ ”形状时，按住鼠标不放，在图中沿气球的周围拖动。

3 松开鼠标后，刚才拖动的曲线已变成一个选区。

4 将鼠标指向选区内，按住左键不放拖动到目标位置。

5 将选区移动之后，只剩下选区，气球已被现在选区中的样本替换掉了。

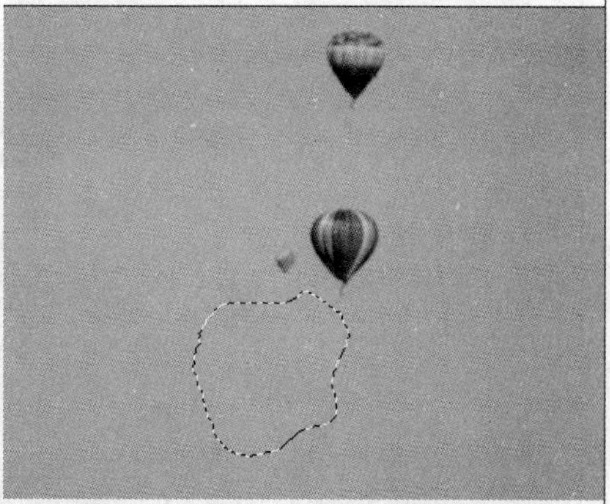

6 按“Ctrl+D”键，取消选区后，效果如下图所示。

- **“目标”选项可将选区内的图像移动到目标图像上，且选区内的图像会与目标图像融合在一起，从而达到修复图像的效果。**

1 使用同上例一样的气球图像，并选择“修补工具”，在属性栏上选择“目标”单选项，使用套索工具创建如下图所示的选区。

2 将鼠标指向选区内，按住左键不放拖动到目标位置。

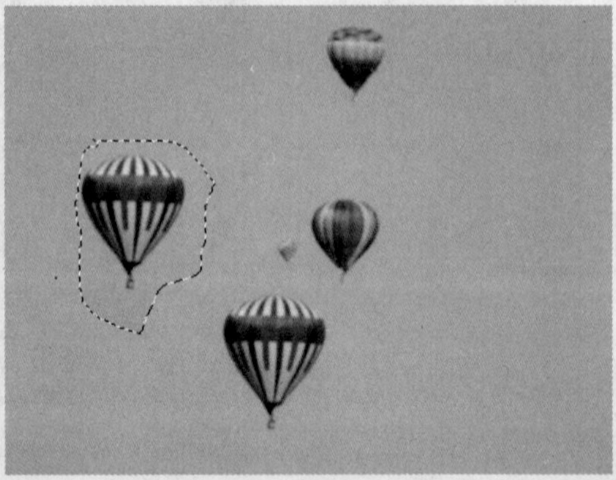

3 移动选区后可发现刚才选择的气球选区已复制到目标位置中去了。

4 按“Ctrl+D”键，取消选区后，效果如下图所示。

3.2.3 红眼工具

红眼工具是 Photoshop CS3 新增的一个工具，可用来替换任何部位的颜色。红眼工具在替换的同时可保留图像中原有的感觉及明暗关系。利用红眼工具的这一功能，许多照相馆都用它来处理照片上的红眼。红眼工具的属性栏如下图所示：

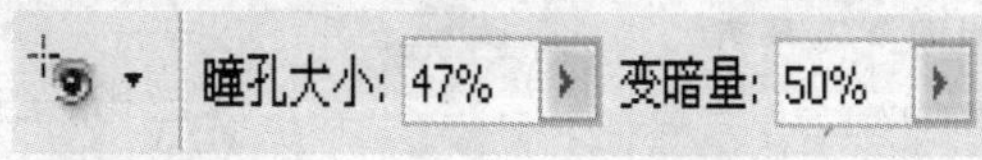

瞳孔大小：用于设置处理红眼时所涉及的大小。在后面的文本框中输入数值可改变瞳孔的范围。

变暗量：用于设置光线的明暗程度。后面文本框中的百分数越大，光线就越暗，反之则越亮。

1 打开下载文件中“第 3 章”文件夹下的“图像 4”，选择工具栏上的“红眼工具”。

2 在工具属性栏中设置相应的参数。

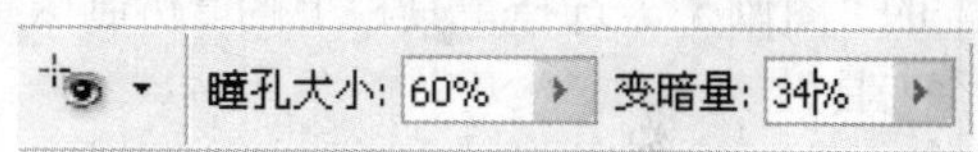

3 设置好后，将鼠标指向猫的眼睛部位，单击鼠标左键。

4 最终效果如下图所示。

3.3 图章工具组

图章工具组中的工具主要用来复制图像，它包括“仿制图章工具”和“图案图章工具”两种工具。这两种工具虽然都是用来复制图像的，但操作的方式和用途各不相同。

3.3.1 仿制图章工具

仿制图章工具可将本张图片中的图像复制到本张或另一张图像上。选择工具栏上的“仿制图章工具”后，将鼠标移动到需要复制的图像上按住“Alt”键进行取样，当鼠标变成“○”取样形状后单击鼠标，然后移动到图像中需要复制的位置来回拖动。

仿制图章工具的属性栏如下图所示：

仿制图章工具属性栏上的各项参数前面已介绍过，故不再重述。

1 打开下载文件中“第 3 章”文件夹下的“图像 5”，选择工具栏上的“仿制图章工具”。

2 将鼠标移到图片中，按住“Alt”键进行取样。

3 打开下载文件中“第 3 章”文件夹下的“图像 6”。

4 将鼠标移到刚打开的图片中，按住左键来回拖动。

注意：

读者朋友们应明确仿制图章工具和修复工具的区别。使用修复画笔工具复制的图像可以和原图像相互融合，产生一种很自然的感觉，而仿制图章工具只是单纯地复制图像，并不能与原图像相互融合。

3.3.2 图案图章工具

图案图章工具主要用于图案样本填充，它不同于仿制图章工具用采集样本的方式复制图像，而是通过定义图案，达到复制图像的目的。

图案图章工具属性栏的含义如下。

图案：用于填充图案，单击其右边向下的按钮可打开两列由 Photoshop 自带的 12 种图案样本，用户可根据需要选择各种图案。除这 12 种图案样本外，用户也可自己定义图案。定义图案的方法即是打开一个样本图，把将要定义的图像选取出来，再拖动到另一个新建文件中，通过执行“编辑”菜单中的“定义图案”命令即可将采集的图案样本用来填充。

对齐：选择此复选框可使复制出的图案上下、左右分别对齐。

印象派效果：选择此复选框可使复制出的图案产生印象派艺术效果。

1 打开下载文件中“第 3 章”文件夹下的“图像 7”，选择工具栏上的“磁性套索工具”选取苹果来。

2 创建选区后，将鼠标指向选区中单击右键，在弹出的快捷菜单中选择“羽化”命令，并将羽化参数设置为“10”个像素。

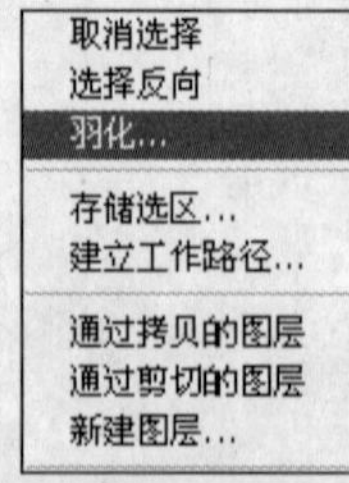

3 新建一个文件，并选择工具栏上的“移动命令”把苹果移动到新建文件中。

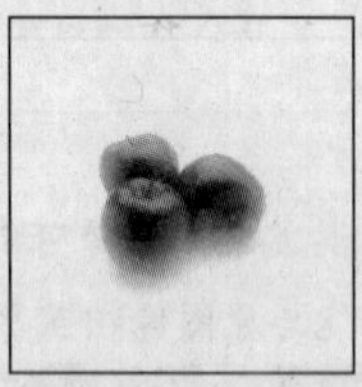

4 执行“编辑”/“定义图案”命令，在弹出的“定义图案”对话框中输入“苹果”。

5 单击图案选项右边向下的箭头，选择刚才定义的图案，再选择“对齐”复选框。

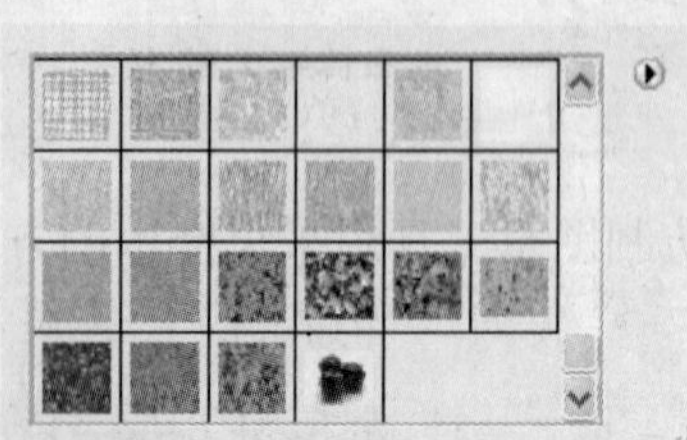

6 新建一个文件，选择工具栏上的“图案图章工具”，并将鼠标在文件中拖动。

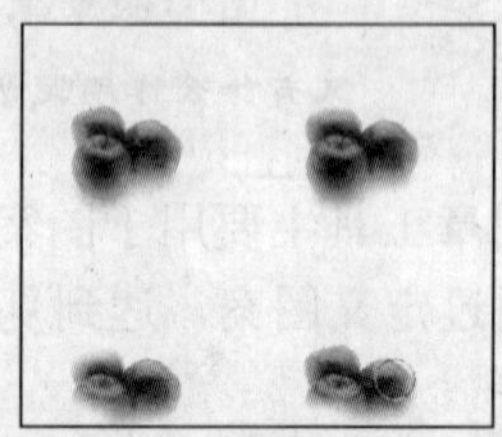

7 如果取消“对齐”复选框的选择，效果如下图所示。

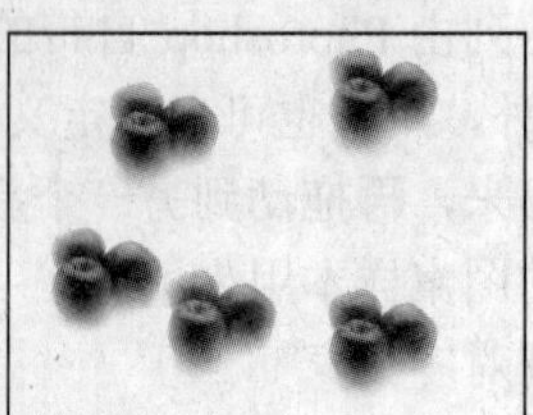

8 选择“印像派效果”复选框的效果。

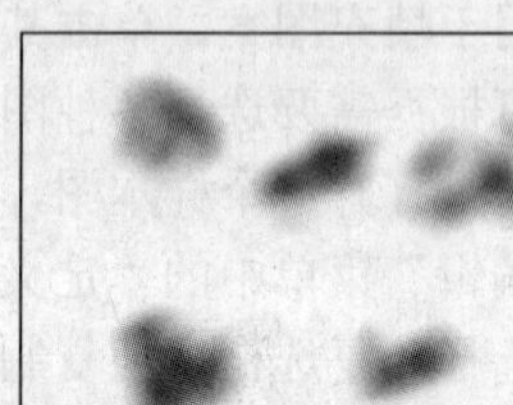

3.4 历史记录画笔工具组

历史记录画笔工具组包括“历史记录画笔工具”和“历史记录艺术画笔工具”两种工具。利用历史记录画笔调板可记录用户操作的过程，通过这个记录过程可撤销和改变以前的一些操作。“历史记录画笔工具”和“历史记录艺术画笔工具”表面上有些类似，但在使用方法和产生效果上是不相同的。

3.4.1 历史记录画笔工具

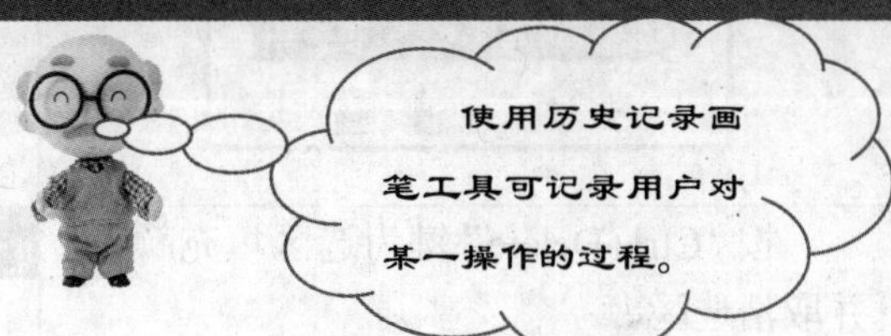

历史记录画笔工具主要用来撤销用户以前的一些操作，并可结合其属性栏上的画笔笔尖形状及大小、模式、不透明度、流量和喷枪等，制作一些特殊的效果。历史记录画笔工具的属性栏如下左图所示。

历史记录画笔工具可与历史记录面板（如下右图所示）一起使用，可在记录的某一操作上进行编辑，如恢复图像、在图像的某一个历史状态上替换颜色等。

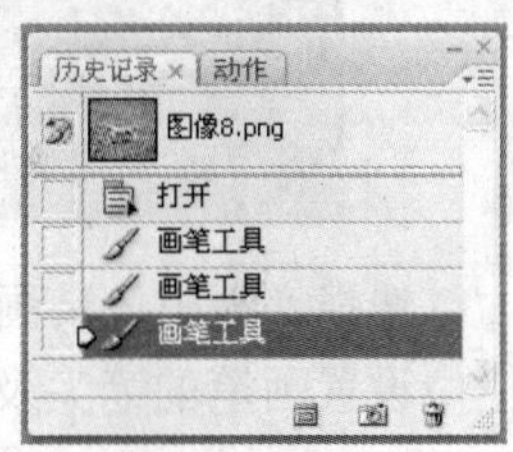

历史记录画笔工具的使用方法可借用下面的例子进行说明：

1 打开下载文件中“第 3 章”文件夹下的“图像 8”。

2 选择工具栏上的“画笔”工具，在图片中进行绘制。

3 此时执行“窗口”菜单中的“历史记录”命令，打开历史记录面板，可看到在历史记录面板中记录着上次的四步操作。

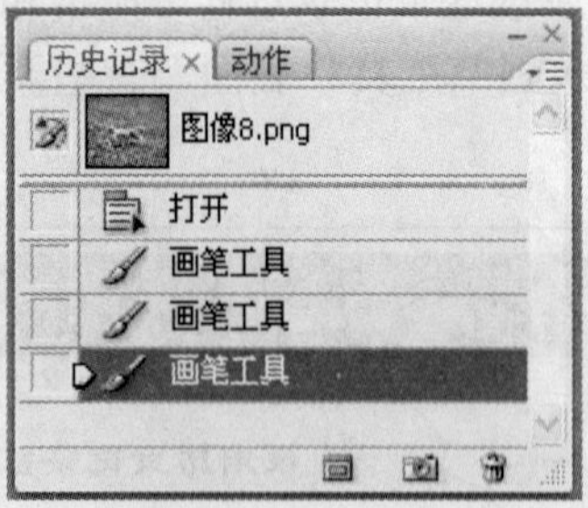

4 选择工具栏上的“矩形选框”工具，创建一个新的选区。

5 按“Ctrl+Delete”键为选区填充颜色，并取消选区。

6 在历史记录面板中的画笔工具前点击一下，使其出现标记。

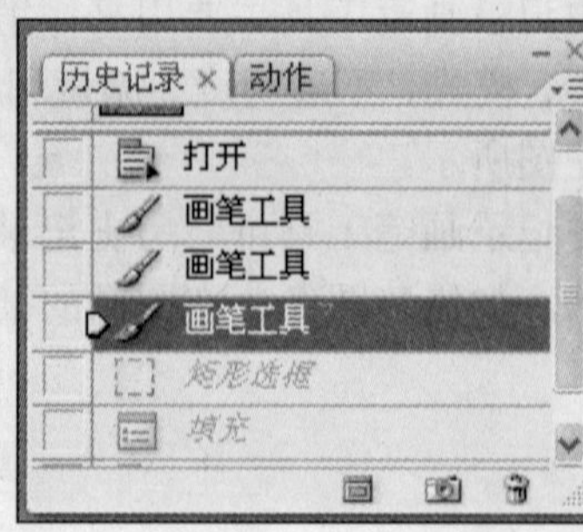

7 选择“历史记录画笔”工具，在属性栏中设置画笔的笔尖及大小。

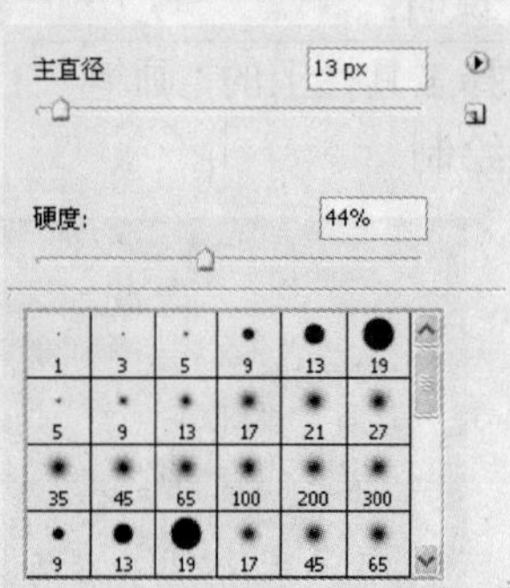

8 把鼠标移动到刚才填充有颜色的位置进行拖动，可看到鼠标拖动过的地方会恢复成原状。

3.4.2 历史记录艺术画笔工具

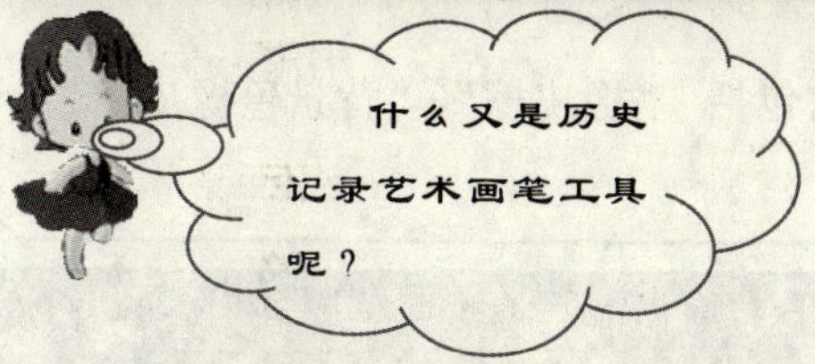

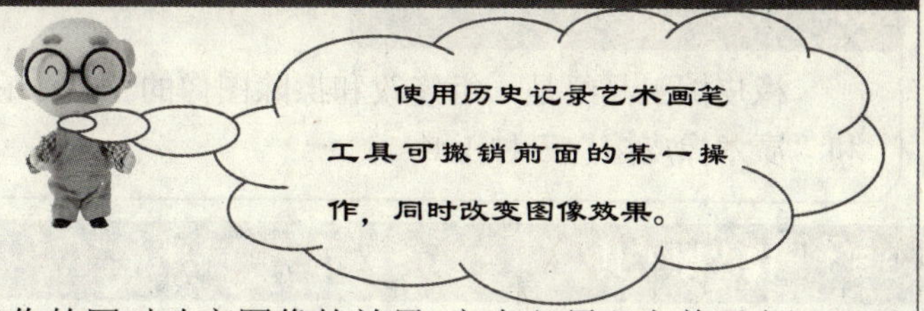

历史记录艺术画笔工具可在撤销操作的同时改变图像的效果，它也必须配合着历史记录面板一起使用。历史记录艺术画笔的属性栏如下图所示：

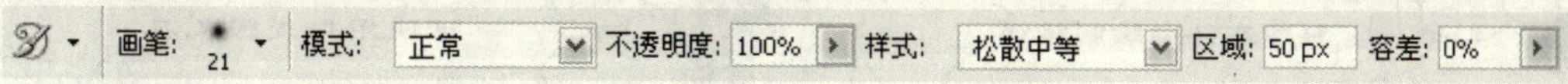

历史记录艺术画笔工具属性栏

历史记录艺术画笔工具属性栏各选项的含义如下：

样式：选择此项可改变历史记录画笔的艺术效果，它包括 10 种样式，不同的样式具有不同的风格。单击右边向下的箭头即可选择样式。

区域：用于控制产生艺术效果的范围，在文本框中输入的数值越大，产生的艺术效果的范围就越大。

容差：用于控制色彩保留的程度，单击文本框后面向右的箭头或在文本框中输入数值都可改变容差的值，其值越大保留的程度就越深，与原图的色彩也越接近。

1 新建一个文件，选择工具栏上的画笔工具，在文件中绘制一个圆形，并在历史记录面板中的画笔工具前点击一下，使其出现标记。

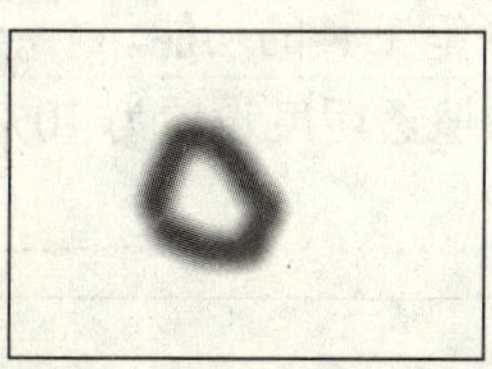

2 选择工具栏上的“历史记录艺术画笔”工具，并在属性栏中将模式设置为“绷紧长”。

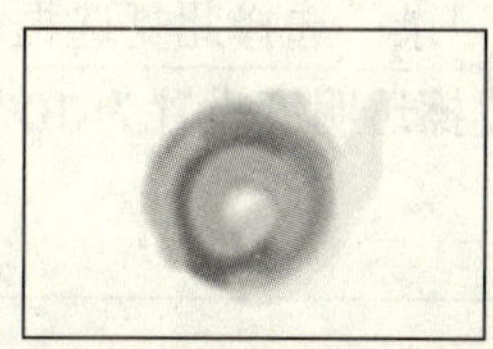

3 在属性栏上将模式设置为“松散长”。

4 在属性栏上将模式设置为“松散卷曲长”。

3.5 橡皮擦工具组

橡皮擦工具组是一组修改和擦除图像的工具，它包括“橡皮擦”、“背景色橡皮擦”和“魔术橡皮擦”三种工具。

3.5.1 橡皮擦工具

橡皮擦工具是一种常用的擦除工具，主要用于擦除用画笔工具手绘的一些图像，如颜色等。橡皮擦工具的属性栏如下图所示：

模式：用于设置橡皮擦的擦除模式，它共有三种模式，分别是“画笔”、“铅笔”和“块”。选择使用“画笔”和“铅笔”模式擦除时，可设置橡皮擦的大小及形状；选择采用“块”模式擦除时，橡皮擦会变成一个固定大小的小正方形。

不透明度：用于设置橡皮擦擦除时的不透明度，如果将不透明度的值设置成 0～30 之间。可使擦除的图像产生一种朦胧的效果。反之，不透明度的值设置得越高，那么擦除的图像就越干净。

抹到历史记录：选择此复选框可使橡皮擦具有历史记录画笔工具的功能。

1 将橡皮擦透明度设置为 10%后，擦除的效果。

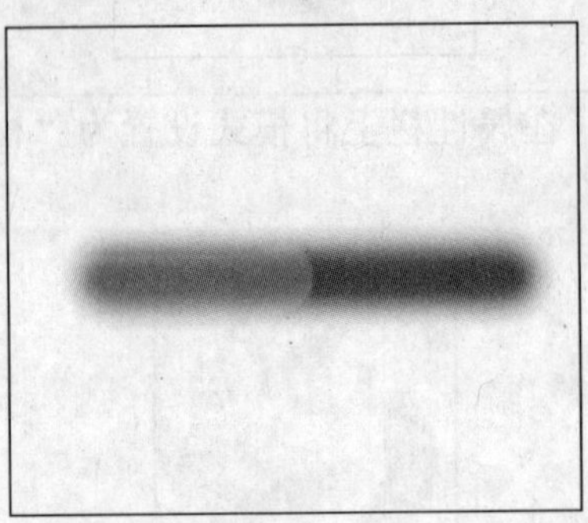

2 将橡皮擦透明度设置为 70%后，擦除的效果。

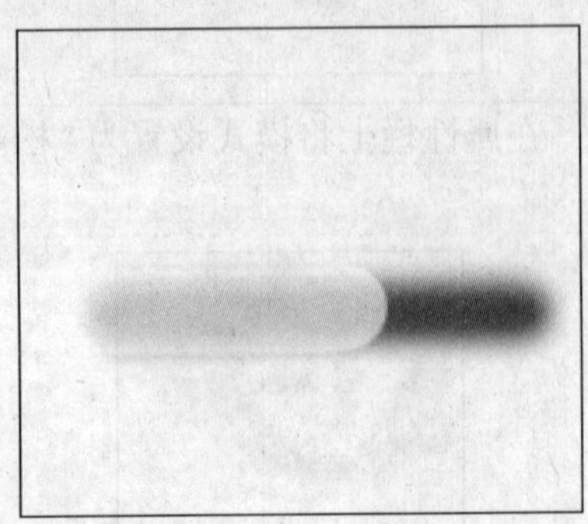

3.5.2 背景色橡皮擦工具

背景色橡皮擦工具与橡皮擦工具的作用一样，都可用来擦除图像，但使用背景色橡皮擦擦除后的区域会变成透明区域。

背景色橡皮擦工具的属性栏如下图所示：

限制：用于限制橡皮擦擦除颜色的范围，它有三个选项，分别是“连续”、“不连续”和“查找边缘”。“连续”表示可擦除任何位置的样本颜色；“不连续”表示可擦除包含样本颜色且相互连接的区域；“查找边缘”表示可擦除包含样本颜色的连接区域，同时更好地保留形状边缘的锐化程度。

容差：用于控制擦除图像的精确度，数值越大，擦除的颜色的范围就越大。

保护前景色：用于保护图像中与前景色一样的颜色不被擦除掉。

3.5.3 魔术橡皮擦工具

魔术橡皮擦工具的擦除原理是：可擦除与鼠标点击处颜色相近的所有区域中的颜色。使用魔术橡皮擦工具擦除的区域将会变成透明区域，魔术橡皮擦若结合属性栏一起使用，效果会更佳。

容差：用于设置其擦除区域中颜色的融合程度，值越大，擦除的颜色范围就越大。

消除锯齿：选择此复选框可消除图像边缘的锯齿，使图像变得更加平滑。

连续：选择此复选框可擦除与鼠标点击处颜色相近且相连的颜色，若不选此项，则可擦除图层中所有与鼠标点击处颜色相近的颜色。

不透明度：用于设置擦除的图像的不透明度。

1 打开下载文件中“第 3 章”文件夹下的“图像 9”。

2 选择工具栏上的“魔术橡皮擦”工具，设置好相应参数后，在图片中单击。

3.6 填充工具组

填充工具组是用来填充颜色的，它是一种应用比较灵活的填充工具，不仅可以填充单色也可填充渐变色。在制作图像时，渐变工具的使用最为频繁，灵活使用这组工具可制作出许多精彩的效果。填充工具组包括“渐变工具”和“油漆桶工具”两种。

3.6.1 渐变工具

渐变工具主要用来给图像填充渐变色彩效果的工具。若要制作特殊的渐变效果，可结合渐变工具的属性栏一起使用。

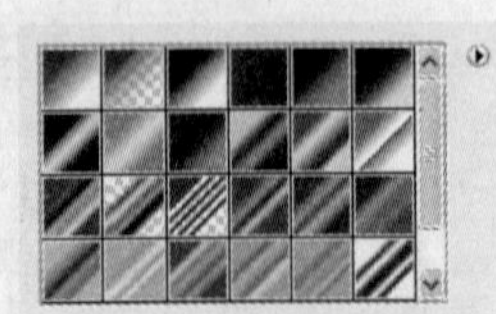

渐变编辑框：单击右边向下的箭头会打开如右图所示的“渐变拾色器”对话框。在此对话框中共有 15 种渐变效果，用户可根据需要选择其中的一种渐变效果。

用户还可通过单击右边的箭头，在弹出的下拉例表框中选择添加和删除渐变效果。

如果觉得系统提供的渐变效果不理想，用户可通过渐变编辑器编辑自己所需的渐变效果。双击渐变编辑器可打开渐变编辑器对话框，下面对渐变编辑器中的各参数意义及设置进行详细介绍。

预置：在预置框中显示了“渐变拾色器”对话框中的15种渐变效果。用户可直接用鼠标点击其中一种。

名称：用于显示当前选中的渐变的名称。

用户类型：用户类型包括“实底”和“杂色”两个选项。选择不同的选项可产生不一样的渐变效果。

平滑度：用于设置渐变的光滑程度，设置的值越大，渐变就越光滑。若将上面用户类型设置成“杂色”，这里的平滑度就会变成粗糙度，其设置与平滑度一样。使用“杂色”用户类型可制作出产品条码的效果。

渐变控制器：主要用于编辑渐变的颜色。注意，在渐变控制器上方的“■”表示不透明，“□”表示透明。双击渐变控制器下方的“□”按钮可打开“拾色器”对话框，用户可通过“拾色器”对话框选择所需的颜色。

在渐变编辑框后面有5个按钮，分别是：“线性渐变”、“径向渐变”、“角度渐变”、“对称渐变”和“菱形渐变”。

线形渐变：可使渐变产生一种直线的效果。

径向渐变：可使渐变产生以鼠标点击的地方为圆心，拖动距离为半径的效果。

角度渐变：可使渐变产生以鼠标点击的地方为中心，拖动的方向旋转一周的锥形渐变。

对称渐变：可使渐变产生一种对称的效果。

菱形渐变：可使渐变产生以鼠标点击的地方为圆心，拖动距离为半径的菱形渐变效果。

反向：选择“反向”复选框后，渐变的颜色会以相反的顺序显示。

反色：选择“反色”复选框可使颜色在产生渐变时变得更加柔和。

双击属性栏上的渐变编辑器，打开“渐变编辑器”对话框。

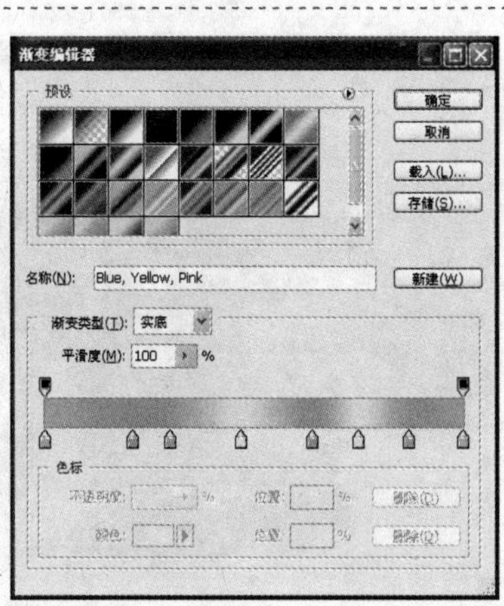

在渐变编辑器中将渐变类型设置为“实底”，平滑度为“100%”，双击渐变控制器下面的控制按钮，弹出拾色器对话框。

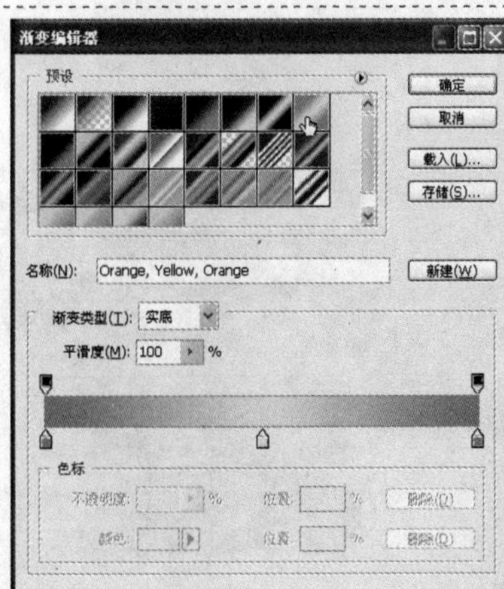

3 在弹出的“拾色器”对话框中设置其颜色参数。

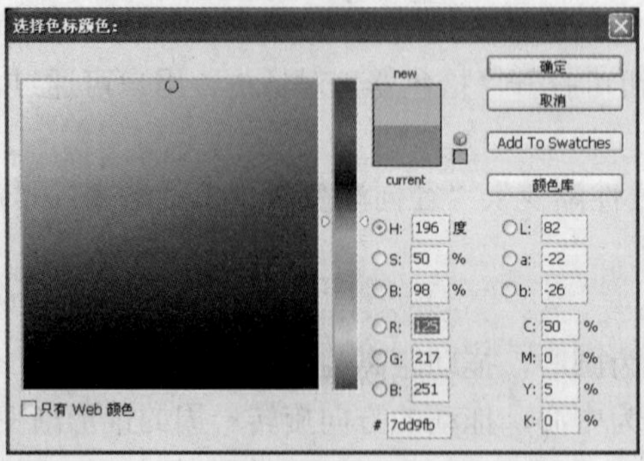

4 单击渐变控制器下面第二个渐变控制按钮，再单击右下角的“删除”按钮删除第二个渐变控制按钮，再将渐变控制器下面第三个渐变控制按钮设置为白色。单击右上角的“确定”按钮即可设置好渐变效果。

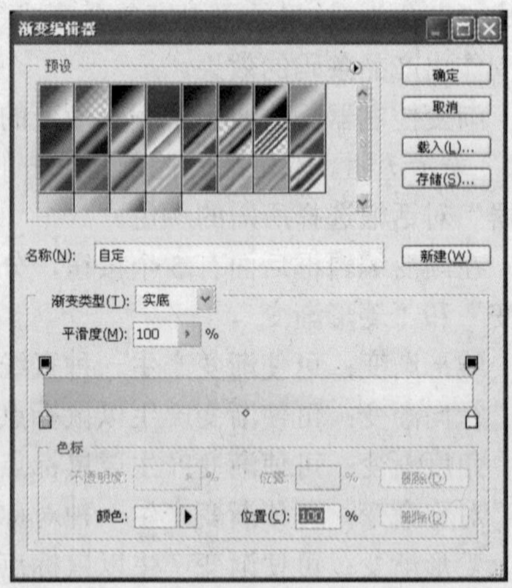

5 使用本章已打开的“图像 5”，并选择工具栏上的“矩形选框工具”在图中创建一个矩形选区。

6 选择工具栏上的“渐变工具”，并将鼠标指向选区内，此时鼠标变成一个十字形，按住鼠标拖动即可出现刚才设置的渐变效果。

7　选择工具栏上的“移动”工具，并按住“Alt”键复制渐变效果。最后调整其距离。

8　按“Ctrl+E”键合并图层，此时图层面板如下图所示。

9　右击图层面板底部的设置图层样式按钮“ ”，在弹出的快捷菜单中选择“投影”命令将弹出一个“图层样式”对话框，在对话框中设置投影的相关参数。

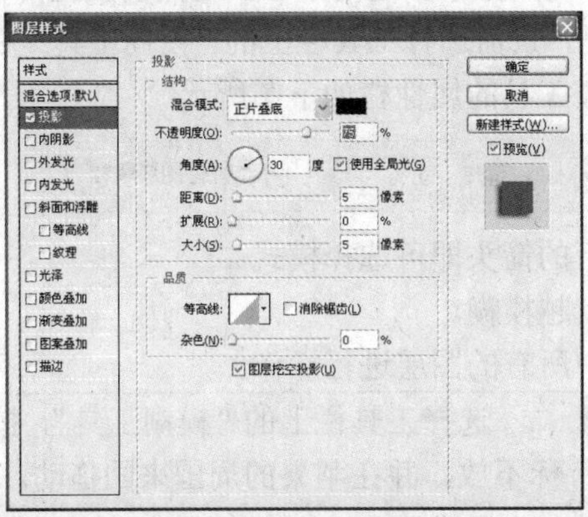

10　应用图层样式后，使渐变图层变成“百叶窗”的效果。

3.6.2　油漆桶工具

油漆桶工具可用来填充图案和单种颜色，在填充单色时都是以前景色进行填充。在油漆桶工具的属性栏中可选择是用图案填充还是单色填充。

前景：选择“前景”选项后，可使用前景色进行填充。单击后面向下的箭头可选择“图案”选项，进行图案填充。

容差：主要用于单色填充，容差的值越大表示填充的区域就越大。

3.7 模糊工具组

模糊工具组可使图像变得模糊，共包括“模糊工具”、“锐化工具”和“涂抹工具”三种。这三种模糊工具的使用方法不同，产生的效果也不相同。

3.7.1 模糊工具

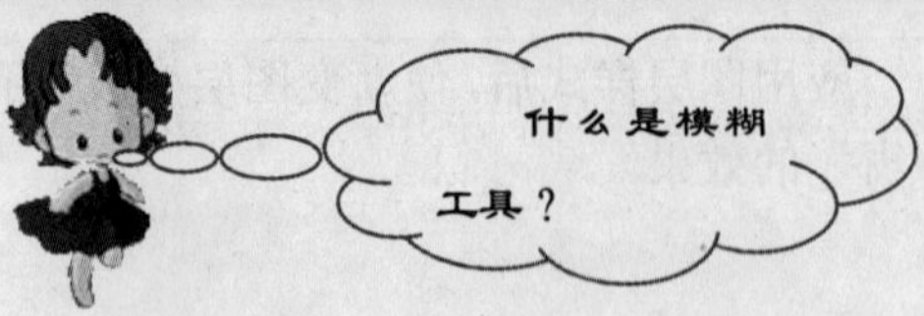

模糊工具主要用来制作图像的模糊效果，它可使图像中相近两个像素之间的反差降低，从而使图像的边缘变得模糊。模糊工具的使用方法是，只需选择工具栏上的“模糊工具”后指向将要模糊的图像按住鼠标左键来回拖动即可。模糊工具的属性栏如下图所示：

模式：提供了 6 种不同的模式，单击后面向下的箭头即可选择模式。

强度：指模糊的强度，设置的值越大，图像就越模糊。

对所有图层取样：选择此复选框即可对图像中所有的图层进行操作。

1 打开下载文件中“第 3 章”文件夹下的“图像 10”。

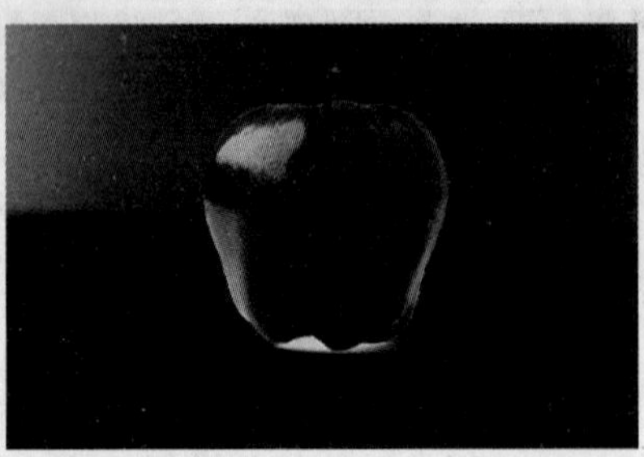

2 选择工具栏上的“模糊工具”，按住鼠标不放，并在苹果的周围来回拖动。

3.7.2 锐化工具

锐化工具与模糊工具正好相反，主要通过增大相邻两个像素之间的反差，从而使图像变得清晰。锐化工具的属性栏和模糊工具的属性栏一样，故不再重述。

1 使用本章已打开的“图像 10”。

2 选择工具栏上的“锐化工具”，按住鼠标不放，并在苹果的周围来回拖动。

3.7.3 涂抹工具

涂抹工具可使鼠标拖动过的地方产生一种手指绘画的效果。在涂抹工具的属性栏中可设置一些相关的参数。

手指绘画：选择此复选框后可使用前景色在图像中进行涂抹。

1 使用本章已打开的“图像 10”。

2 选择工具栏上的“涂抹工具”，按住鼠标不放，并在苹果的周围来回拖动。

3.8 减淡工具组

减淡工具组又称为色调工具组，主要用来调整图像的色调。它包括“减淡工具”、“加深工具”和“海绵工具”三种。

3.8.1 减淡工具

减淡工具可用来改变图像中阴暗部分的光泽，给图像局部加亮。减淡工具的使用方法与模糊工具的使用方法一样，选择工具栏上的减淡工具，将鼠标移到图像中并按住鼠标左键不放，来回拖动即可。减淡工具的属性栏如下图所示：

范围：指减淡工具的作用范围，单击右边向下的箭头可选择范围。范围有三个选项，分别是“阴影”、“中间调”和“高光”。“阴影”表示减淡工具只对图像中阴影部分起作用；“中间调”表示减淡工具只对图像中灰色比例较大的部分起作用；“高光”表示减淡工具只对图像中高光部分起作用。

曝光度：用于设置图像的曝光程度，输入的数值越大，曝光就越强。

1 使用本章已打开的“图像 8”。 	2 选择工具栏上的“减淡工具”，按住鼠标不放，并在猫的周围来回拖动。 

3.8.2 加深工具

加深工具主要用于改变图像特定区域的曝光度，使图像变暗。加深工具的使用方法与减淡工具的使用方法一样，故不再重述。加深工具的属性栏如下图所示：

1 使用本章已打开的“图像 8”。 	2 选择工具栏上的“加深工具”，按住鼠标不放，并在图像的周围来回拖动。 

3.8.3 海绵工具

海绵工具主要用于调节图像的对比度和饱和度。海绵工具的使用方法与减淡工具的使用方法一样，其属性栏如下图所示。

模式：包括“去色”和“加色”两种模式。选择“去色”选项可使图像中的原色减少，灰色增多；选择“加色”选项可减少图像中的灰色。

电脑即学即用

教你学电脑

第4章 路径和文字工具

本章要点：

- 钢笔工具组
- 路径选择工具组
- 矩形工具组
- 文字工具

电脑博士，听说使用 Photoshop CS3 可创建许多图形形状，它是通过哪些工具实现这一功能的呢？

小丽，Photoshop CS3 是通过“路径”和“矩形”工具组创建图形形状的，本章就教你如何使用这两种形状工具制作各种图像形状。

4.1 钢笔工具组

钢笔工具组主要用来创建路径，路径是一种通过曲线建立的矢量图形。钢笔工具可通过建立矢量图形对图像进行选择和修改，灵活运用钢笔工具组还可制作出许多效果精美的图片。钢笔工具组包括“钢笔工具”、“自由钢笔工具”、“添加锚点工具”、“删除锚点工具”和“转换点工具”五种。

4.1.1 钢笔工具

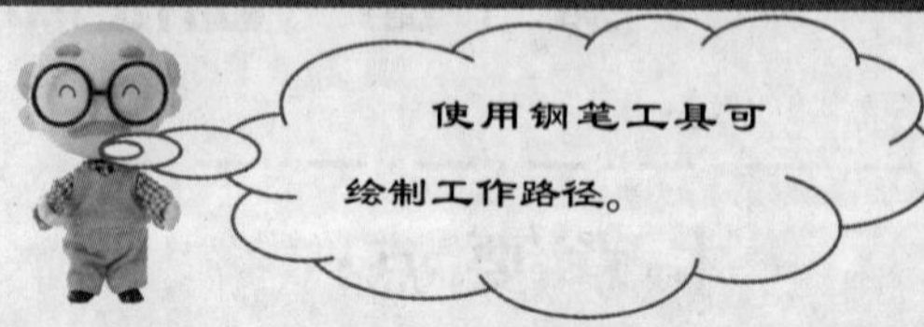

钢笔工具主要用来绘制工作路径。单击工具栏上的“ ”钢笔工具按钮后，将鼠标移到文件中单击左键，在鼠标点击的地方会出现一个锚点，然后移动鼠标到目标点再单击，直到出现第二个锚点，此时在两个锚点之间会用一条直线连接起来。若想使连接的线条是曲线，可在出现第二个锚点时按住鼠标不放并向任意位置拖动，即可在锚点两端出现两个控制点，此时在两锚点之间将会出现一条以控制点拖动方向为准的曲线。钢笔工具的属性栏中提供了许多的参数设置，结合这些参数可使钢笔工具绘制出不同效果的路径。

属性栏中各按钮的含义从左向右依次是：

形状图层：选择此按钮后，绘制的路径将以前景色进行填充。

路径：用于创建普通的工作路径。

自动添加/删除：选择此复选框可使钢笔工具具有添加和删除锚点的功能。

1 新建一个文件，选择工具栏上的“钢笔工具”，开始绘制苹果形状。

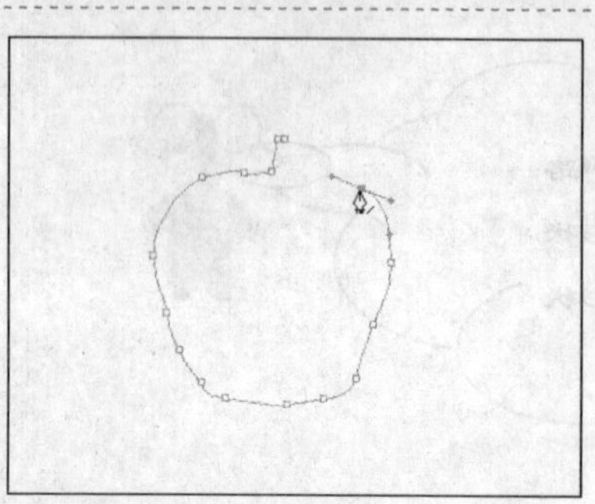

2 当鼠标指针下面出现一个小圆点时，点击一下即可完成苹果形状路径的绘制。

4.1.2 自由钢笔工具

自由钢笔工具可在文件中绘制任意的形状路径，它能真正做到与钢笔一样的效果，随意的起笔、落笔。单击工具栏上“钢笔工具”右边的小三角符号即可选择被隐藏的自由钢笔工具，选择自由钢笔工具后，工具栏上的图标会变成“”形状。

自由钢笔工具属性栏

自由钢笔工具的属性栏与铅笔工具的属性栏基本上一样，如果选择属性栏上的“磁性的”复选框，可使自由钢笔工具具有磁性套索工具的功能。

1 打开下载文件中“第 4 章”文件夹下的“图像 1”。

2 选择工具栏上的“自由钢笔工具”，并选择其属性栏上的“磁性的”复选框。将鼠标移到企鹅背部拖动鼠标创建路径。

4.1.3 添加锚点工具

使用添加锚点工具可在工作路径上添加一个锚点，添加的锚点与路径上原有的锚点操作方法一样。单击工具栏上“钢笔工具”右边的小三角形，在被隐藏的路径工作组中选择添加锚点工具，工具栏上的图标会变成“”添加锚点工具形状。添加锚点工具没有选项栏。

1 新建一个文件，选择工具栏上的“钢笔工具”，在文件中创建一个工作路径。

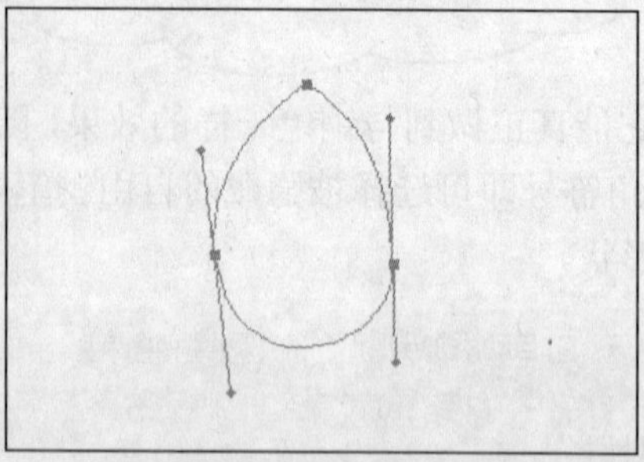

2 选择工具栏上的“添加锚点工具”，在路径上单击鼠标，添加一个新的锚点，并拖动锚点两端的控制点改变路径形状。

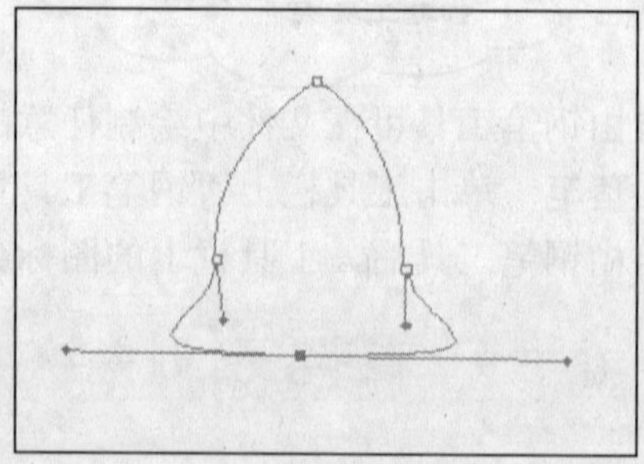

4.1.4 删除锚点工具

删除锚点工具与添加锚点工具的作用相反，它可用来删除工作路径中多余的锚点，起到改变路径形状的作用。单击工具栏上“钢笔工具”右边的小三角符号即可选择被隐藏的删除锚点工具，选择删除锚点工具后，工具栏上的图标会变成“”删除锚点工具形状。

1 打开刚才添加新锚点的工作路径 。

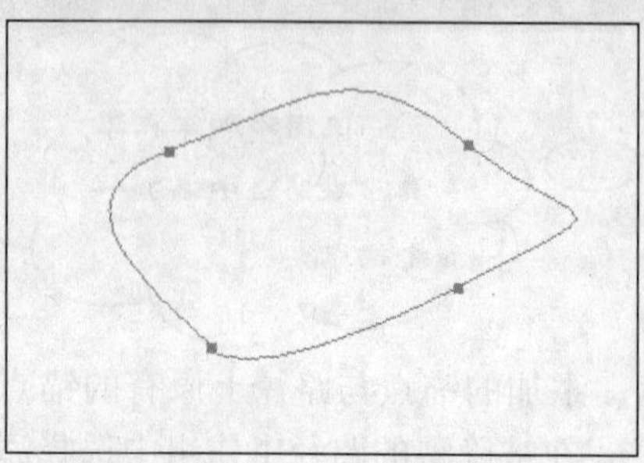

2 选择工具栏上的“删除锚点工具”，在路径上单击将要删除的锚点即可。

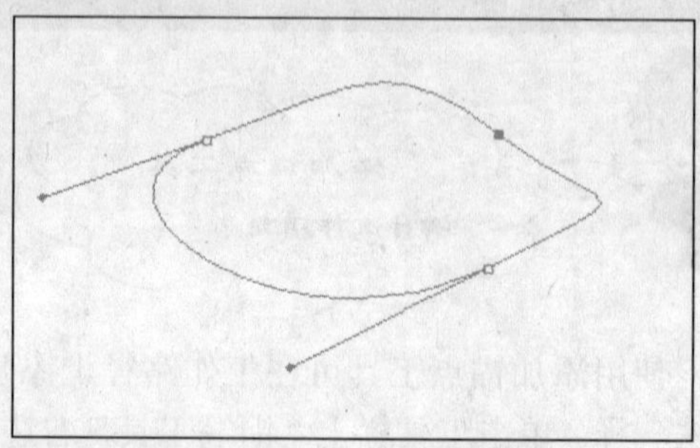

4.1.5 转换点工具

转换点工具可将工作路径中的平滑点转换成角点，也可通过锚点两端的控制点将角点转换成平滑点，但这样转换后路径的形状会发生改变。单击工具栏上“钢笔工具”右边的小三角符号即可选择被隐藏的转换点工具，选择转换点工具后，工具栏上的图标会变成“卜.”形状。

1 创建如下图所示的工作路径。

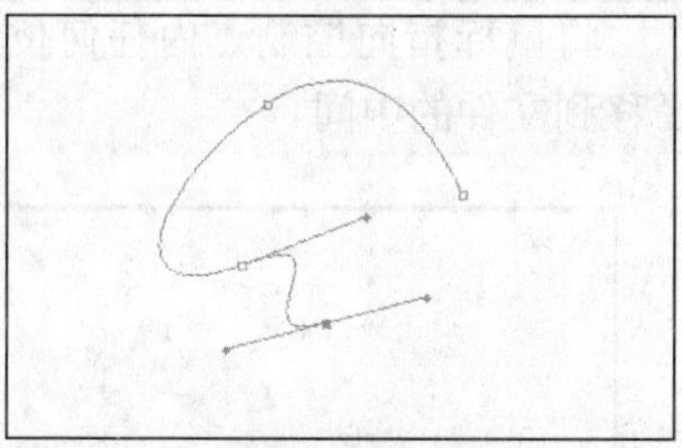

2 选择工具栏上的“转换点”工具，将鼠标移到一个平滑锚点上单击，此时，这个平滑点已变成一个角点了。

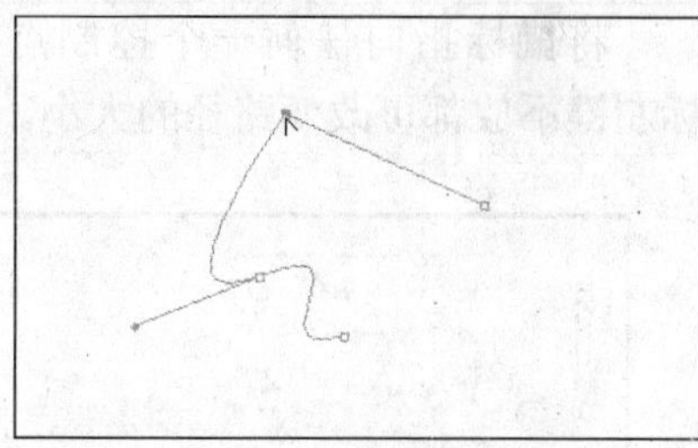

4.2 路径选择工具组

路径选择工具组有“路径选择工具”和“直接选择工具”两种。这两种工具都可用来选择路径，但其效果却不一样。

4.2.1 路径选择工具

路径选择工具主要用于选择、移动和复制路径，直接选择工具箱中的“↖”路径选择工具即可选择路径。路径选择工具属性栏如下图所示。

1 在文件中绘制一个小狗形状路径。

2 选择工具栏上的“路径选择”工具，并选择属性栏上的“显示定界框”复选框。将鼠标移到路径上单击，此时在路径的周围会出现 8 个控制点。

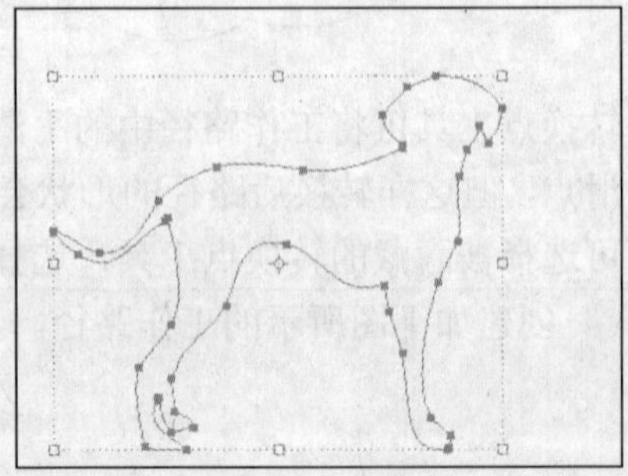

3 将鼠标指向任何一个控制点按住鼠标左键不放都可改变路径的大小。

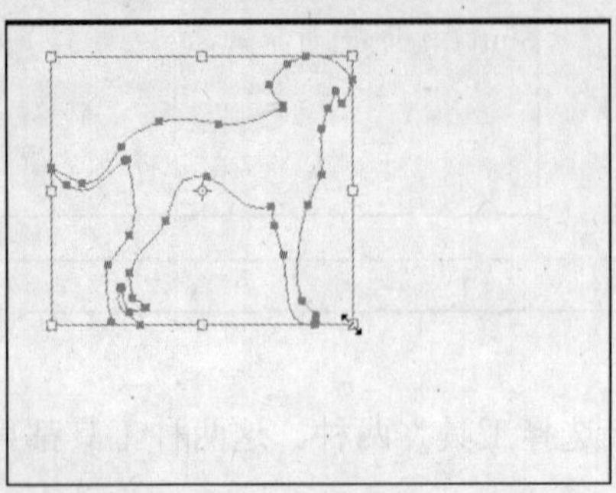

4 将鼠标指向控制点内任何位置，将路径移到文件的中间。

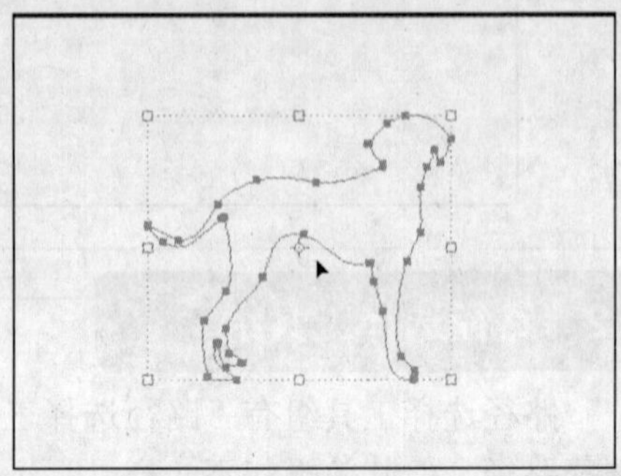

技巧：按住“Alt”键移动路径可复制路径。

4.2.2 直接选择工具

使用直接选择工具不仅能选择路径，而且可以改变路径的形状。使用直接选择工具选择路径后，该路径上的锚点会变成黑色，直接选择工具没有属性栏。

1 使用刚才绘制的小狗形状的路径文件。

2 选择工具栏上的“路径选择”工具，单击路径上任一锚点。

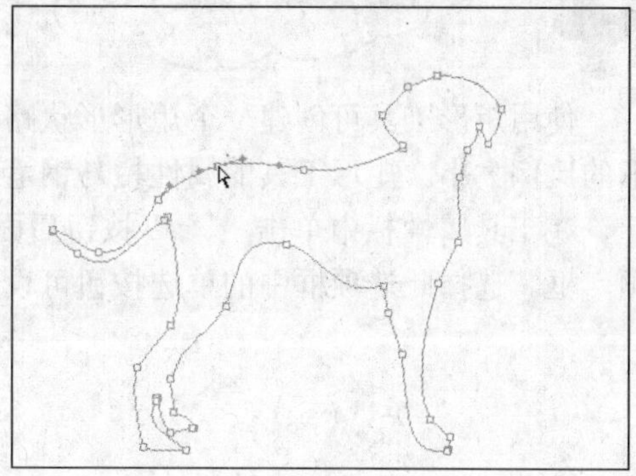

3 将鼠标指向锚点两端的控制点，分别向两端拖动。

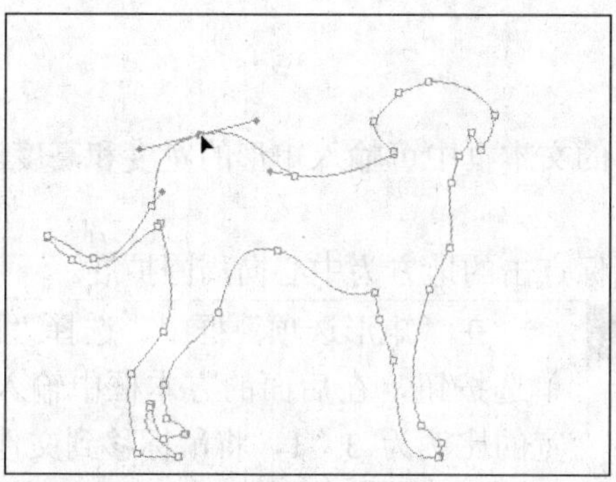

技巧：

按住“Shift”键的同时单击锚点可选择多个锚点；按住“Alt”键的同时单击任何一个锚点，可选择路径上的所有锚点。

按住鼠标左键拖动锚点可改变锚点的位置，按住鼠标拖动锚点两端的控制点可改变路径的形状。

4.3 形状工具

Photoshop CS3 提供了很多不同形状的几何图形供用户使用。使用这些形状工具可创建许多形状的路径，从而制作出别具艺术风格的图像形状。

形状工具共有 6 个工具，分别是“矩形工具”、“圆角矩形工具”、“椭圆工具”、“多边形工具”、“直线工具”和“自定义形状”。点击形状工具栏右边的三角形符号即可选择这些被隐藏的工具。

4.3.1 矩形工具

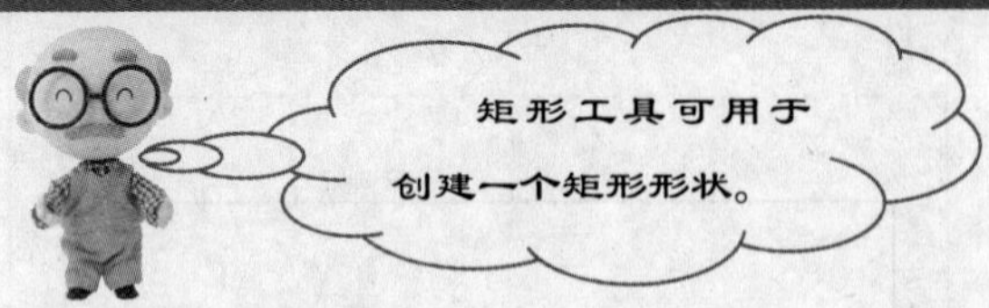

使用矩形工具可创建一个矩形形状路径。在矩形工具属性栏的“矩形选项”框中可设置矩形的比例大小。矩形工具的属性栏与钢笔工具的相似，如下左图所示。

在工具属性栏中单击“”按钮后面的小三角形符号，可弹出如下右图所示的“矩形选项”框。选择此选项框中的单选按钮可设置矩形的大小及比例。

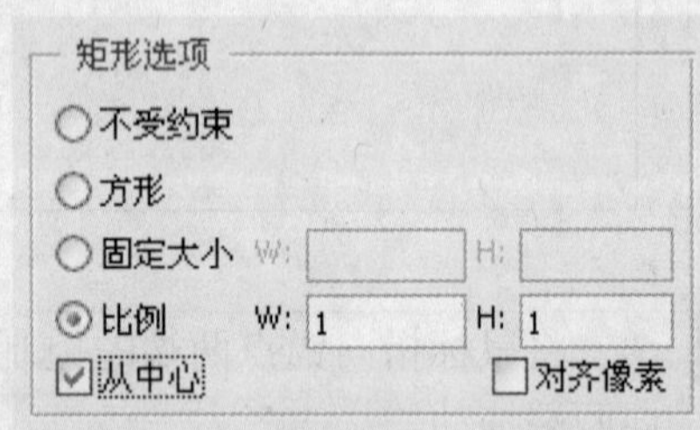

矩形选项框中各选项的含义如下：

不受约束：表示可任意绘制矩形的大小。

方形：表示只能绘制方形。

固定大小：可使用户设置矩形的大小，在后面的文本框中可输入矩形的宽度和高度。

比例：此选项用于设置矩形的长和宽的比例。

从中心：选择此复选框后，绘制矩形时将以鼠标点击的地方为中心向周围扩展。

1 选择工具栏上的“矩形工具”，在“矩形选项”框中，选择“比例”单选按钮，在后面的文本框中输入长和宽的比例为1∶3，将鼠标移到文件中点击，按住鼠标不放，拖动到合适的位置。

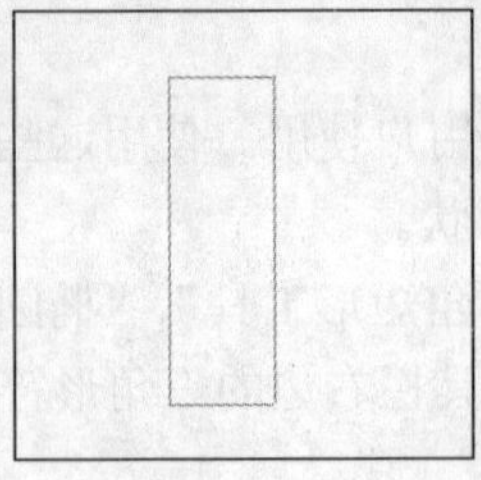

2 在“矩形选项”框中，选择“比例”单选按钮，在后面的方本框中输入长和宽的比例为3∶1，将鼠标移到文件中点击，按住鼠标不放，拖动到合适的位置。

4.3.2 圆角矩形工具

使用圆角矩形工具可绘制一个圆角矩形形状路径，其使用方法和参数设置都与矩形工具一样，故不再重述。

1　选择工具栏上的“圆角矩形工具”，在“圆角矩形选项”框中，设置“半径”的值为10，将鼠标移到文件中点击并按住鼠标不放，拖动到合适的位置。

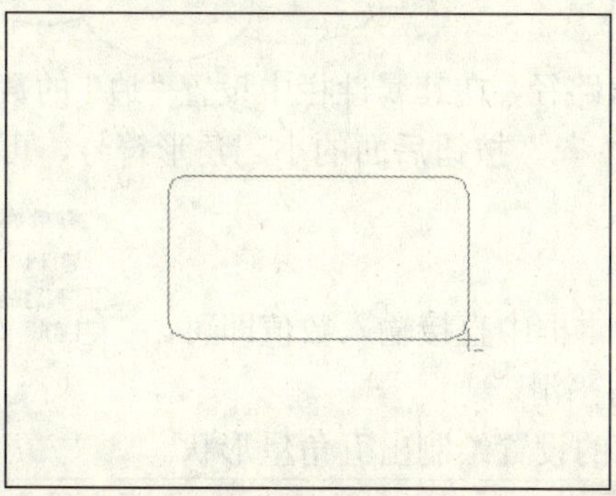

2　在“圆角矩形选项”框中，设置“半径”的值为30，将鼠标移到文件中点击并按住鼠标不放，拖动到合适的位置。

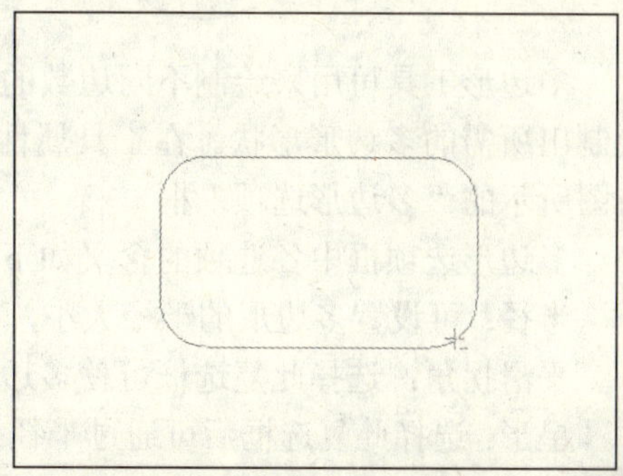

4.3.3 椭圆工具

椭圆形工具主要用来绘制椭圆和正圆形形状路径。椭圆形工具的属性栏与矩形工具的属性栏及使用方法相同。

1　选择工具栏上的“椭圆形工具”，在“椭圆选项”框中，选择“圆”单选按钮，将鼠标移到文件中点击并按住鼠标不放进行拖动，即可绘制一个正圆（也可按住“Shift”键拖动鼠标绘制正圆）。

2　在“椭圆选项”框中，选择“固定大小”选项设置椭圆的长和宽分别为“3”和“4”。将鼠标移到文件中点击并按住鼠标不放拖动即可绘制一个固定大小的椭圆。

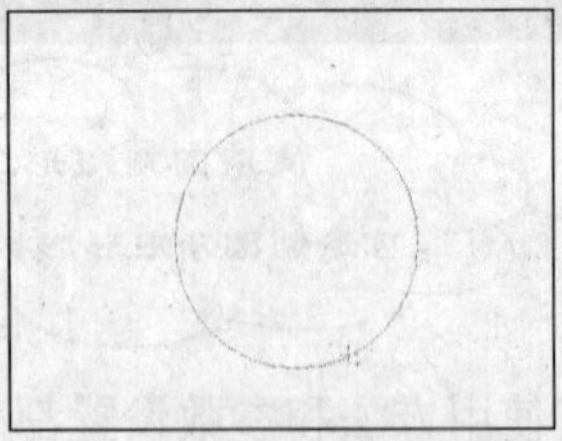

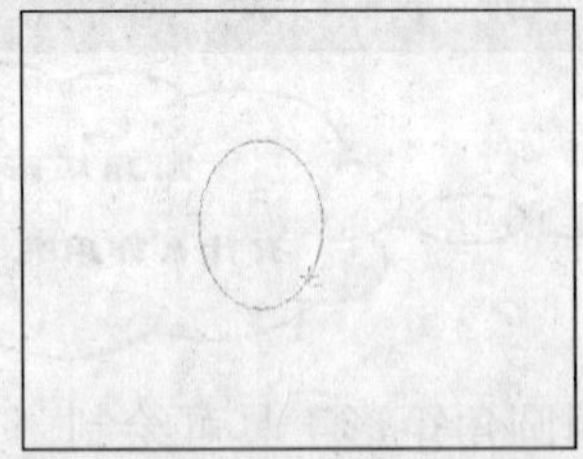

4.3.4 多边形工具

多边形工具可用来绘制不同边数的多边形形状路径，在其属性栏中设置“边”的数值即可绘制出所需的多边形形状。在工具属性栏中单击“”按钮后面的小三角形符号，可弹出如右图所示的“多边形选项”框。

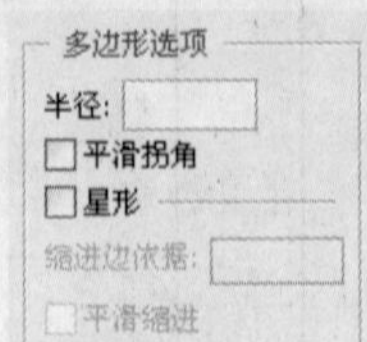

多边形选项框中各选项的含义如下：

半径：可设置多边形的半径大小，在后面的文本框中直接输入数值即可。

平滑拐角：选择此复选框可使多边形的角变得平滑。

星形：选择此复选框后可通过半径及平滑拐角的设置绘制出五角星形状。

1 选择工具栏上的“多边形工具”并在属性栏中输入边数为“5”。拖动鼠标即可绘制一个五边形。

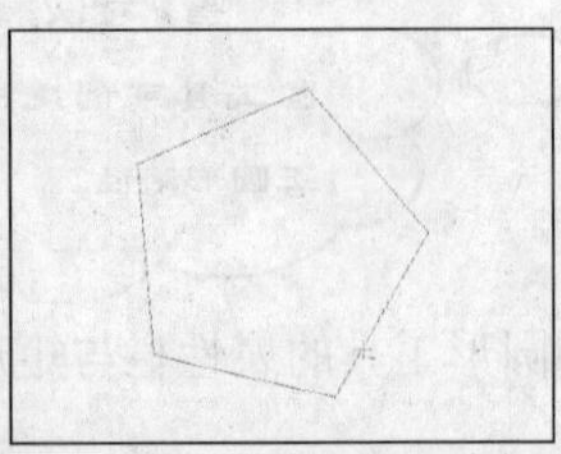

2 在“多边形”选项框中输入半径为“5”，选择“星形”复选框后，效果如下图所示。

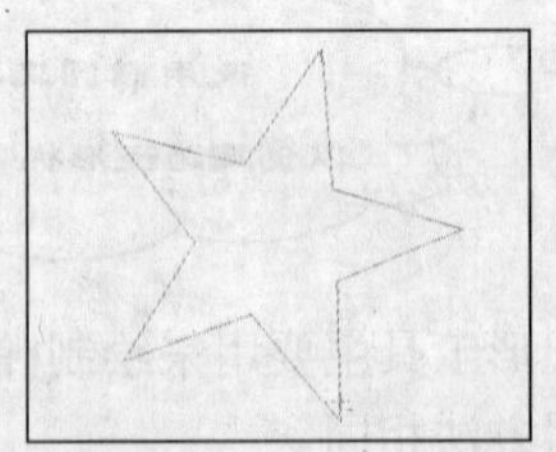

4.3.5 直线工具

直线工具可绘制不同的直线及箭头形状。在直线工具的属性中可设置直线的粗细。

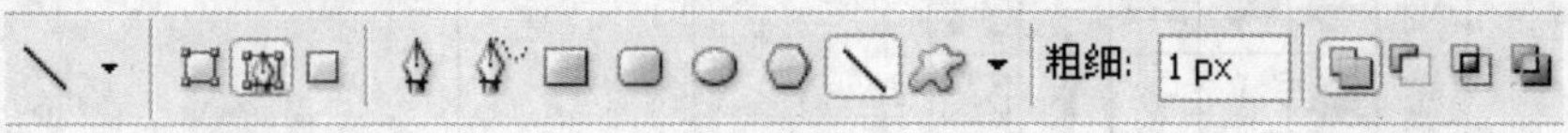

粗细：用于设置直线的大小，在后面的文本框中输入数值可更改直线的大小值。

在绘制箭头时必须与“箭头”选项框一起使用。在“箭头”选项框中可设置箭头的起点、终点、宽度、长度及凹度。

1 选择工具栏上的“直线工具”并在“箭头”选项框中选择“起点”和“终点”复选框，凹度为“50%”。

2 按住鼠标左键拖动即可绘制一条箭头凹度为“50%”的双箭头直线。

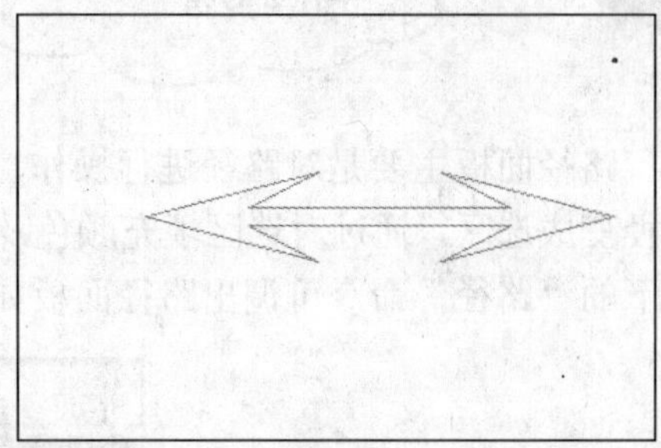

4.3.6 自定义形状工具

自定义形状工具比前几种形状工具的使用方法要简单得多，用户可直接选择“形状”面板中形状快速的创建形状路径。在“形状”面板中提供了许多形状，如电灯泡、音符、信封、心形等共 32 种。自定义形状工具的属性栏如下图所示：

形状：单击右边的三角形符号可打开“形状”面板选择路径形状。

1 选择工具栏上的“自定义形状工具”。选择形状面板中的“心形”形状。

2 按住鼠标左键在文件中拖动即可绘制一个形状路径。

4.3.7 路径面板

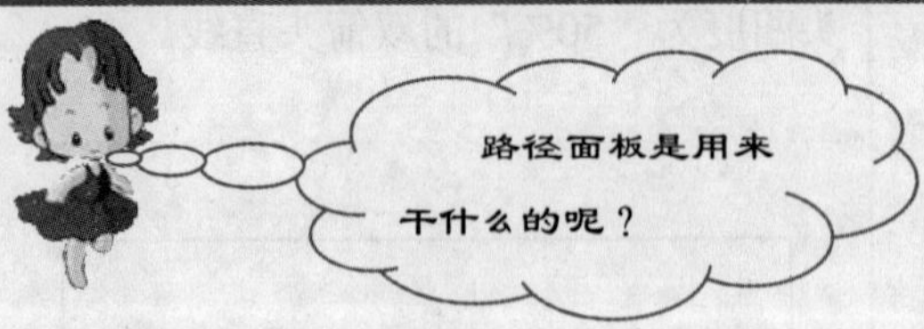

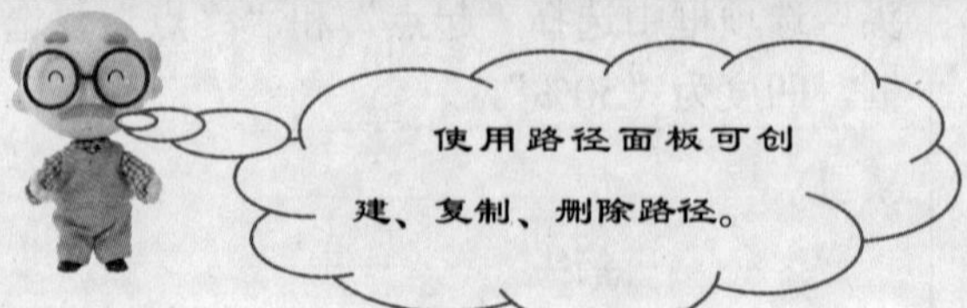

路径面板主要是对路径进行操作，包括显示、隐藏、复制和删除路径等。路径面板还可将路径变成选区，通过对选区填充颜色及其他操作，制作一些特殊的效果图形。执行“窗口”菜单下的“路径”命令可调出路径面板如下图所示：

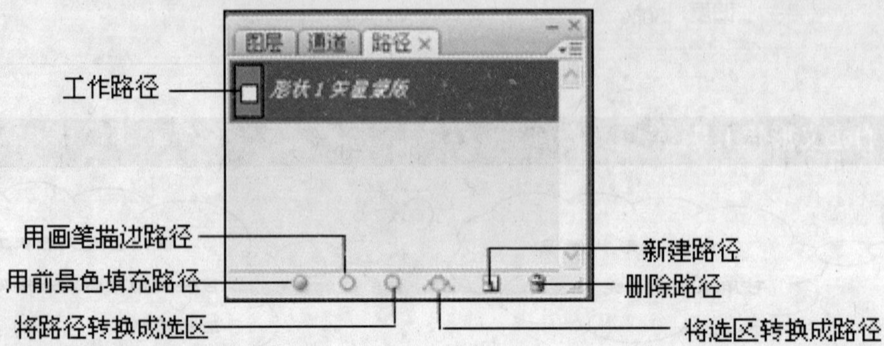

“ ”用前景色填充路径：此按钮表示可用当前的前景色对路径进行填充。

“ ”用画笔描边路径：选择此按钮后可用画笔对路径做描边操作。

“ ”将路径转换成选区：可将当前路径转换为选区。

“ ”将选区转换成路径：可将当前选区转换为路径。

“ ”新建路径：既可创建一个新的路径，也可复制路径。复制路径时用鼠标指向将要复制的路径并按住鼠标左键不放，拖动到此按钮上即可进行复制。

“ ”删除路径：可用来删除路径，用鼠标指向将要删除的路径并按住鼠标左键不放，拖动到此按钮上即可进行删除。

1 使用“自定义形状”工具在文件中创建一个“心形”路径。

2 调出“路径面板”，并单击路径面板底部将路径转换为选区按钮，使心形路径变成心形选区。

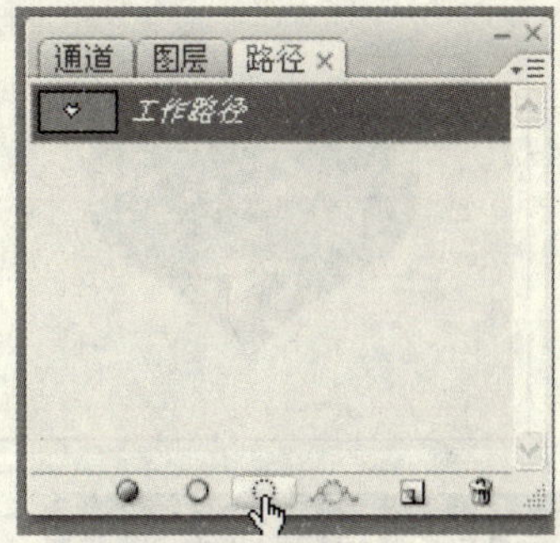

3 此时路径面板可将路径转换成心形选区。

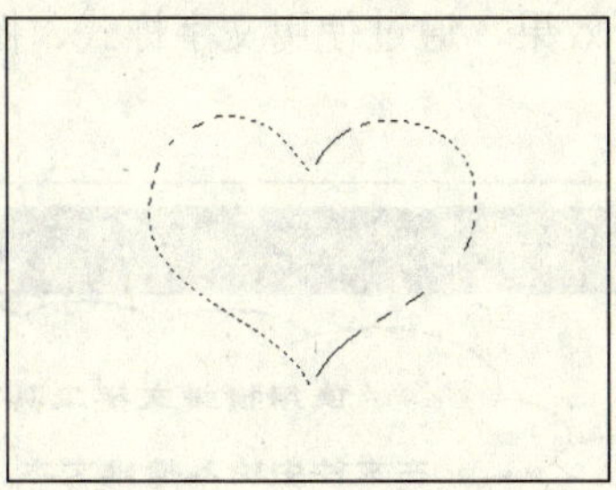

4 将前景色设置为红色，选择工具栏上的“油漆桶”工具填充选区。

5 再回到路径面板中，单击路径面板底部将路径转换为选区按钮，使心形选区变成心形路径。

6 选择工具栏上的“直接选择”工具单击形状，会在形状的周围出现锚点。

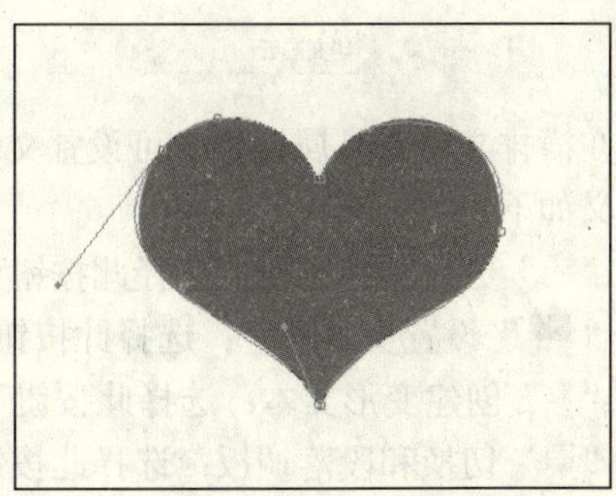

7 使用“选择工具”拖动锚点两端的控制点，改变心形的形状。

8 单击路径面板底部的“将路径变为选区按钮”后按“Delete”键删除多余部分，最后取消选区，得到如下图所示的效果。

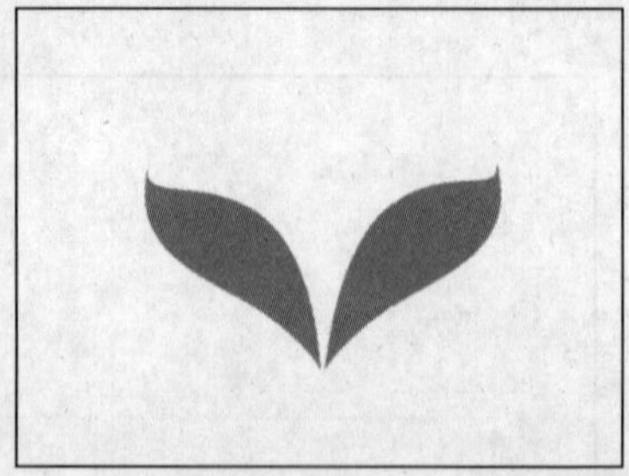

4.4 文字工具

Photoshop CS3 提供的文字工具可使 Photoshop 具有 Word 的排版功能。使用文字工具可在图像中输入横排或直排的文字，并可设置文字的字体、字号、行距、对齐方式等格式。

在 Photoshop CS3 中编辑的文字具有很多的创新效果，通过使用文字样式、图层样式及滤镜使文字变得更具个性化。

4.4.1 横排文字工具

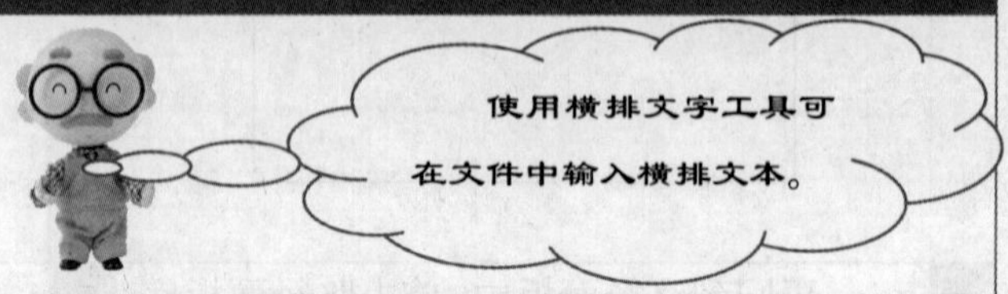

使用横排文字工具可创建横排排列的文本。选择工具栏上的“T”横排文字工具，在文件中拖动即可创建一个文本框。使用横排文字工具建立文本时会自动在图层面板中创建一个文字图层。横排文字工具的属性栏如下图所示：

在横排文字工具属性栏中可设置文本的字体、字号、对齐方式、变形等，属性栏中各选项的含义如下。

“”更改文字方向：选择此按钮可将文字在水平和垂直两个方向变化。

“”设置文本颜色：选择此按钮可设置当前文本的颜色。

“”创建变形文本：选择此按钮可设置文本的变形效果。

“”切换和段落调板：选择此按钮可对输入的文字进行精确编辑。

1 选择工具栏上的横排文字工具“T”，当鼠标变成“⌶”形状时按住左键不放并拖动，此时会出现一个文本框。

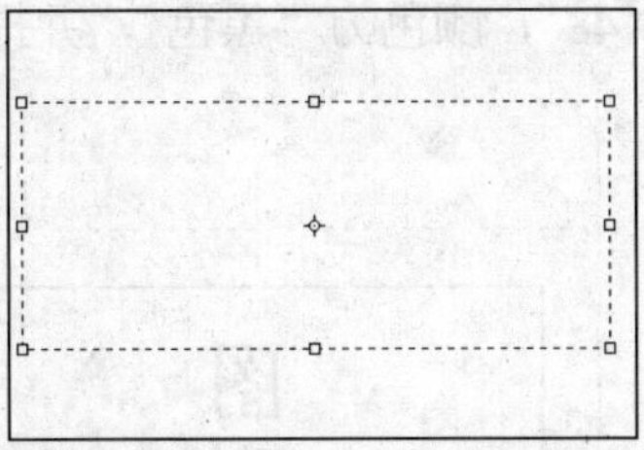

2 在文本框中输入“图形图像”文本。

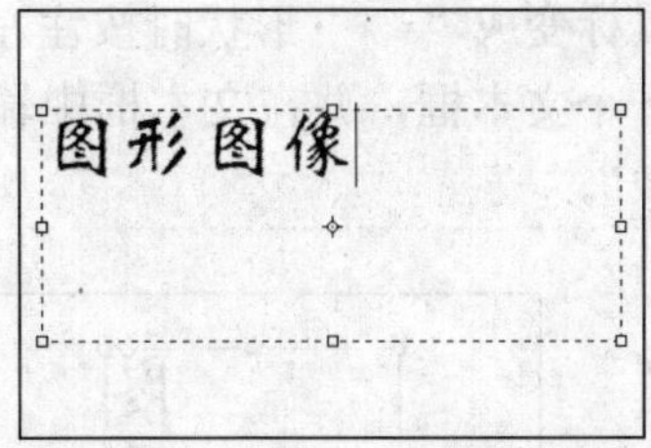

3 选择图像，单击属性栏中的“设置文本颜色”按钮，在打开的“拾色器”对话框中设置文本颜色为红色。字号为“72”，字体为“华文隶书”。

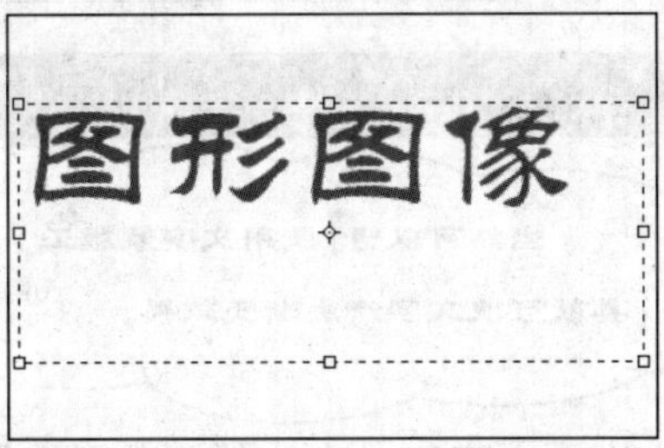

4 单击属性栏上的“变形文本”按钮，在打开的“变形文本”对话框中设置样式为“波浪”。

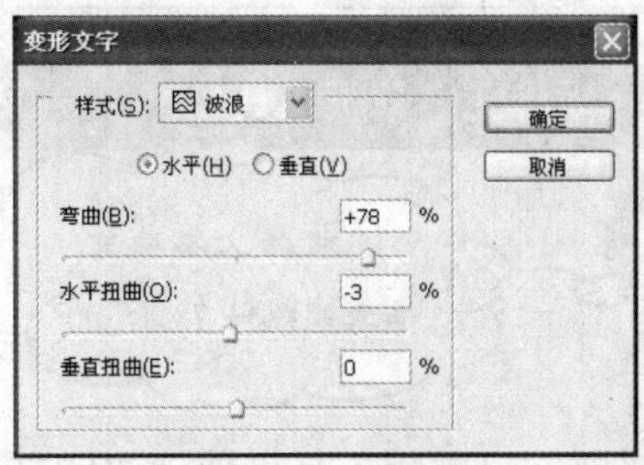

5 此时文本将变成一个扇形形状。

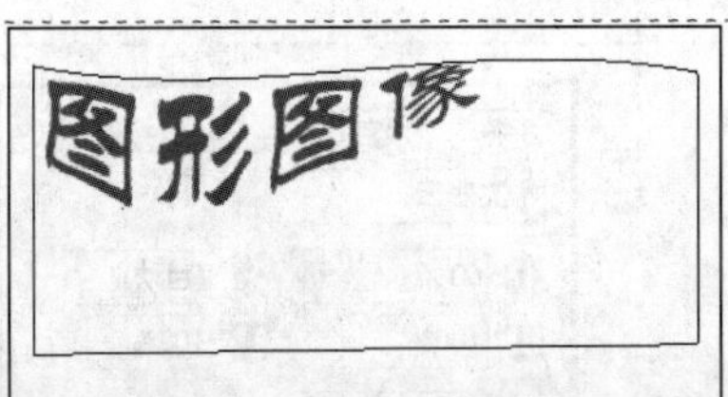

6 单击属性栏后面的“✔”提交当前所有编辑按钮，文字图层将变为普通图层，此时选择“移动”工具将文本移到文件的中间位置。

4.4.2 直排文字工具

直排文字工具可在垂直方向上创建文本，单击横排文字工具右边的三角形符号即可选择直排文字工具。直排文字工具与横排文字工具的使用方法和功能一样，故不再重述。

1 选择工具栏上的直排文字工具“IT”，当鼠标变成“⌶”形状时按住左键不放创建一个文本框，并在文本框中输入“图形图像”。

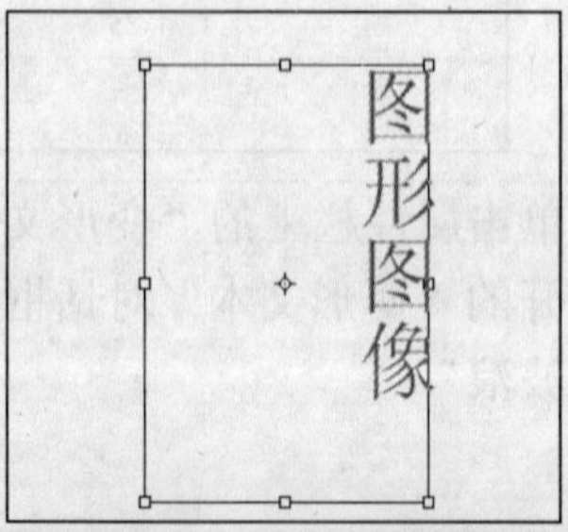

2 在工具栏中设置字体为“楷体”，字号为“48”，颜色为“黑色”，并提交文本。

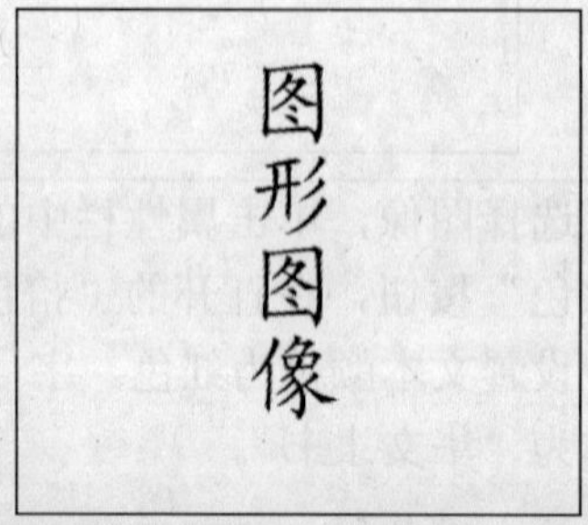

4.4.3 横排文字蒙版工具

横排文字蒙版工具可使创建的文本变为选区，单击横排文字工具右边的三角形符号即可选择横排文字蒙版工具。横排文字蒙版工具的属性栏与横排文字工具的属性栏相同，故不再重述。

1 选择工具栏上的横排文字蒙版工具“T”，在文件中创建一个文本框并输入“图形图像”。

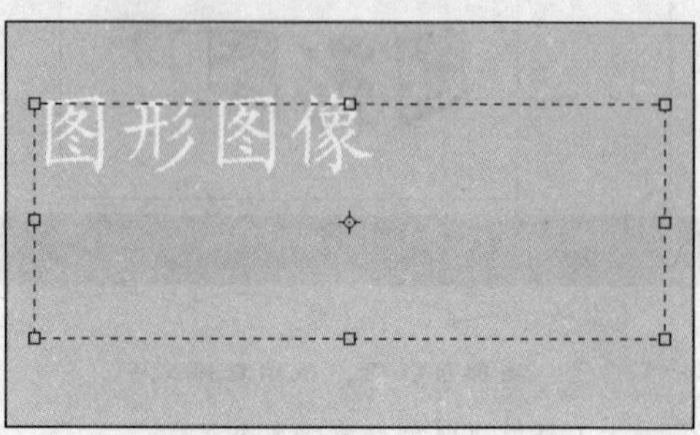

2 单击属性栏上的“字符段落”按钮，在弹出的“字符段落”调板中设置字体和字号。

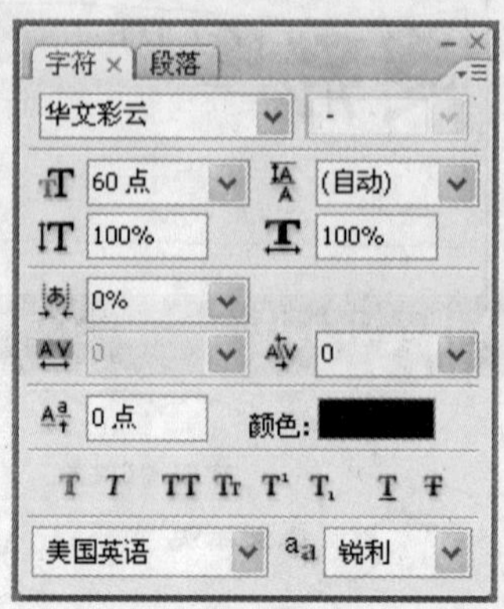

3　单击“提交当前文本编辑”按钮，提交文本，可创建文本的选区。

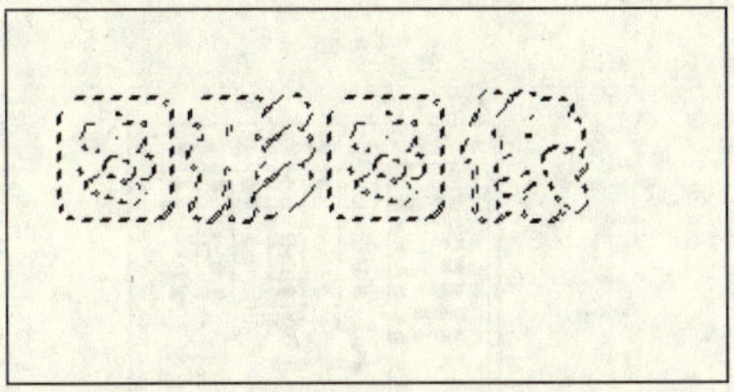

4　选择“渐变”工具，打开“渐变编辑”对话框，在对话框中选择渐变效果。

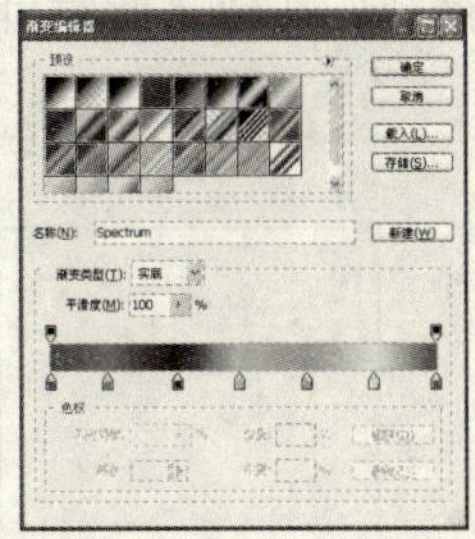

5　当鼠标变成十字形时，按从左到右的方向拖动。

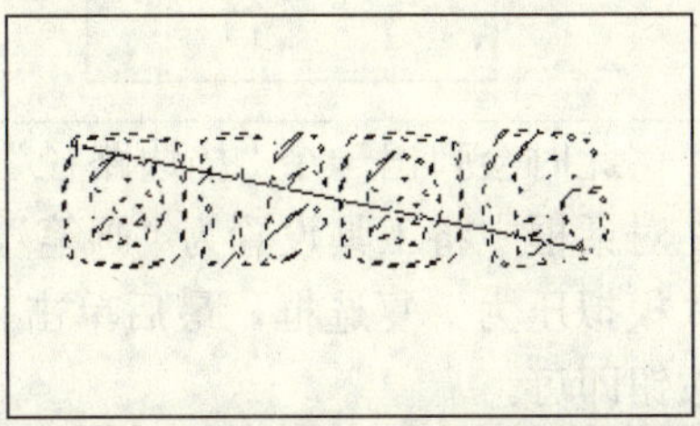

6　最后得到的渐变效果如下图所示。

4.4.4　直排文字蒙版工具

直排文字蒙版工具用于创建垂直方向的文本选区，它的使用方法与横排文字蒙版工具的使用方法一样。

1　选择工具栏上的直排文字蒙版工具“T”，在文件中创建一个文本框并输入“图形图像”。

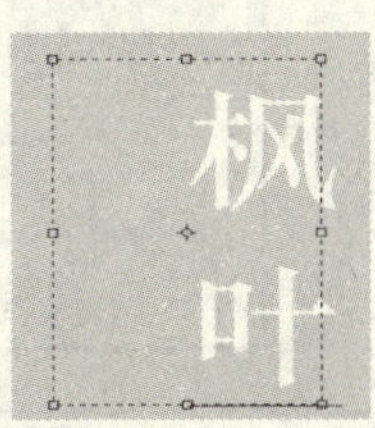

2　单击属性栏上的“字符段落”按钮，在弹出的“字符段落”调板中设置文本的字体为“华文新魏”，字号为“120”。

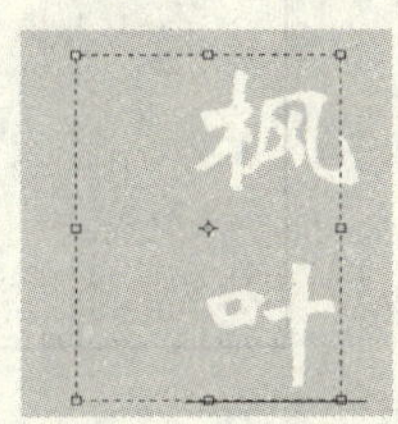

3 单击“提交当前文本编辑”按钮，将文本变为选区。单击路径面板底部“将选区变成路径”按钮，此时可创建一个文本路径。

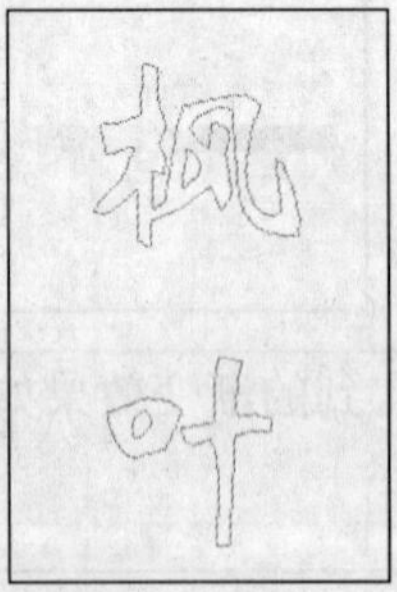

4 选择工具栏上的“画笔”工具，在画笔调板中选择“枫叶”笔尖形状，并调整其间距和方向。

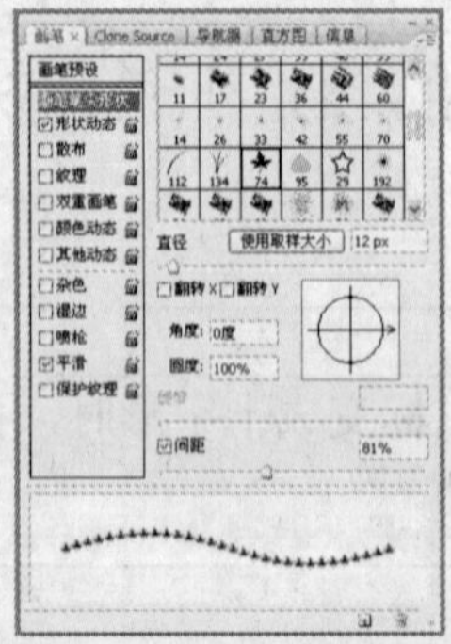

5 在路径面板中，选择新创建的工作路径，在弹出的快捷菜单中选择“描边路径”命令，或直接单击面板底部的“描边路径”按钮即可对路径进行描边。

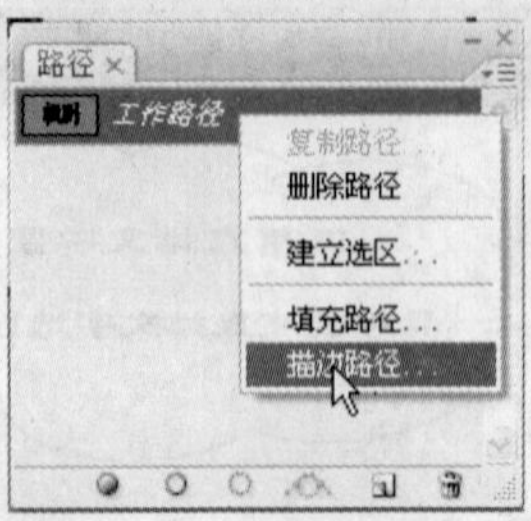

6 此时会弹出一个“描边路径”对话框，在对话框中将工具设置为“画笔”，并选择“模拟压力”复选框，最后单击“确定”按钮即可。

7 使用画笔对路径描边后，画笔的笔尖会随着路径的边缘进行绘制，得到如下图所示的效果。

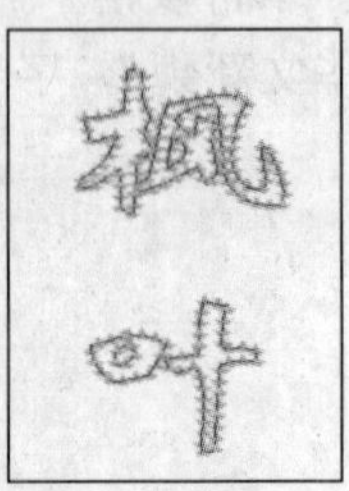

8 在路径面板中，选择工作路径并移到面板底部的“删除”按钮上删除路径，效果如下图所示。

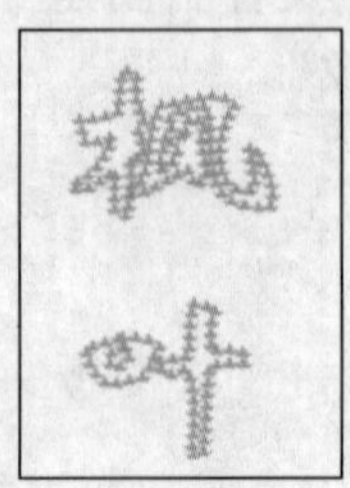

电脑即学即用

教你学电脑

第5章 色彩和辅助工具

本 章 要 点：

- 注释工具组
- 抓手工具
- 缩放工具
- 前景色和背景色工具

电脑博士，Photoshop CS3 中有哪些辅助工具，都有些什么作用呢？

小丽，Photoshop CS3 共提供 3 种辅助工具。使用这些工具可为图像加上注释、移动图像和缩放图像等操作。

5.1 色彩工具

色彩工具主要用作对图像取色或创建选区，它包括“魔棒工具”和“吸管工具”两种。下面对这两种工具作详细介绍。

5.1.1 魔棒工具

“”魔棒工具主要用于选择图像中颜色相近的区域。选择魔棒工具后单击图像，此时会自动选择颜色误差比较小的区域。魔棒工具的属性栏如下图所示：

容差：用于设置图像中所选取的颜色的范围，容差的值越大，选取的颜色范围就越大。容差默认值为 32。

消除锯齿：选择此复选框，可消除选区边缘的锯齿，使其变得平滑。

1 打开下载文件中“第 5 章”文件夹下的“图像 1”。

2 选择工具栏上的“魔棒工具”，在属性栏中将容差值设置为“40”后，单击树上黑色区域。

3 将属性栏中容差的值设置为“60”后，再单击图像，可创建如下图所示的选区。

4 按住“Shift”键单击“河水”，再单击“沙滩”，可选择多个颜色区域。

5.1.2 吸管工具组

吸管工具组中共有 3 种工具，分别是“吸管工具”、“颜色取样工具”和“度量工具”。使用吸管工具组可很好地控制和吸取图像中的颜色。

“”吸管工具：主要从图像中吸取某个颜色或多个像素的平均颜色，并将取样的颜色设置为前景色，若按住“Alt”键也可将取样的颜色设置成背景色。

“”颜色取样器：主要从图像中获取某个像素的颜色值，并将获取的颜色值显示在信息面板中。

“”度量值：主要用于测量图像中任意两点之间的距离和度量物体的角度。

5.1.3 前景色和背景色工具

背景色和前景色工具可用来设置画笔、铅笔或其他一些工具的颜色。Photoshop CS3 在默认情况下，是以前景色为黑色，背景色为白色。

在使用前景色与背景色工具时可按工具箱下部的“切换前景色和背景色”按钮（如下图所示），或按“X”键快速地切换前景色和背景色。

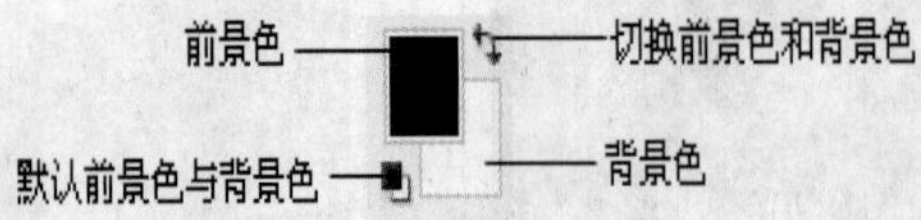

前景色：显示前景色，双击此按钮后，会弹出一个“拾色器”对话框，通过这个对话框可设置前景色的颜色。按“D”键可快速将前景色设置为黑色。

背景色：显示背景色，背景色的颜色设置方法与前景色一样。按“D”键可快速将背景色设置为白色。

默认前景色与背景色：单击此按钮，可使前景色和背景色转换成 Photoshop CS3 的默认状态。

切换前景色和背景色：单击此按钮，可在前景色和背景色之间转换，即是将前景色变为背景色，而背景色变为当前前景色。

1 新建一个文件，选择工具栏上的“路径”工具，创建如下图所示的花瓣路径。

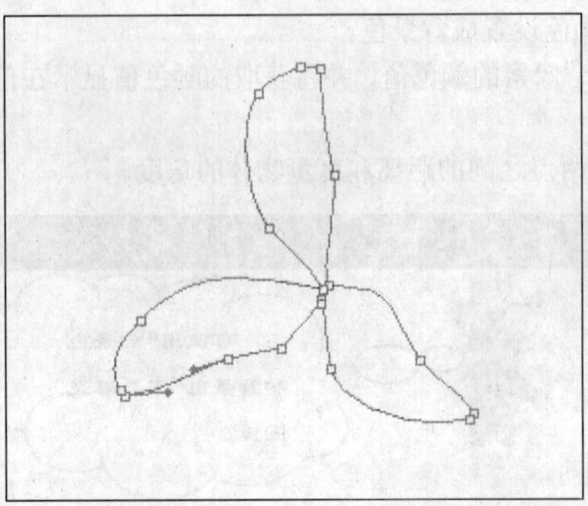

2 在路径面板中，将路径转换为选区，并双击“前景色工具”，将会弹出“拾色器”对话框。

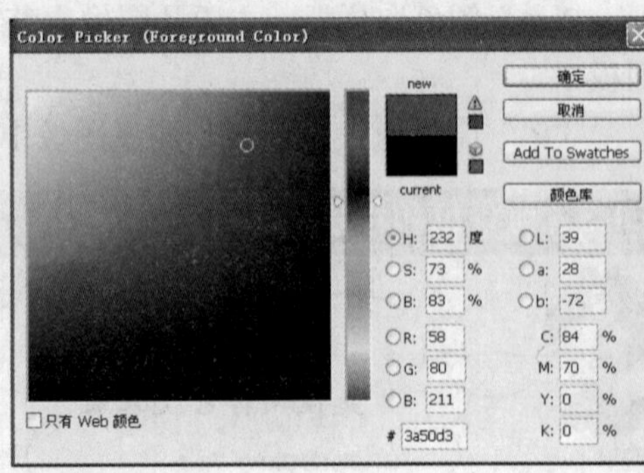

3　拖动右边的“色彩滑杆”选择暗黄色。用鼠标指向“选择前景色”下面色彩框中的“○”选取色彩标志，按住左键移动进行选色。在拾色器右边的色彩框中，上一栏显示的是当前色彩标志选取的颜色，下一栏显示的是上一次选取的颜色。

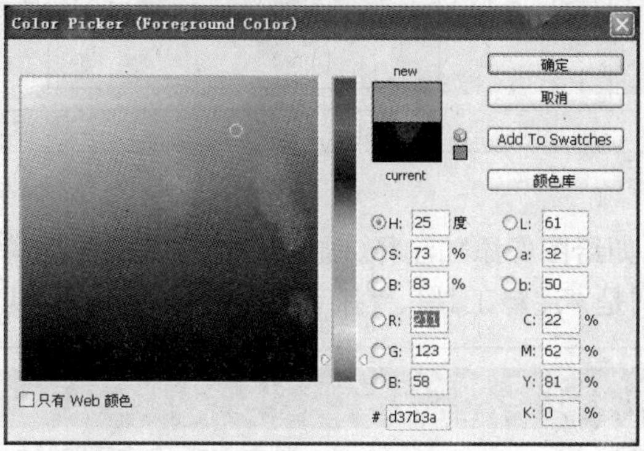

4　选取好颜色后，单击“拾色器”右边的“确定”按钮。在路径面板中将创建的工作路径转换成选区。选择工具栏上的“油漆桶”工具，当鼠标变成填充形状时，在选区中单击即可为花瓣填充“黄色”。

5　选择工具箱中的“路径”工具，创建如下图所示的花瓣路径。

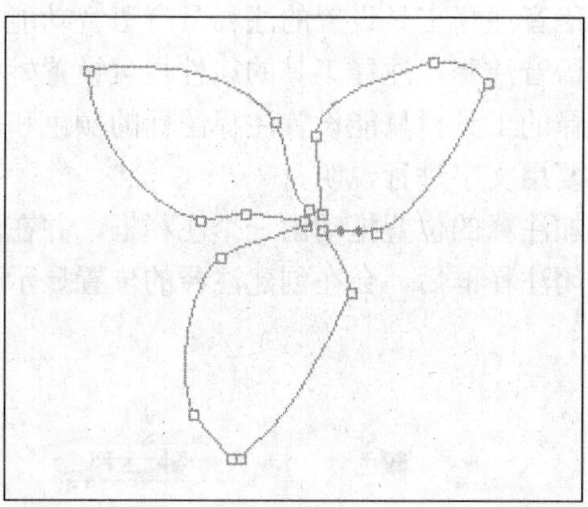

6　将路径转换为选区后，按照步骤 4 为花瓣填充颜色。

7 选择工具栏上的“减淡”工具，并将其属性栏上的“曝光度”设置为 20%，绘制出花瓣的光泽。

8 图像的最终效果如图下所示。

5.2 辅助工具

辅助工具可在制作图像时起辅助作用，如给图像添加注释、显示图像和缩放图像等。Photoshop CS3 共提供了 3 种辅助工具，分别是“注释工具”、“抓手工具”和“缩放工具”。

5.2.1 注释工具组

注释工具组包括“注释工具”和“语音注释工具”两种。用注释工具可为图像添加解释部分，注释工具主要通过文字和语音两个方式对图像添加解释。

注释工具主要用于为图像加文字注释。通过语音注释工具设置的注释具有语音功能，但必须配置麦克风及其他的一些语音设备才能添加语音注释。注释工具的属性栏可设置姓名、注释图标的颜色、注释的字号和大小，而语音注释的工具栏只能设置注释图标的颜色和作者姓名，不能设置字体和字号，因为语音注释不需要用文字进行说明。

使用注释工具的方法很简单，只需在需要添加注释的位置拖动出一个注释框，并在注释框中输入注释内容，即可创建一个文字注释。关闭注释框后，会在创建注释的位置显示一个注释图标，表示此位置已添加了注释。

注释工具属性栏如下图所示：

注释工具属性栏中各选项的含义如下。

作者：可在后面的文本框中输入作者的姓名。如输入“王五”，在添加注释时，即可在注释框的上方显示“王五”。

大小：可设置字体的大小，单击后面的按钮即可选择字体的大小。

颜色：用于设置注释框的颜色。

清除全部：可清除当前所有的注释。

使用下面的方法可在同一个位置同时创建一个文字注释和语音注释。

1 选择工具栏上的“注释工具”，在属性栏中输入作者姓名为“张三”，并将注释框的颜色设置为“黄色”，字体大小为“中”。当鼠标变成“▣”形状时按住左键并拖动，即可添加一个注释框。

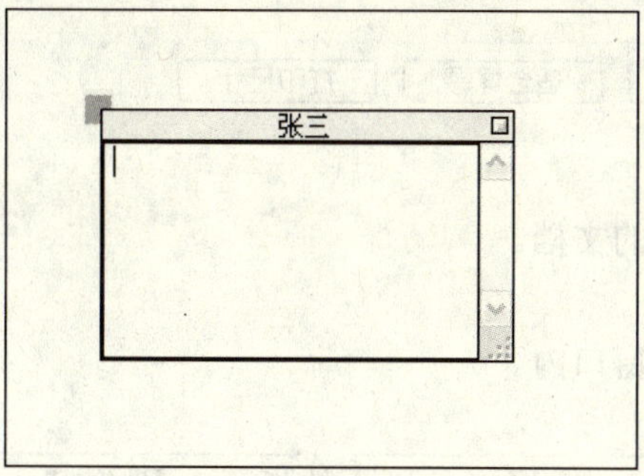

2 在注释框中输入注释内容后，单击右边的小正方形按钮即可关闭此注释。

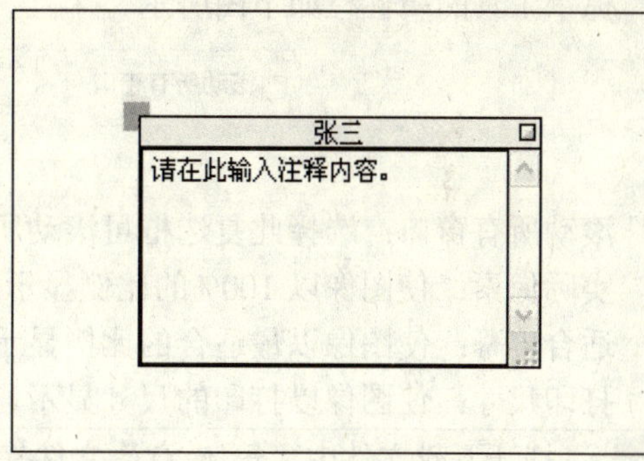

3 选择工具栏上的“语音注释工具”，当鼠标变成“🔈”形状时在创建有文字注释的地方单击鼠标左键，此时会弹出一个“语音注释”框。

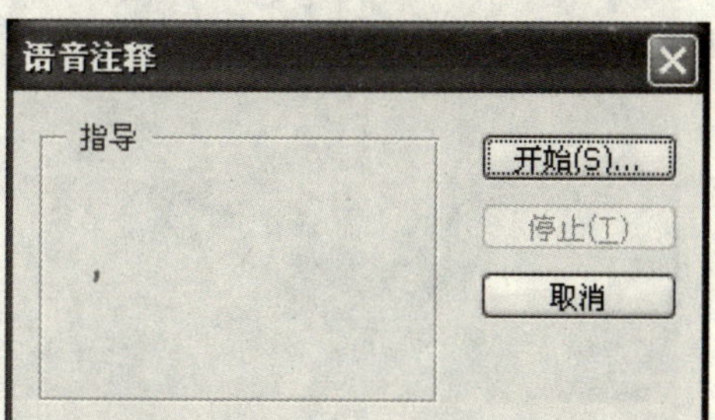

4 语音注释框中的“指导”为用户提供了一个使用向导。单击右边的“开始”按钮即可进行录音。录音结束后，单击右边的“停止”按钮即可完成录音。此时在文字注释的位置同时出现一个语音注释图标“🔈”。

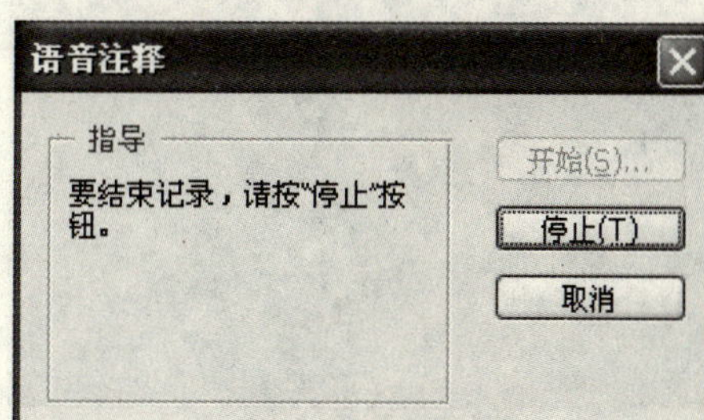

5.2.2 抓手工具

使用抓手工具可帮助显示窗口中无法完全显示的图像。抓手工具主要通过移动图片的位置显示窗口中不能显示的图像部分。选择工具栏上的“抓手工具”，将鼠标移动到图像中，当鼠标变成“”形状时即可移动图片。

抓手工具的属性栏如下图所示。

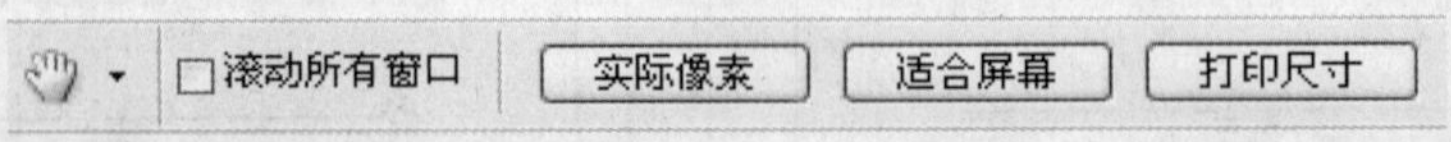

滚动所有窗口：选择此复选框可滚动所有打开的文档。

实际像素：使图像以 100%的比例显示。

适合屏幕：使图像以最适合的比例显示在文档窗口内。

打印尺寸：使图像以打印的尺寸显示。

1 打开下载文件中“第 5 章”文件夹下的“图像 2”。

2 选择工具栏上的抓手工具“”，单击属性栏上的“实际像素”按钮后，图像将以实际的大小显示。

3 图像以实际大小显示后，会出现两个滚动条，此时可选择工具栏上的“抓手工具”，在图像中按住鼠标左键进行拖动来查看图像被隐藏的部分。

4 用户若想查看整个图像，可单击属性栏上的“适合屏幕”按钮，此时图像将以适合屏幕的大小显示图片。

5.2.3 缩放工具

缩放工具主要用来放大或缩小图像，便于对图像的局部编辑操作。缩放工具的使用方法非常简单，只需选择工具栏上的缩放“”工具，并在图像中单击，即可对图像进行缩放操作。

缩放工具的属性如下图所示：

缩放工具属性栏

“”：选择此按钮后，点击图像可使图像放大。

“”：选择此按钮后，点击图像可使图像缩小。

调整窗口大小以满屏显示：选择此复选框后可将图像在放大或缩小时，图像的窗口也进行放大或缩小操作。

忽略调板：选择此复选框后，系统在调整图像时，会忽略控制面板所占的空间，使图像在工作区内尽可能地放大显示。

1 打开下载文件中“第 5 章”文件夹下的“图像 3”。

2 在缩放工具属性栏中单击“”放大按钮，将鼠标移到图像中点击鼠标。

3 在缩放工具属性栏中单击“”按钮，将鼠标移到图像中点击鼠标。图像缩小后，窗口不会随图像的缩小而缩小。

4 选择属性栏上的“调整窗口大小以满屏显示”复选框，再用鼠标单击图像，此时窗口会随着图像的缩小而缩小。

5.2.4 模式工具

模式工具主要用于控制图像的编辑模式，Photoshop CS3 中提供了“标准”和“快速蒙版”两种编辑模式。

“”标准模式：点击此按钮将以标准模式编辑图像，标准模式是 Photoshop 的默认编辑模式。

“”快速蒙版模式：点击此按钮将以快速蒙版模式编辑图像。在快速蒙版模式中可通过橡皮擦工具创建选区。

1 在标准模式下双击“快速蒙版模式”按钮，此时会弹出一个“快速蒙版选项”对话框。在对话框中选择“所选区域”单选按钮，颜色设置为“红色”，不透明度为“50%”。

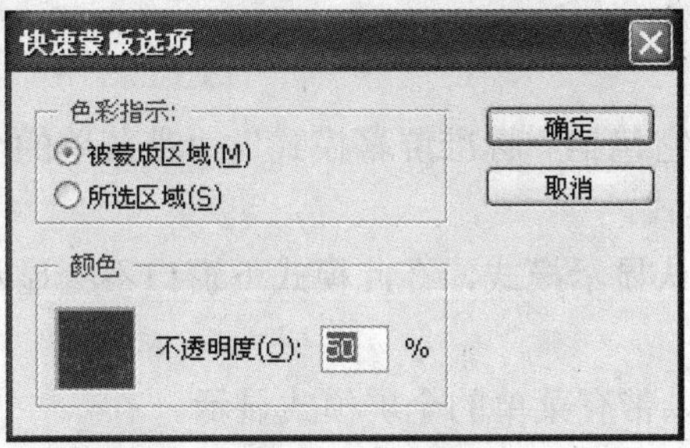

2 打开下载文件下“第 5 章”文件夹中的“图像 4”。

3 选择工具栏上的“橡皮擦”工具，在属性栏中设置橡皮擦的大小后，在图像中进行绘制，以蒙住将要选取的部分。

4 单击“通道”面板，可看到在通道的下面有一个快速蒙版。在快速蒙版中可看到被遮住的部分。

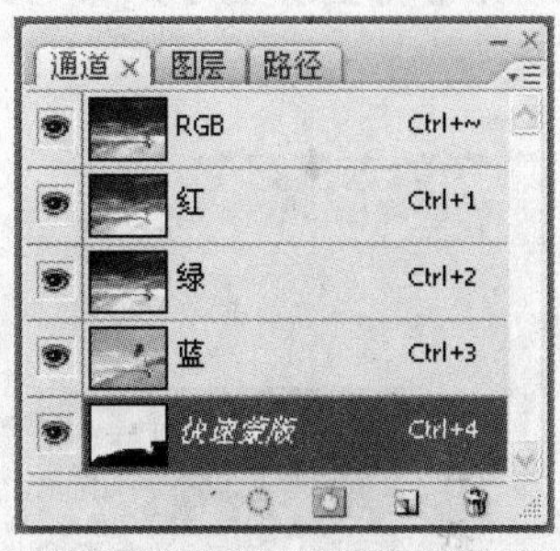

5 单击“标准模式”按钮，在标准模式方式下编辑图像时，被蒙版遮住的部分可显示出来，并将以外的部分选取出来。

6 按“Del”键可将选区中的部分删除并以前景色进行填充。此时图中剩下的就是在快速蒙版中被遮住的部分。

5.2.5 屏幕切换工具

屏幕切换工具主要用于切换屏幕的显示方式，它包括“标准屏幕模式”、“带菜单的全屏模式”、“全屏模式”和“跳至 ImageReady CS3”模式。

“ ”标准屏幕模式：是 Photoshop CS3 的默认显示模式，在此模式下窗口不会显示所有的组件。

“ ” 带菜单的全屏模式：在此模式下，可以带有菜单的全屏模式显示。

“ ” 全屏模式：以全屏的方式显示，在此模式下，图像以外的区域以黑色显示，并隐藏除当前图像之外的所有文档窗口。

1 单击工具栏上的“带菜单的全屏模式”按钮后，屏幕将全屏显示只带有菜单的窗口。

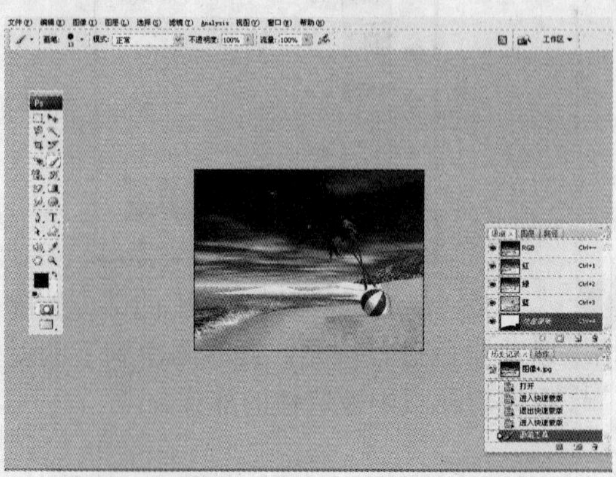

2 单击工具栏上的“全屏模式”按钮后，屏幕将以全屏显示。

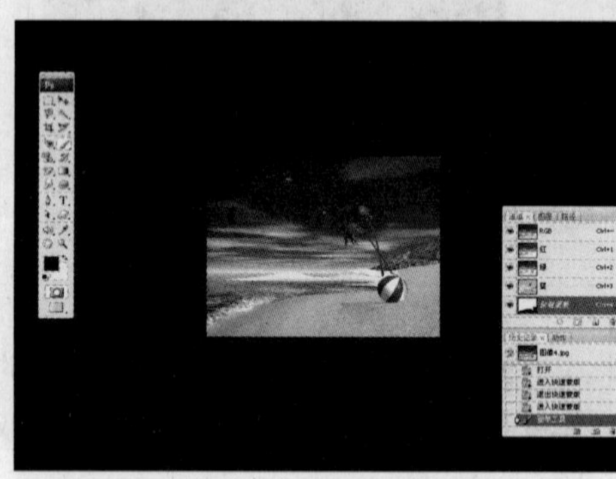

电脑即学即用

教你学电脑

第6章 色彩调整命令

本章要点：

- ◆ 调整图像的色彩
- ◆ 调整图像的色调
- ◆ 图像的特殊调整

电脑博士，Photoshop CS3 能调整图像的色彩和色调吗？

小丽，使用“图像”菜单中的命令可方便、快捷地调整图像中的颜色，如给黑白图像上色，调整图像的色彩对比度等。本章就教你如何调整图像的色彩和色调。

6.1 调整图像的色调

Photoshop CS3 可通过“图像”菜单中的“调整”命令调整图像的色调。调整图像色调的命令共有 7 个，分别是“色阶”、“自动色阶”、“自动对比度”、“自动颜色”、“曲线”、“色彩平衡”和“亮度/对比度”。

6.1.1 色阶

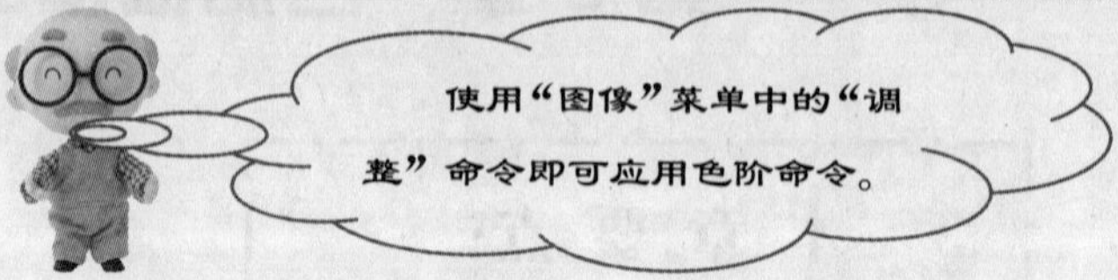

通过“色阶”命令可调整整个图像或某一选区内的图像的色阶。执行“图像”/“调整”/“色阶”命令，会弹出一个“色阶”对话框，在此对话框中可调整图像的通道模式、亮部色调、中间色调和暗部色调等。

1 打开下载文件中“第 6 章”文件夹下的“图像 1”。

2 执行“图像”/“调整”/“色阶”命令，在弹出的对话框中用鼠标点击亮部色调滑块向右拖动，当暗部色调框中的值为“146”时停止。

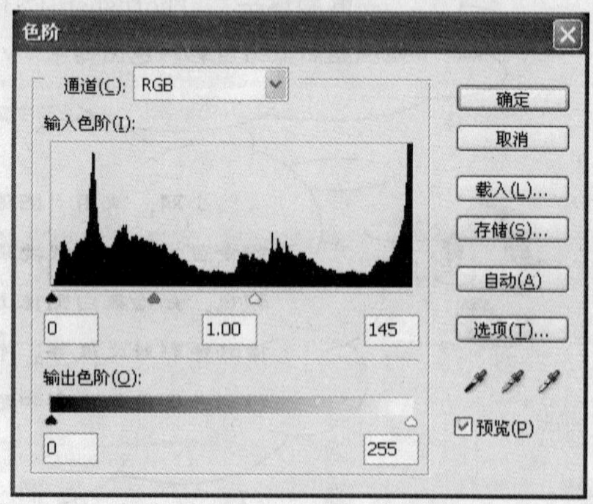

3 将“色阶”对话框中的“暗部色调”值缩小后，图像中比较暗的地方将变亮，如下图所示。

4 为使整个图像的明暗度能够完全融合，可拖动“输出色阶”下面的滑块，改变其亮部色调，使整幅图像变亮。

5 调整其“输出色阶”后，图像效果如下图所示。

提示：

单击“色阶”对话框中的“载入”按钮可从弹出的载入对话框中载入以前保存过的色阶。单击“存储”按钮可在弹出的“保存”对话框中存储当前的色阶。单击“自动”按钮可使系统自动调整图像的色阶。单击“选项”按钮可在弹出的对话框中设置一些参数以自动校正其颜色。

使用“Ctrl +L”键，可快速地执行“色阶”命令。

6.1.2 自动色阶

通过执行“图像”/“调整”/“自动色阶”命令，即可自动对图像中的明暗度进行处理。此命令可自动调整图像中不正常的亮光或暗光。

1 打开下载文件中“第 6 章”文件夹下的“图像 2”。

2 执行“图像”/“调整”/“自动色阶”命令后，系统自动将图像中较亮的部分变暗。

技巧：使用“Shift+Ctrl +L”键，可快速的执行“自动色阶”命令。

6.1.3 自动对比度

通过执行“图像”/“调整”/“自动对比度”命令，可使图像中最暗的像素变为黑色，最亮的部分变为白色，从而使图像中的亮光与暗光的对比度更加强烈。执行“自动对比度”命令后，系统可自动调整其对比度，因此不用在对话框中进行设置。

1 打开下载文件中“第 6 章”文件夹下的“图像 3”。

2 执行“图像”/“调整”/“自动色阶”命令，系统自动调整图像中的亮度与暗度。

技巧：使用“Shift+Ctrl+Alt+L”键，可快速地执行“自动对比度”命令。

6.1.4 自动颜色

通过执行“图像”/“调整”/“自动颜色”命令，可自动调整图像中颜色过暗或饱和度过高的情况。

1　打开下载文件中“第 6 章”文件夹下的“图像 4”。

2　执行“图像”/“调整”/“自动颜色”命令后，系统自动对图像中的亮部与暗部进行饱和处理，从而使整个图像的颜色都变暗。

技巧：使用“Shift+Ctrl+B”键，可快速地执行“自动颜色”命令。

6.1.5　曲 线

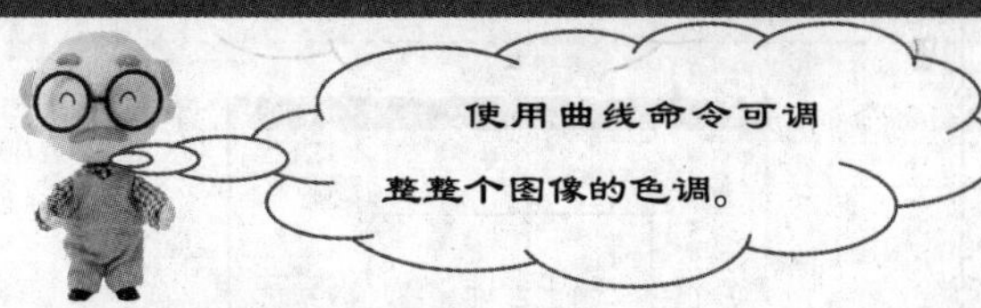

执行“图像”/“调整”/“曲线”命令，可调整整个图像的色调。在“曲线”对话框中，通过曲线调节窗口，可对 0～255 个范围内的任意点进行调整。

1　使用本章已打开的“图像 2”。

2　在“曲线”对话框中，单击“通道”文本框后面的按钮，选择“绿”色通道，此设置只改变图像中绿色的色调，其他颜色不发生改变

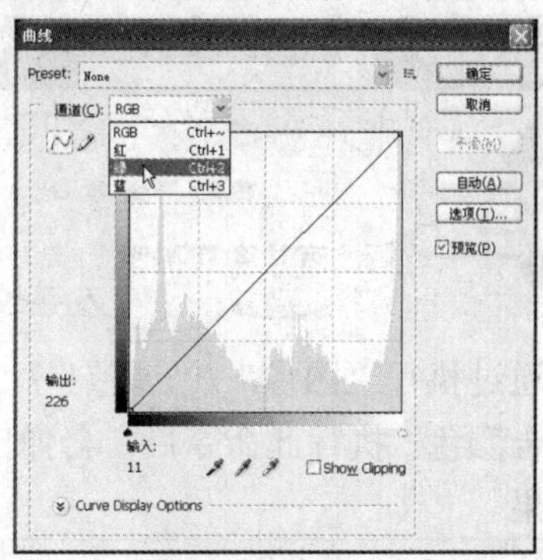

3 用鼠标指向“曲线调节”窗口中，当鼠标变成十字形时，按住左键不放向左上方拖动曲线，使图像中的绿色变亮。

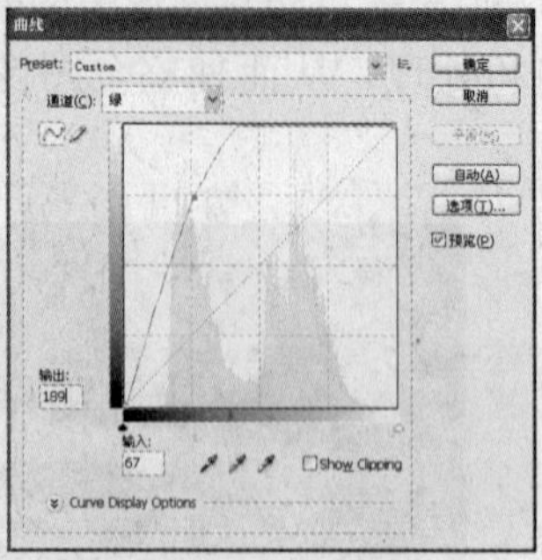

4 调节曲线后，效果如下图所示。

5 用鼠标指向“通道”选项框下边的“曲线调节”窗口中，当鼠标变成十字形时，按住左键不放向右下方拖动曲线，使图像中的绿色变暗。

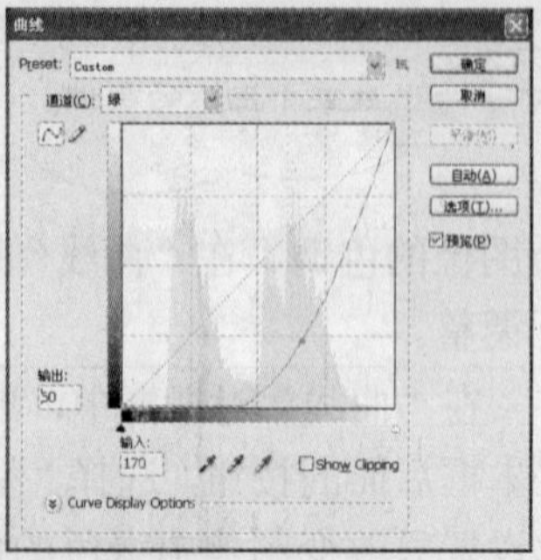

6 调节曲线后，图像的效果如下图所示。

技巧：使用“Ctrl+M”键，可快速地执行“曲线”命令。

6.1.6 色彩平衡

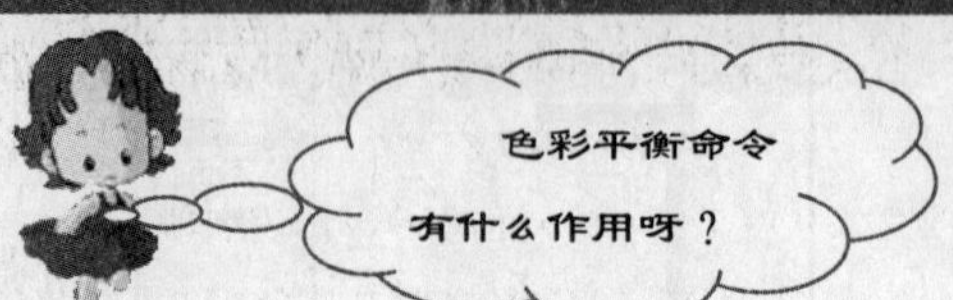

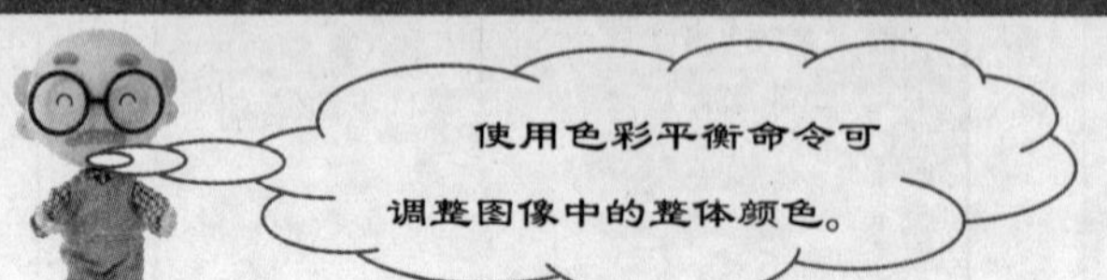

通过执行“图像”/“调整”/“色彩平衡”命令，可调整图像中暗调、中间调和高光的总体混合颜色。执行此命令后，会弹出一个“色彩平衡”对话框，在此对话框中可设置所需的图像效果。

1 使用本章已打开的“图像 4”。

2 执行“图像”/“调整”/“色彩平衡”命令，在弹出的对话框中，拖动“色彩平衡”框下面的滑块或在色阶后面的文本框中输入数值，即可调整图像的色彩。

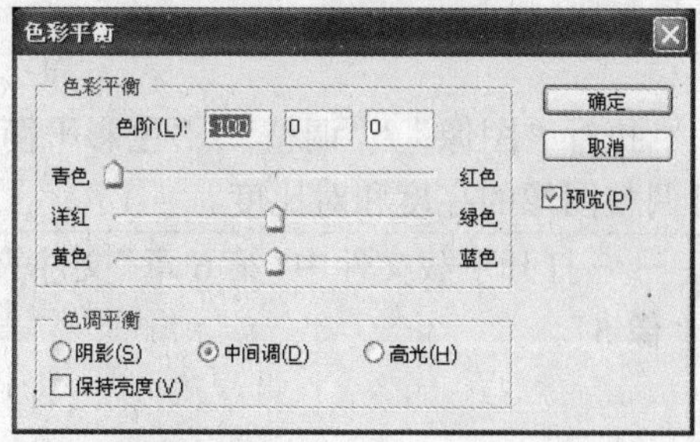

3 在“色彩平衡”对话框中，将“青色”色阶设置为“-100”后，图中草地的颜色将变暗。

4 在对话框中选择“保持亮度”复选框后，保持图像以前的整体亮度不变。

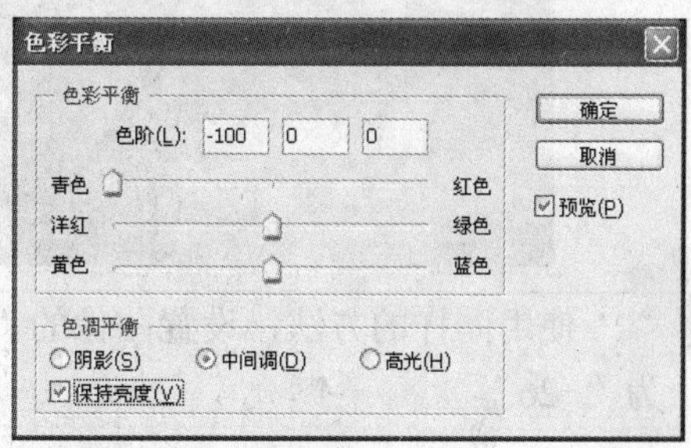

5 保持图像的整体亮度不变后，图像中草地将变成绿色。

提示：

“色彩平衡”对话框中的色调平衡可选择需要调节的色调区域。如选择“中间调”选项，则对图像中中间调的区域进行调节。

使用“Ctrl+B”键，可快速地执行“色彩平衡”命令。

6.1.7 亮度/对比度

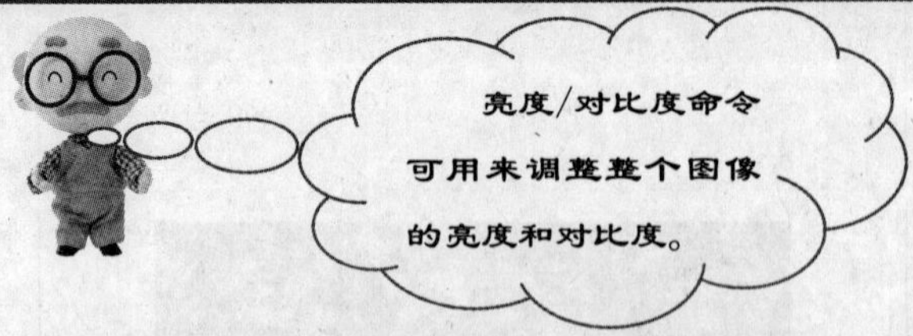

执行“图像”/“调整”/“色彩平衡”命令，会打开“亮度/对比度”对话框。通过对话框可调整图像的亮度和对比度。

1 打开下载文件中“第6章”文件夹下的“图像5”。

2 执行“图像”/“调整”/“色彩平衡”命令，可打开“亮度/对比度”对话框。在“亮度”后面的文本框中输入数值“+90”或拖动下面的滑块。

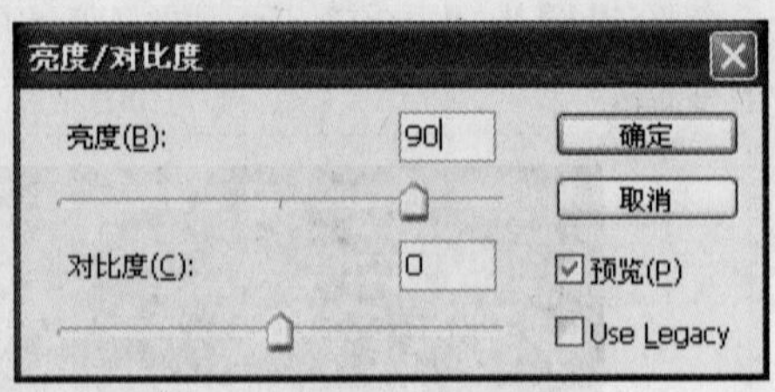

3 使用同样的方法，设置图像的“对比度”为“-26”。

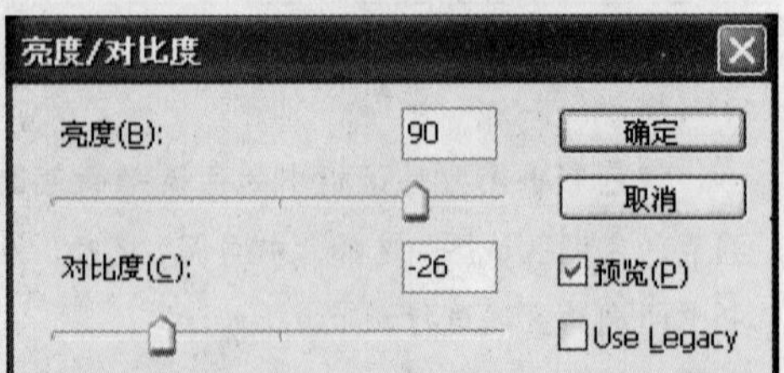

4 经过对“亮度”和“对比度”的调整后，图像可整体变亮。

提示：在“亮度”后面的文本框中输入正数时，可增加图像的亮度；当输入负数时，可降低图像的亮度；当输入0时，图像无变化。

在“对比度”后面的文本框中输入正数时，可增加图像的对比度；当输入负数时，可降低图像的对比度；当输入0时，图像无变化。

使用“Shift+Ctrl+B”键，可快速地执行“自动颜色”命令。

6.2 调整图像的色彩

通过执行“图像”/“调整”命令可对图像的色相、饱和度、亮度及对比度进行调整。调整图像色彩的命令共有 9 个，分别是“色相/饱和度”、“去色”、“颜色匹配”、“替换颜色”、“可选颜色”、“通道混合器”、“渐变映射”、“图片过滤器”和“暗部高光”。

6.2.1 色相/饱和度

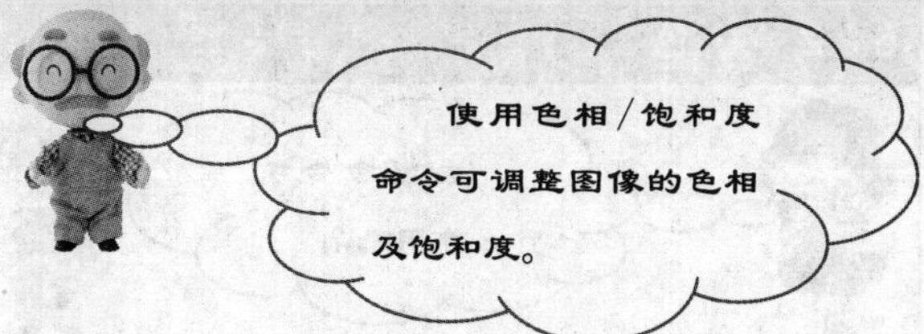

通过执行“图像”/“调整”/“色相/饱和度”命令，调整图像的色相及饱和度。

1 打开下载文件中“第 3 章”文件夹下的“图像 10”。

2 选择“套索”工具，在苹果的周围创建一个选区。将鼠标指向选区内单击右键，在弹出的快捷菜单中选择“羽化”命令，并将羽化设置为 10 个像素。

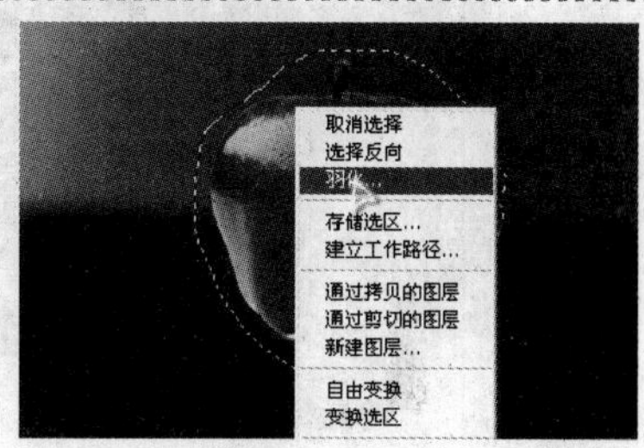

3 执行“图像”/“调整”/“色相/饱和度”命令，将弹出一个“色相/饱和度”对话框。在对话框中，选择“编辑”的范围为“红色”，以便于调整苹果的整体颜色。

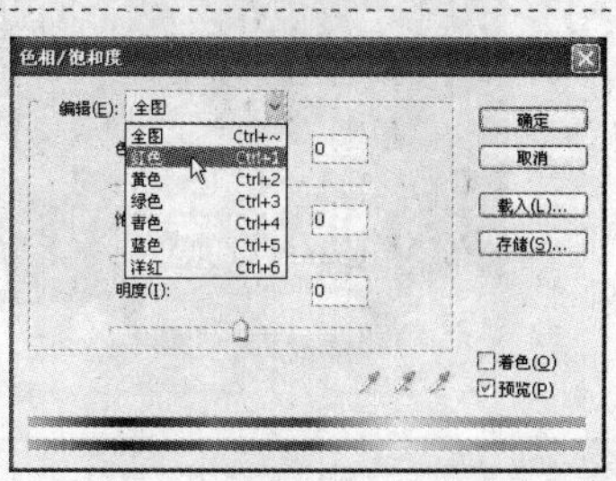

4 拖动“色相/饱和度”对话框中的色相滑块，直到苹果出现青色为止。

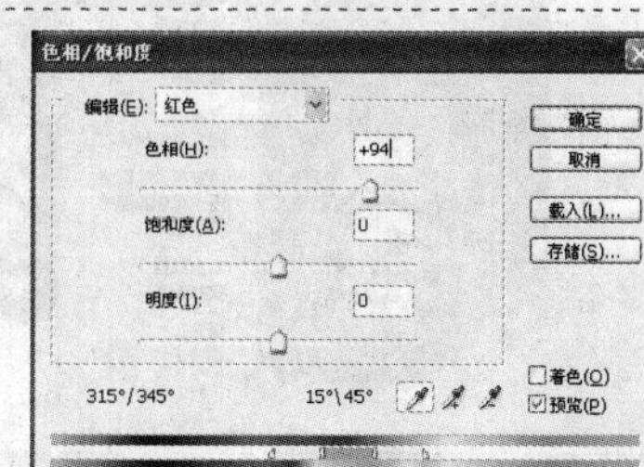

设置完成后，单击对话框中的“确定”按钮，即可得到如下图所示的效果。

技巧：

使用“Ctrl+U”键，可快速地执行“色相/饱和度”命令。

6.2.2 去 色

执行“图像”/“调整”/“去色”命令，可将彩色图像变成黑白图像。将“去色”命令与“选区”工具结合，可制作出突出重点的图像效果。

打开下载文件中“第6章”文件夹下的“图像6”。

2 选择工具栏上的“磁性套索”工具，选取啤酒瓶。

将鼠标指向选区内，单击右键，在弹出的快捷菜单中选择“选择反向”命令。

4 执行“图像”/“调整”/“去色”命令后，啤酒瓶以外的部分将变成黑白色。

技巧：使用“Ctrl+Shift+U”键，可快速地执行“去色”命令。

6.2.3 颜色匹配

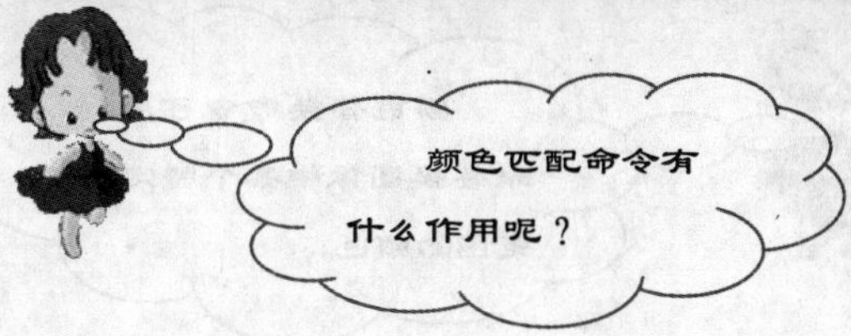

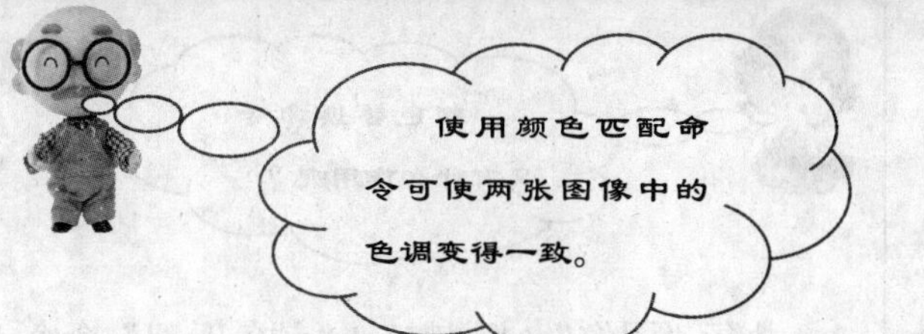

执行“图像”/“调整”/“颜色匹配”命令，会弹出“匹配颜色”对话框。通过对话框中的设置，可使两张图像的色调一致。

使用本章已打开的“图像 5”。

执行“图像”/“调整”/“颜色替换”命令，打开“匹配颜色”对话框。下拉“源”文本框选择窗口中打开的一幅光线比较强的图像。

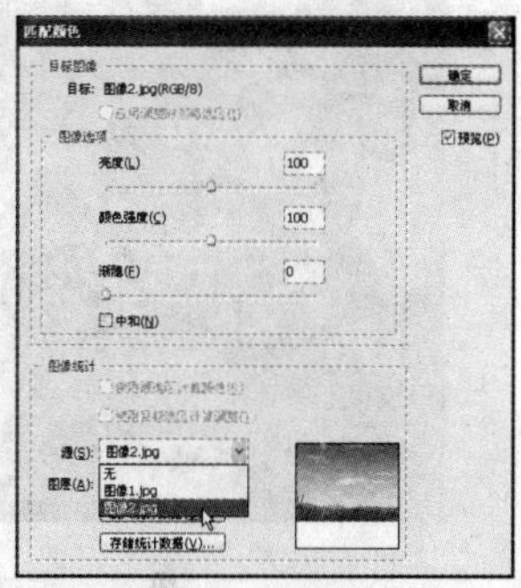

调整图像选项中的“亮度”、“颜色强度”和“渐隐”的值，并选择“中和”复选框，使当前图像与“源”图像中的颜色融合。

设置完成后，单击对话框中的“确定”按钮，即可发现图像与“源”图进行匹配后，变亮了。

6.2.4 替换颜色

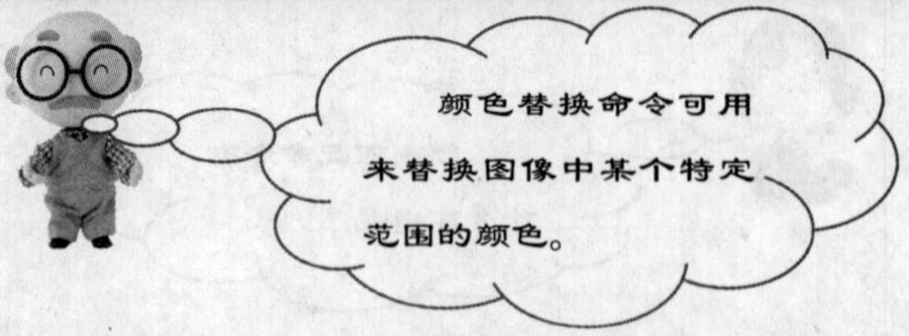

执行“图像”/“调整”/“颜色匹配”命令，可在图像对象中以某种特定的色相、明度与饱和度替换被选择的颜色。

1 打开下载文件中“第3章”文件夹下的“图像9”。

2 执行“图像”/“调整”/“颜色匹配”命令，会弹出“替换颜色”对话框。在对话框中单击左上方的吸管工具，用其单击图像中花瓣的颜色。

3 拖动对话框中的“颜色容差”滑块，直到对话框中显示完整的花瓣时为止。再拖动“色相”滑块，直到右边颜色框中颜色成绿色时为止。

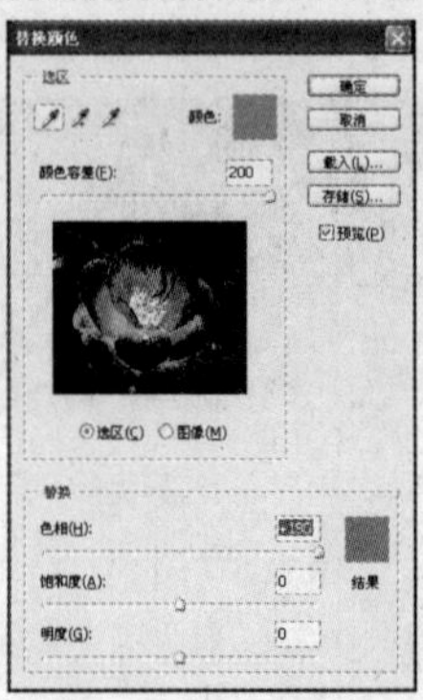

4 此时图像中的花瓣颜色将替换为绿色。

6.2.5 可选颜色

通过执行“图像”/“调整”/“颜色匹配”命令，可对图像中某种颜色进行有针对性地修改，而不影响其他的颜色。

1 打开下载文件中“第 3 章”文件夹下的“图像 5”。

2 执行“图像”/“调整”/“颜色匹配”命令，在弹出的“颜色匹配”对话框中，单击颜色列表框中的“黄色”选项。

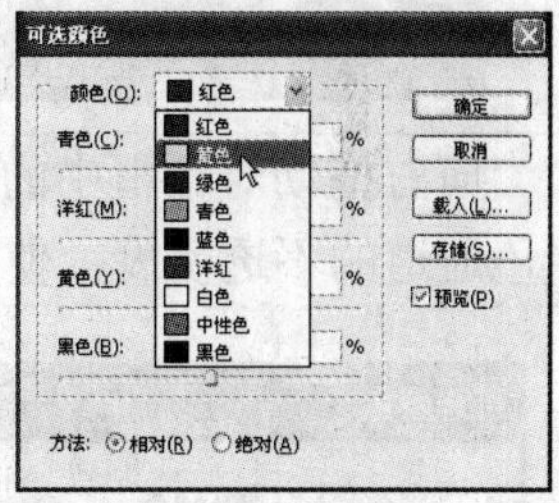

3 在对话框中，向右拖动“洋红”下面的滑块，并将其值设置为“91”。

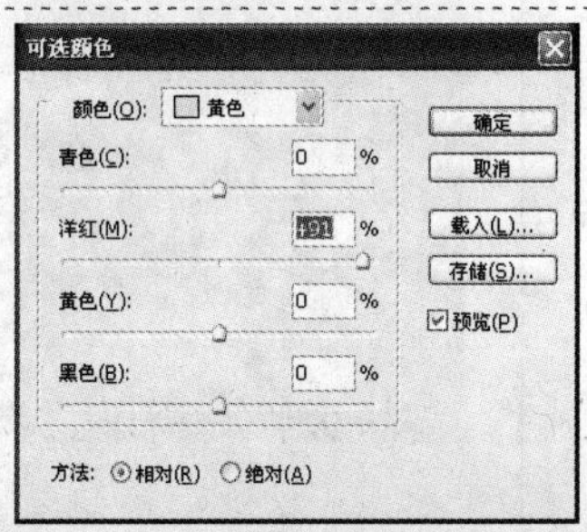

4 单击对话框中的“确定”按钮，此时图片中的黄色已变成了红色。

6.2.6 通道混合器

执行“图像”/“调整”/“通道混合器”命令，可修改某个通道中的颜色。

1 使用前面“第 3 章”文件夹中的“图像 5”。

2 执行“图像”/“调整”/“通道混合器”命令，会弹出“通道混合器”对话框。在对话框中的“输出通道”列表框中选择“绿”色通道。

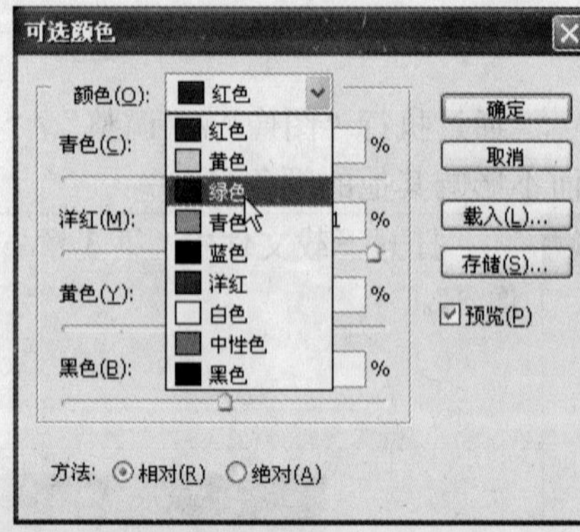

3 向右拖动对话框中的“常数”滑块，增加绿色通道的不透明度，使图像中的绿色变亮。

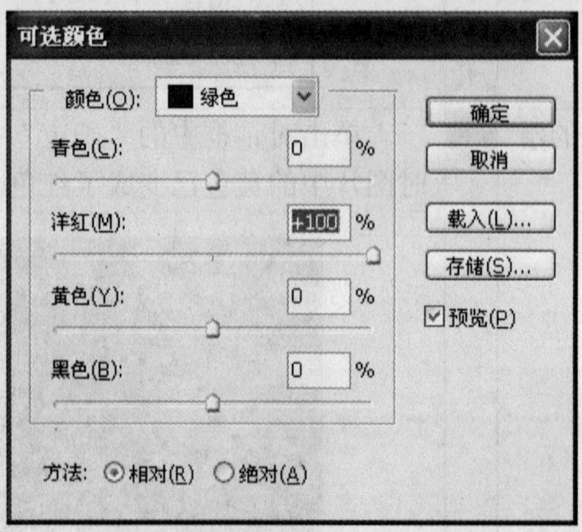

4 改变通道不透明度后，图像的效果如下图所示。

6.2.7 渐变映射

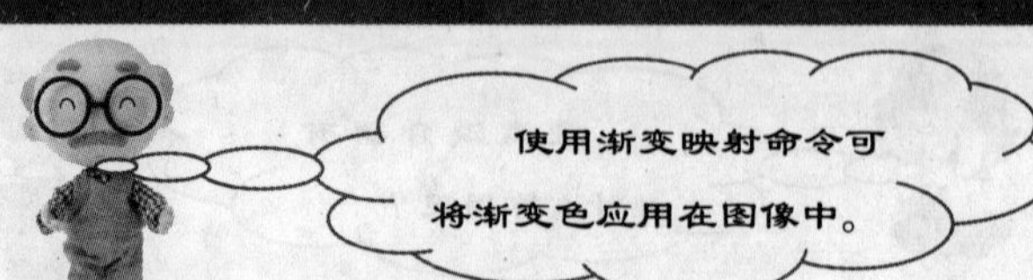

执行“图像”/“调整”/“渐变映射”命令，可将渐变色映射到图像上。

1 打开下载文件中“第 6 章”文件夹下的“图像 7”。

2 执行“图像”/“调整”/“渐变映射”命令，会弹出“渐变映射”对话框，在对话框中选择“反向”复选框，并下拉“渐变效果”框，选择一种渐变效果。

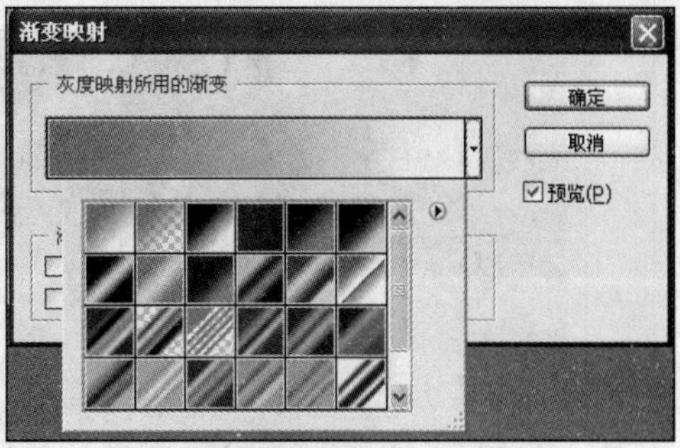

3 设置完后，渐变色以线性渐变的方式映射到图像上。

4 取消对“反向”复选框的选择，此时渐变会以反向的线性渐变方式映射到图像上。

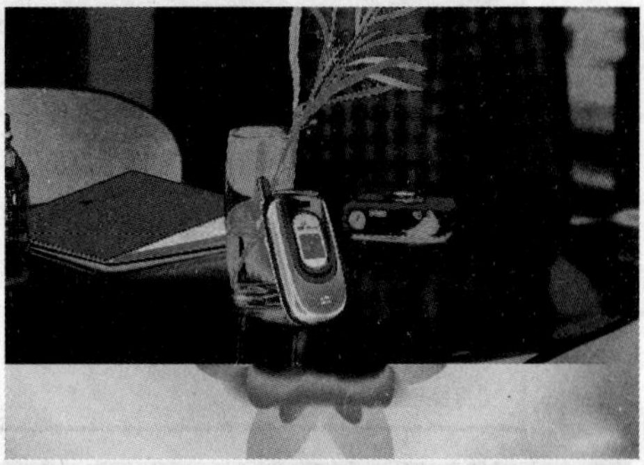

6.2.8 照片滤镜

执行“图像”/“调整”/“照片滤镜”命令，可制作出一种特殊的单色光照效果。

1 打开下载文件中“第 6 章”文件夹下的“图像 8”，并执行“图像”/“调整”/“照片滤镜”命令。

2 在弹出的“照片滤镜”对话框中，选择“滤镜”单选项，此时单击滤镜文本框后面的按钮可打开滤镜列表框，在列表框中选择“Cooling Filter LBB”，此时图像中的颜色会变成以蓝色为主调色。

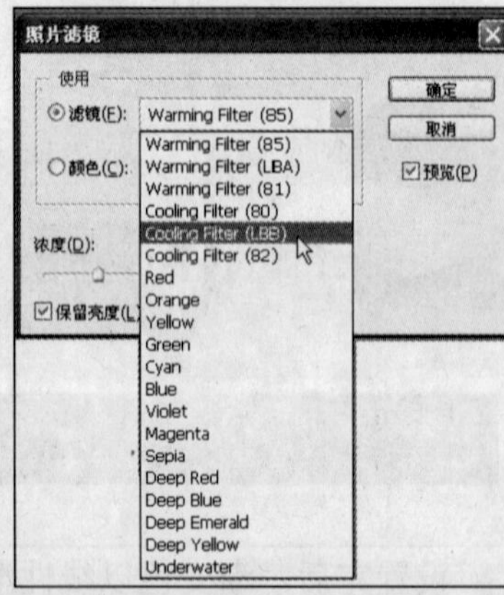

3 向右拖动对话框中“浓度”下面的滑块，直到文本框中的值为“82%”时停止。

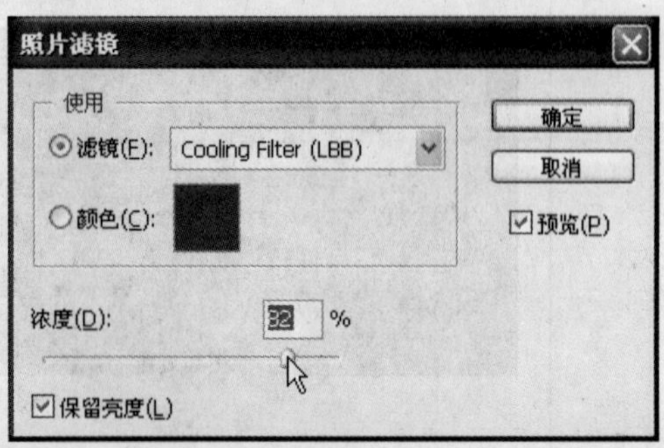

单击“确定”按钮后，图像中的色调将变成以蓝色为主。

6.2.9 阴影/高光

使用“阴影/高光”命令可对图像中光线过暗或过亮的部分进行调整。执行“图像”/“调整”/“阴影/高光”命令，会弹出“阴影/高光”对话框，通过对话框的设置可加深图像的阴影或使阴影部分变亮。

1 打开下载文件中“第 6 章”文件夹下的“图像 9”，通过执行“阴影/高光”命令，使啤酒瓶的倒影更清晰。

2 执行“图像”/“调整”/“阴影/高光”命令，在弹出的对话框中拖动“高光”下面的滑块使其值为“100%”，使亮光部分变暗。

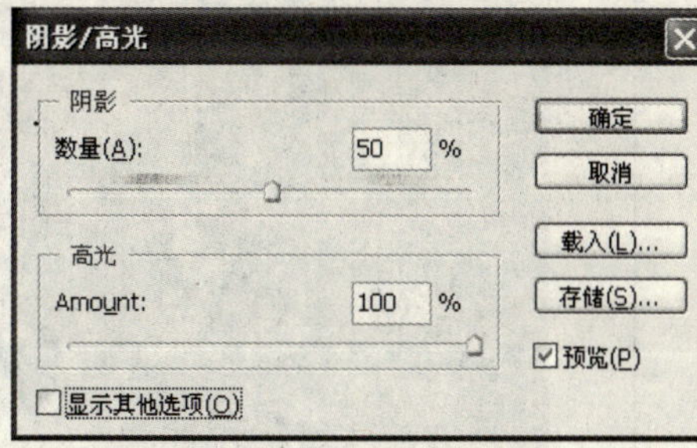

3 选择“显示其他选项”复选框，会展开更多调节图像细节的选项。对话框中的参数设置如下图所示。

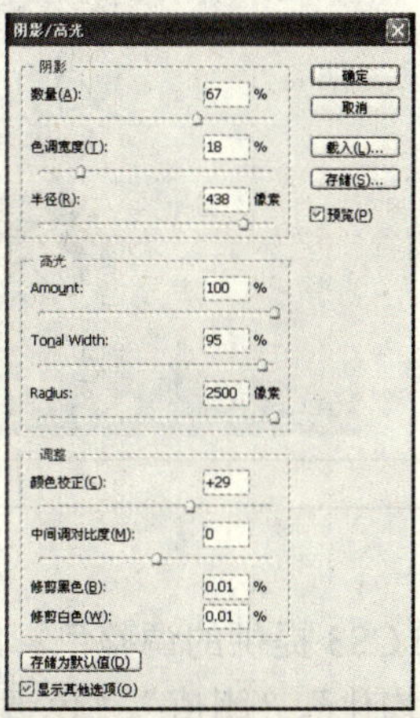

4 设置完成后，单击对话框中的“确定”按钮，即可得到如下图所示的效果。

6.2.10 曝光度

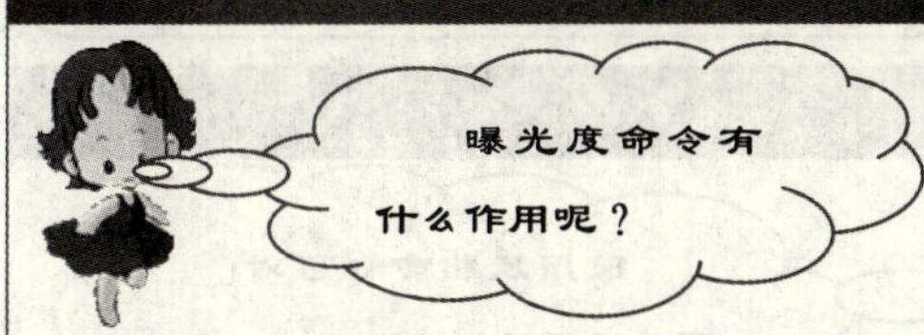

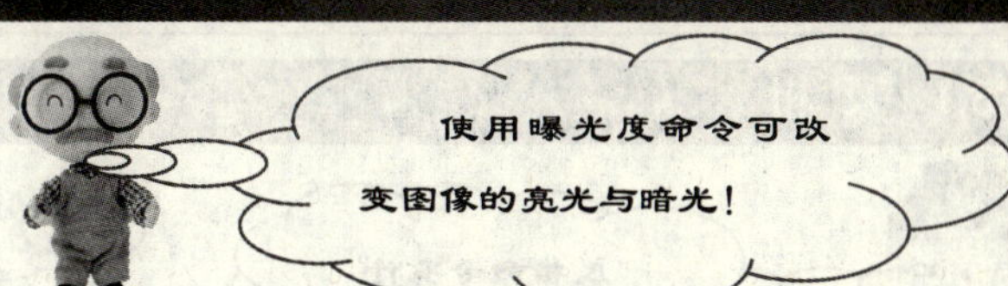

使用“曝光度”命令可设置图像的曝光度。执行“图像”/“调整”/“曝光度”命令，会弹出“曝光度”对话框。

1 打开下载文件中“第 6 章”文件夹下的“图像 10”，使用“曝光度”命令，使图像的光线变亮。

2 执行“图像”/“调整”/“曝光度”命令，在弹出的对话框中拖动“曝光度”下面的滑块使其值为“+1.87”，增加图像的曝光度。

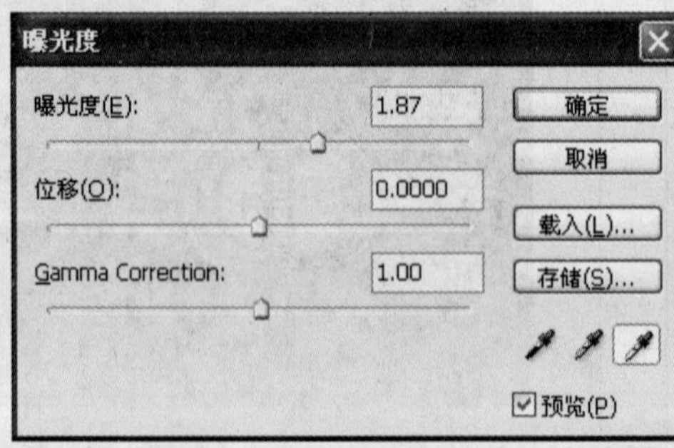

拖动“灰度系数”下面的滑块，使其值为“0.82”，增加图像的灰度。

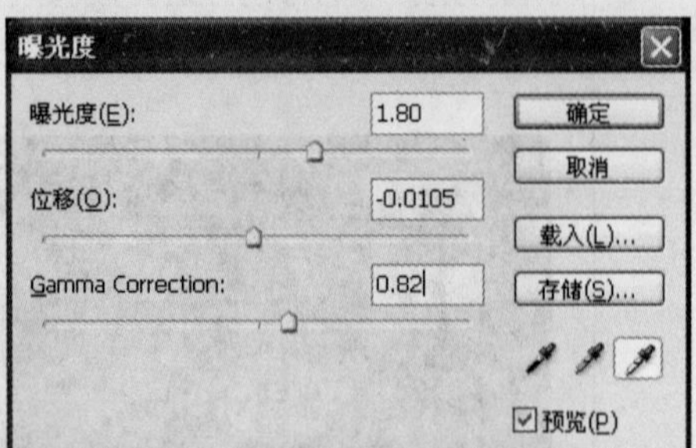

设置完成后，单击对话框中的“确定”按钮，即可得到如下图所示的效果。

6.3 图像色彩的特殊调整

通过执行“图像”/“调整”命令可使用 Photoshop CS3 提供的调整色彩的特殊命令。色彩的特殊调整共有 5 个命令，分别是“反相”、“色调均化”、“阈值”、“色调分离”和“变化”。

6.3.1 反 相

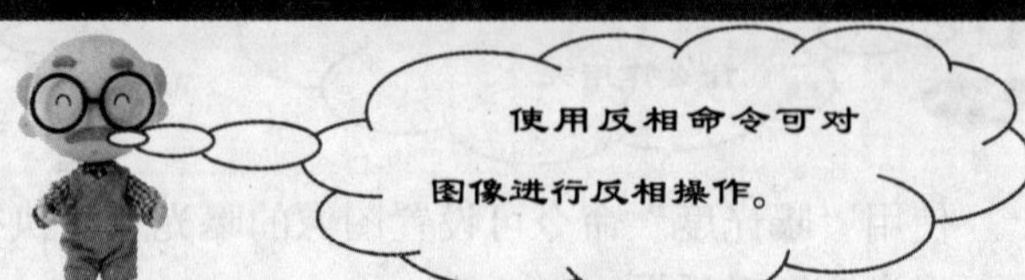

执行“图像”/“调整”/“反相”命令，可对整个图像、图像中某一部分或某一个通道进行“反相”操作。使用“反相”命令可将图像转化成负片的效果。

技巧：使用“Ctrl+I”键，可快速地执行“反相”命令。

6.3.2 色调均化

使用“图像”/“调整”/“色调均化”命令，可使图像中最暗的像素变为黑色，最亮的像素变为白色，中间像素均匀地分布到相应的灰度上。

1 打开下载文件中“第 6 章”文件夹下的“图像 11”。

2 选择工具栏上的“磁性套索”工具，选取手机。

3 执行“图像”/“调整”/“色调均化”命令，会弹出“色调均化”对话框。在对话框中选择“仅色调均化所选区域”单选按钮。

4 单击“确定”按钮后，可将手机的整体颜色变暗。

6.3.3 阈 值

使用“阈值”命令，可将彩色图像或灰色图像转换成只有黑白两种颜色的高对比度图像。

1 使用已打开的“图像 11”。

2 执行“图像”/“调整”/“阈值”命令，会弹出“阈值”对话框。拖动对话框中“阈值色阶”下面的滑块，直到其值为“100”为止。

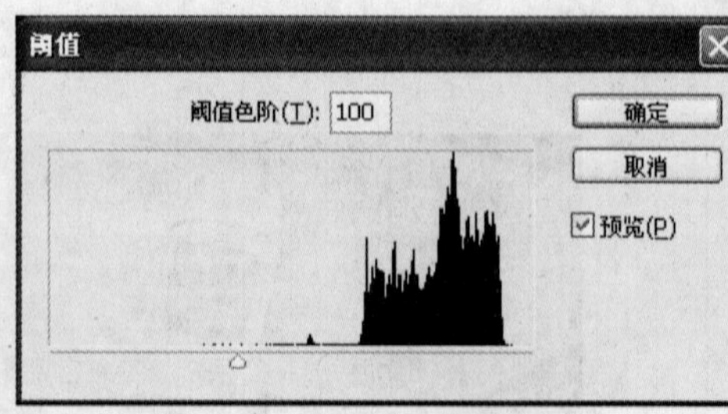

3 调整阈值的色阶后，图像效果如下图所示。

4 使用同样的方法，设置“阈值色阶”的值为“120”时，图像的效果如下图所示。

6.3.4 色调分离

执行“图像”/“调整”/“色调分离”命令，可指定图像中每个通道的色调数量，然后将像素映射为最接近的匹配色调。

1 打开下载文件中“第6章”文件夹下的“图像13”。

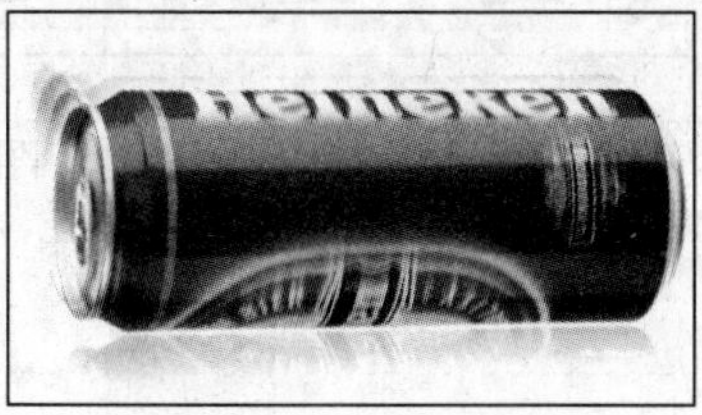

2 “图像”/“调整”/“色调分离”命令，会弹出“色调分离”对话框，在对话框中将“色阶”的值设置为“4”。

3 改变图像色阶后，效果如下图所示。

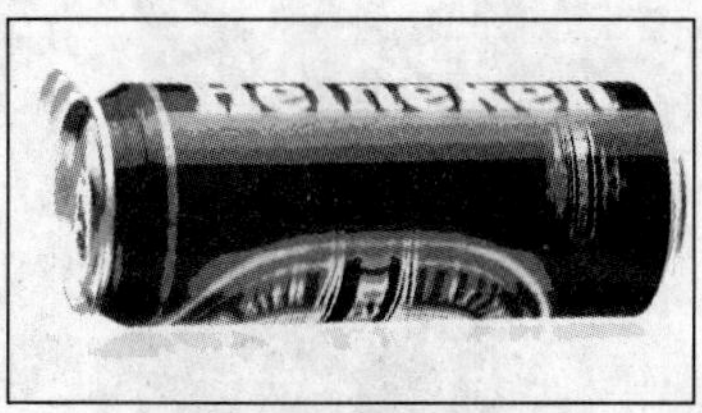

4 使用同样的方法，将“色阶”的值设置为“2”时，效果如下图所示。

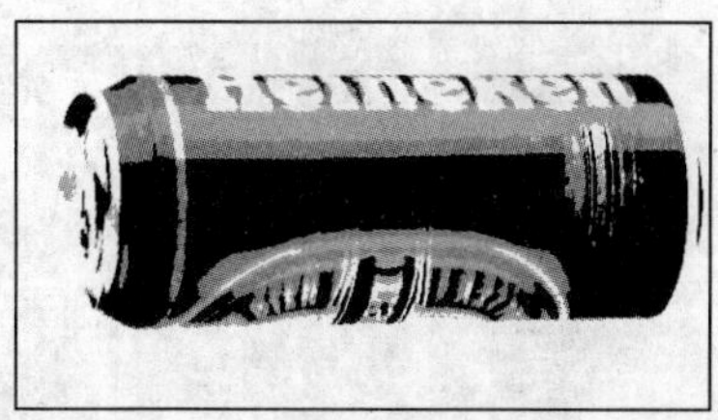

6.3.5 变 化

执行“图像”/“调整”/“阈值”命令，会弹出“变化”对话框。使用“变化”命令可以非常方便、直观地改变图像的颜色。

1 打开“第 3 章”文件夹中的“图像 5”。

2 执行“图像”/“调整”/“阈值”命令，在对话框中选择“中间色调”选项。

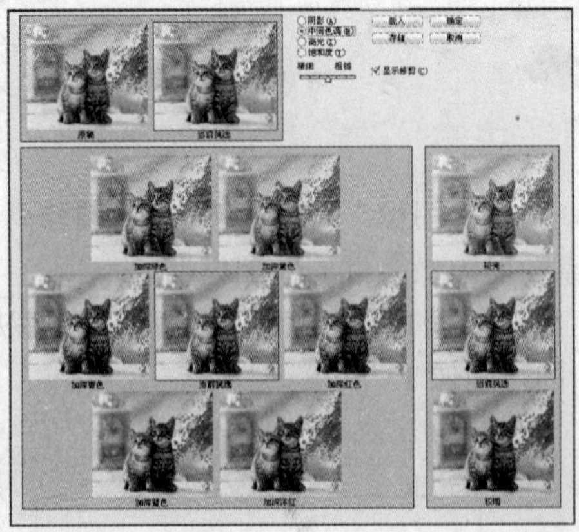

3 在对话框中，用鼠标单击下边的“加深洋红”图像，此时对话框中所有的图像都会加深红色。

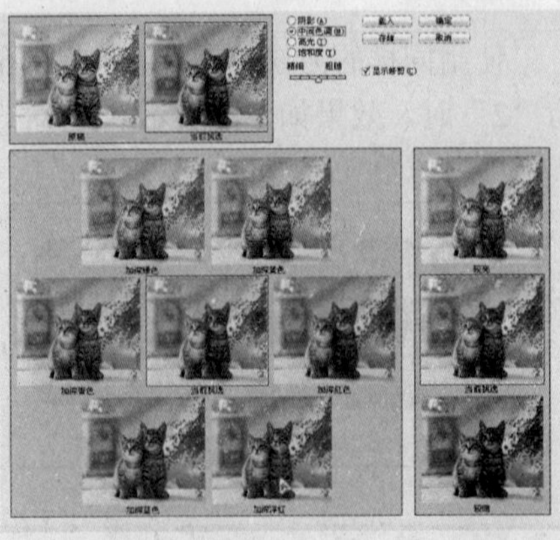

4 应用变化命令后，效果如下图所示。

提示：

“变化”对话框中的“原图”显示的是原始的图像，无论怎样变化，它的色彩都不会发生改变，用鼠标单击原始图像后，当前的所有图像都将回到原图的效果。

“变化”对话框中的“暗调”单选框可调整图像的暗部色调；“中间色调”单选框可对图像中的中间色调进行调整；“高光”单选框可对图像中光线较强的区域进行调整。

“变化”对话框中的“精细”和“粗糙”滑块可调整每次添加色彩的程度。

电脑即学即用

教你学电脑

第7章 图层调板

本章要点：

- 图层调板的概念
- 图层调板的管理
- 图层样式

电脑博士，什么是图层调板，它主要是用来干什么的？

小丽，图层调板是专用于对图层进行操作的面板，使用图层调板不但可以管理图层还可以给图层添加发光、投影、浮雕等样式。使用这些图层样式可制作立体图像和发光图像等。

7.1 图层的概念

在 Photoshop CS3 中，无论使用什么操作都是基于图层的，因此图层的作用是不可忽视的。使用图层可合成图像，制作出许多意想不到的图像效果。

在理解图层时，可将图层想象成是一张张透明的白纸，我们可使用钢笔、铅笔等在上面绘画，在绘画的同时不会对其他白纸产生影响。如果把这里的每一张纸变成一个图层，则可对这些图层进行排列和删除等操作。

在 Photoshop CS3 中图层是以堆叠的方式显示的，因此，当在图层中填入颜色或绘制图形后，图层的图像就会遮盖住下面图层中的图像，如果用橡皮擦工具将此图层中的图像擦除掉即可看到下一个图层中的图像。使用图层中提供的色彩混合模式和透明度功能，还可将两层图层进行融合，从而产生特殊的图像效果。

7.2 图层调板的操作

对图层进行操作，首先要找到图层面板，图层面板中列出了图像中的所有图层和图层组，在这里可对图层进行创建、隐藏/显示、复制、链接、合并、锁定和删除等操作。

7.2.1 显示/隐藏图层调板

显示/隐藏图层调板的方法很简单，只要执行“窗口”/“图层”命令，即可打开图层调板，此时，图层调板会自动出现在窗口中。再执行一次“图层”命令，即可隐藏图层调板。

7.2.2 认识图层调板

正确地认识图层调板有利于用户管理和操作图层，图层调板如下图所示。

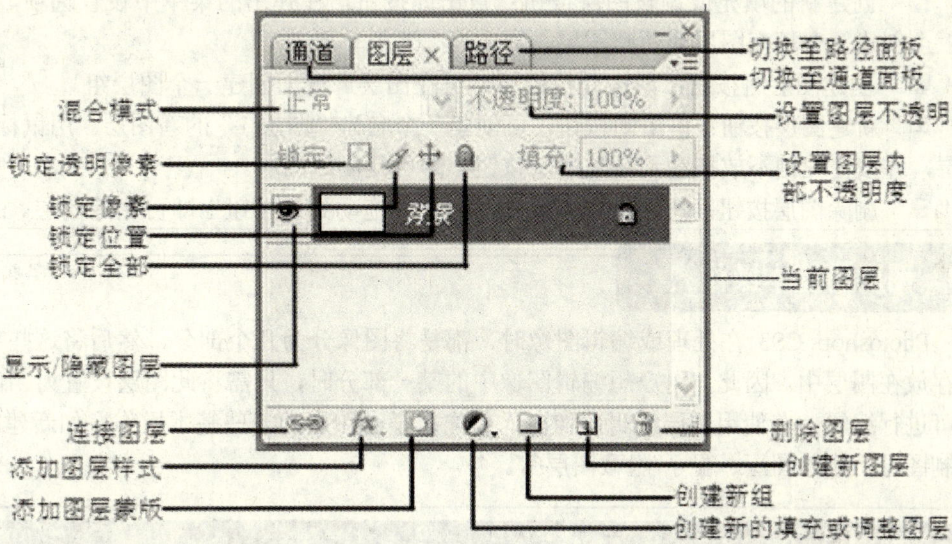

图层调板中各选项的含义如下：

混合模式：单击文本的按钮后，在弹出的下拉列表中可选图层的混合模式。此列表框中共有 22 种混合模式，选择不同的模式，产生的效果也不相同。

锁定透明像素：用于控制图像的编辑区域。点击此按钮后，不能对该图层中的透明区域进行编辑，但可以编辑图层中的不透明区域。

锁定像素：点击此按钮后，只能移动此图层，但不能对此图层上的图像进行编辑。

锁定位置：点击此按钮后，只能对此图层上的图像进行编辑，但不能移动此图层。

锁定全部：点击此按钮后，不能对图层进行任何操作。

显示/隐藏图”：在图层前出现此图标，表示显示当前图层，若在图层前单击一下，则隐藏当前图层。

切换至路径面板：单击此按钮，可将图层面板切换到路径面板。

切换至通道面板：单击此按钮，可将图层面板切换到通道面板。

设置图层不透明度：用于设置当前图层的不透明度。拖动下面的滑块即可改变图层的不透明度，值越大，图像显示就越明显；值越小，图像显示就越淡。

设置图层内部不透明度：除可设置图层的不透明度以外，还可为图层指定填充的不透明度。

当前图层：指当前被选中的图层。

“ ”链接按钮：可将当前选中的图层进行链接。

“ ”图层样式按钮：双击此按钮会打开一个“图层样式”对话框，在对话框中可对当前图层应用图层样式。

“ ”添加蒙版按钮：可为当前图层添加蒙版。

“ ”创建新的填充或调整图层按钮：点击此按钮，在弹出的菜单中设置选项，可在图层调板上创建一个填充图层或调整图层。

“ ”创建图层组按钮：单击此按钮后，可在图层调板上创建一个图层组。

“ ”新建图层按钮：单击此按钮，可创建一个名为“图层 1”的新图层。用鼠标选择一个图层，并按住左键不放拖动到新建图层按钮上即可复制此图层。

“ ”删除图层按钮：选择将要删除的图层，并拖动到此按钮上即可删除图层。

7.3 图层的基本操作

Photoshop CS3 在处理或编辑图像时，都是将图像分为几个部分，然后将这些部分分别存放在图层中。因此，用户想编辑图像中的某一部分时，只需将此图层设置为当前图层即可进行编辑。在使用图层编辑图像时，首先得学会图层的一些基本操作，如新建图层、复制图层、删除图层、显示/隐藏图层等。

7.3.1 新建图层

新建图层的方法有两种，一种是使用图层调板上的“新建图层”按钮，另一种是使用图层调板菜单。

使用图层调板新建图层时，只需单击图层调板下面的“新建图层”按钮；使用调板菜单创建新图层时，需单击“图层”调板右侧的三角按钮，在弹出的菜单中选择“新图层”命令。新建的第一个图层都是以“图层 1”为默认名的。

单击“图层”调板右侧的三角按钮，在弹出的菜单中选择“新建图层”命令。	2 选择“新建图层”命令后，会弹出如下图所示的“新建图层”对话框。

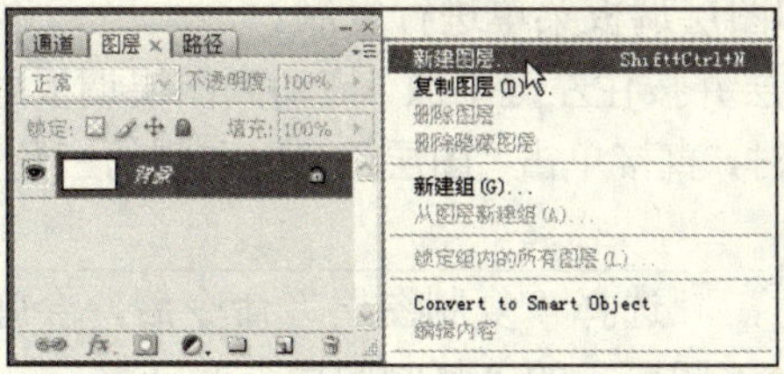

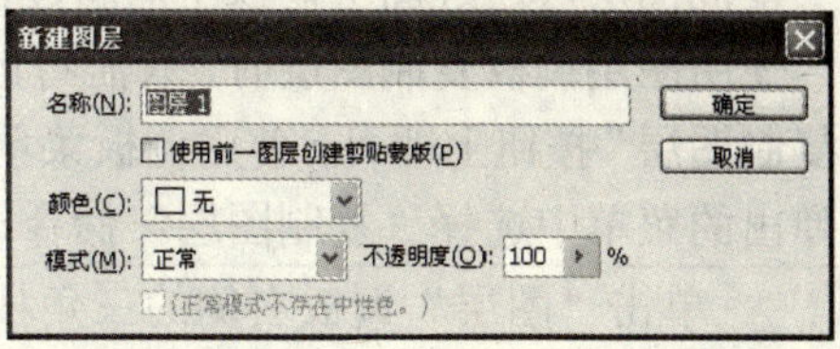

3 在名称文本框中输入新建图层的名称为“小屋”。

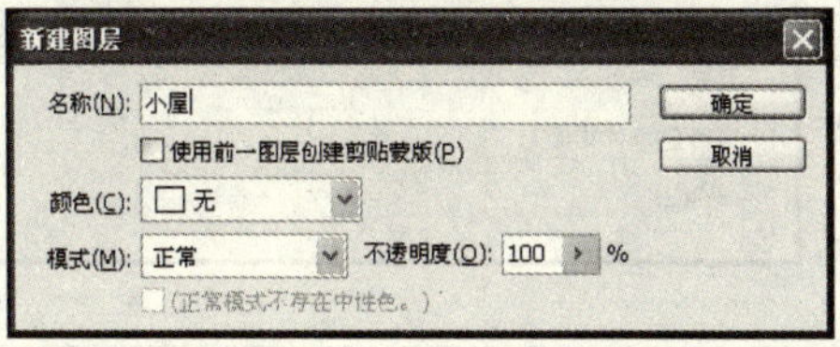

4 选择“使用前一图层创建剪贴蒙版”复选框。

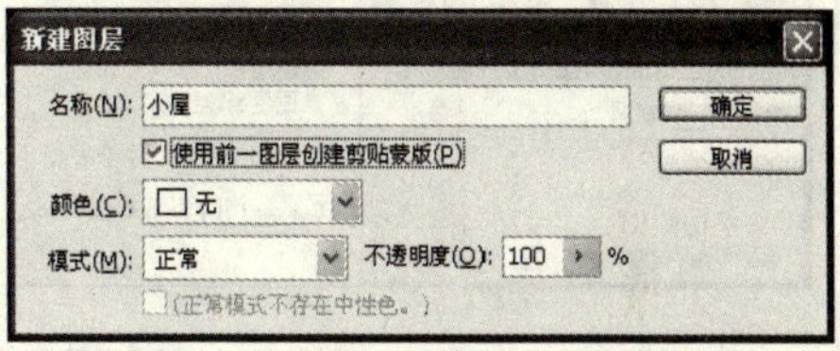

5 单击“颜色”框后面的按钮，在弹出的下拉列表框中选择“红色”。

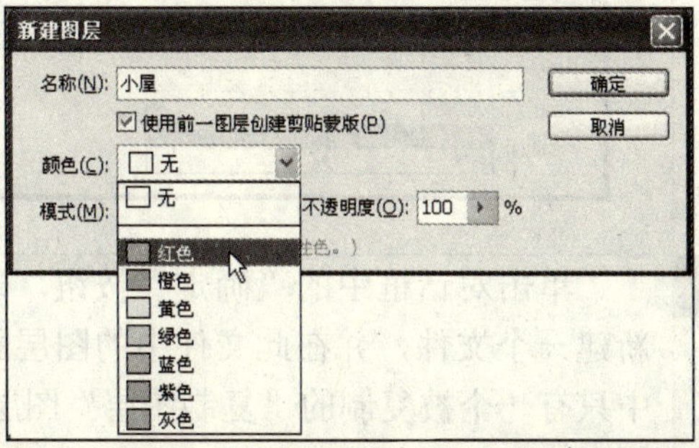

6 单击对话框中的“确定”按钮，此时在图层面板中即可创建一个名为“小屋”的新图层。

7.3.2 复制图层

复制图层可通过图层调板中的新建图层按钮和图层调板菜单进行复制。

使用图层调板复制图层时，只需将鼠标指向图层并按住左键不放，拖动到图层调板底部的“复制图层”按钮上即可；使用调板菜单复制图层时，直接单击“图层”调板右侧的三角按钮，在弹出的菜单中选择“复制图层”命令即可。

1 单击“图层”调板右侧的三角按钮，在弹出的菜单中选择“复制图层”命令。

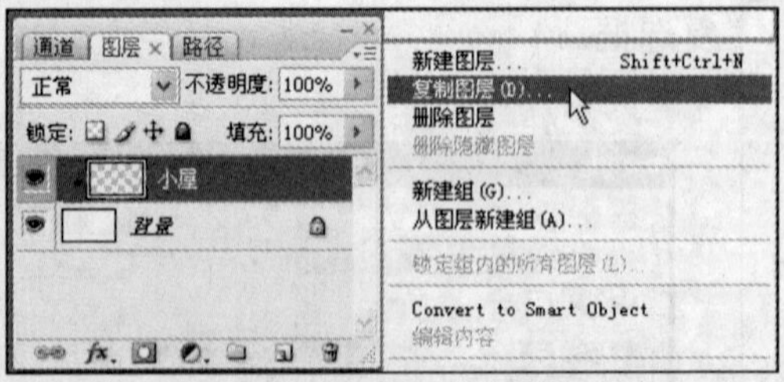

2 选择“复制图层”命令后，会弹出如下图所示的“复制图层”对话框。

3 打开对话框后，在“为”文本框中输入复制的图层名称为“复制图层”。

4 单击“文档”后面的按钮，在弹出的列表框中选择所要复制的图层的文档名称为“未标题-1.psd”。

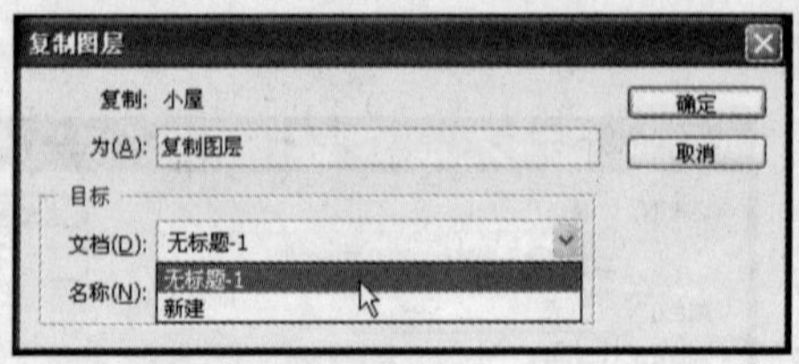

5 如果在文档列表框中选择“新建”选项，表示新建一个文件，并在此新建文件中复制一个图层。此时，可在名称文本框中输入新建文件的名称。

6 单击对话框中的“确定”按钮，即可新建一个文件，并在此文件中的图层面板中只有一个被复制的“复制图层”图层。

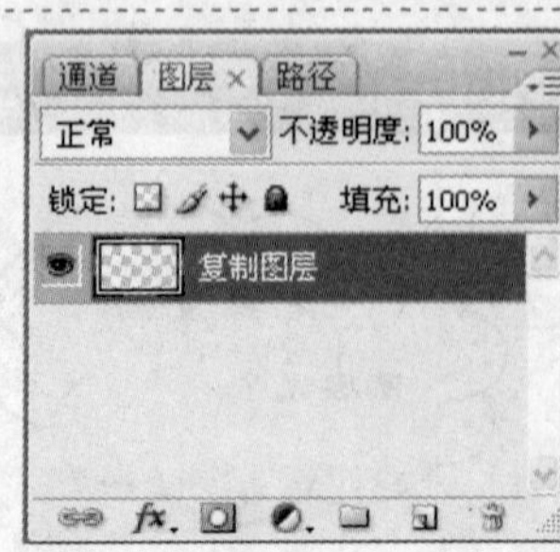

7.3.3 删除图层

使用图层调板删除时，只需将鼠标指向图层并按住左键不放，拖动到图层调板底部的“复制图层”按钮上即可。

另外还有一种使用调板菜单删除图层的方法，其操作步骤如下例所示。

1 先单击所要删除的图层，再单击“图层”调板右侧的三角按钮，在弹出的菜单中选择“删除图层”命令。

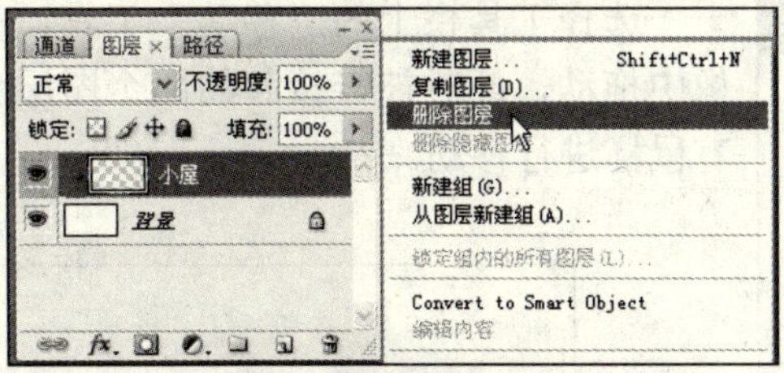

2 执行删除命令后，会弹出一个确认删除的提示框，此时单击提示框中的“确定”按钮即可确认删除。

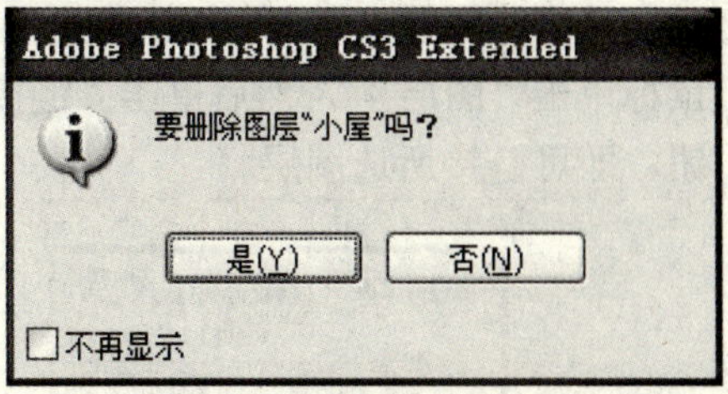

7.4 管理图层

在编辑或处理一些图像时，需要创建几十个甚至几百个图层。对此，用户不仅要细心，而且要有一个良好的管理图层的方式。Photoshop CS3 提供的图层的管理方式有，链接、合并、重命名、使用图层组等。下面就介绍几种常用的图层管理方式。

7.4.1 链接图层

链接图层即是将图层调板中的几个连续或不连续的图层链接起来，一起进行操作。它最大的优点在于，在对链接图层中任一图层执行移动、旋转和缩放等操作时，其他图层也会跟着变换。

链接图层时，只需在图层调板中选择将要链接的图层，再单击图层调板底部的“链接”按钮即可。

1 打开下载文件中“第 7 章”文件夹下的“图像 1”，此文件是 PSD 格式文件。

2 此图像共有 4 个图层，在图层面板中即可查看。

3 选择“图层 1”，再按住“Ctrl”键用鼠标单击“图层 4”，然后单击“链接”按钮，即可链接所选图层。

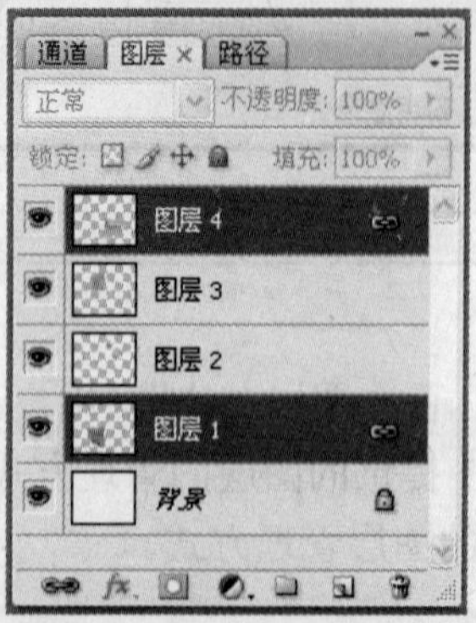

4 选择工具栏上的“移动”工具，在图像中拖动，此时被链接起的两个图层会跟着鼠标进行移动。

7.4.2 重命名图层

重命名图层即是给一个图层重新命名。使用重命名主要是 Photoshop CS3 在处理一个图层比较多的文件时，为使操作时不发生混乱，而对每一个图层重新命一个比较简单又容易记的名称。

重命名的方法非常简单，直接用鼠标双击将要重命名的图层名，再输入新的名称即可。

1 随意打开一幅图像，调出其图层调板。

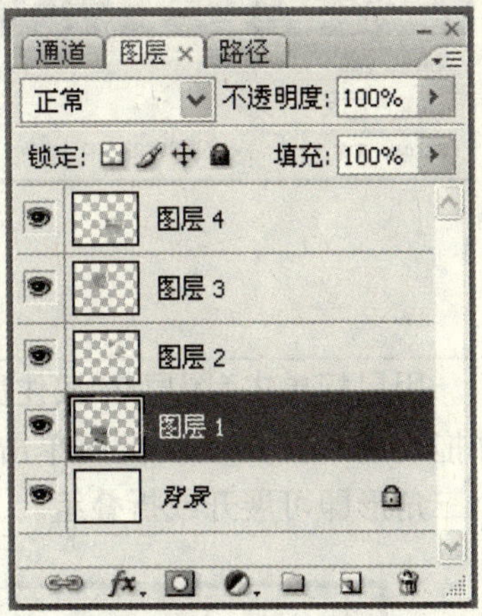

2 用鼠标双击“图层 1”，等“图层 1”反白显示时，即可输入新的文件名“草地”。

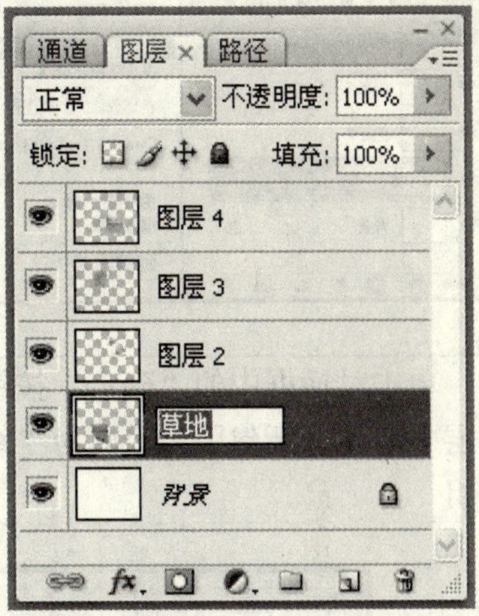

7.4.3 使用图层组

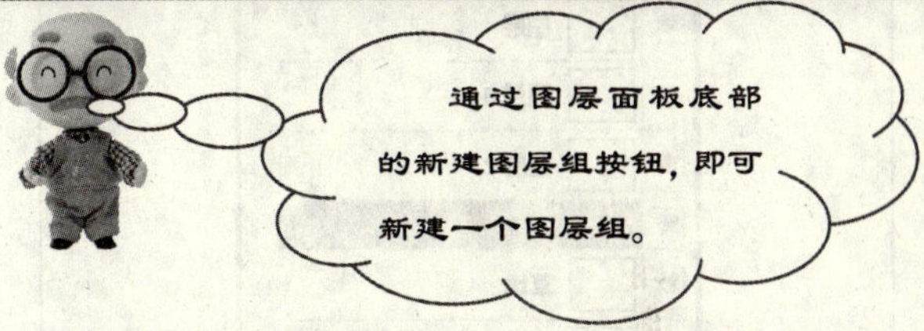

图层组是一个非常有利的图层管理工具，使用图层组可将图层中具有相同特性的图层放在一个图层组中，这样，即使有再多的图层也能进行很好的管理。使用图层组管理时，只需用鼠标单击一个图层并拖动到组，即可将此图层放在组中。

图层组的使用与图层一样，即可对图层组进行复制、剪切、删除和重命名等操作。复制和删除图层组都可通过图层调板菜单命令也可使用调板底部的“新建组”和“删除”按钮。要重命名图层组时只需用鼠标双击组名即可输入新的组名。

在图层调板中创建图层组的方法很简单，直接单击调板底部的“创建新组”按钮即可。还有一种方法，即是通过图层调板菜单创建。

3 单击“图层”调板右侧的三角按钮，在弹出的菜单中选择“新建组”命令。

4 此时会弹出一个“新建组”对话框，如下图所示。若图层中没有创建过组，则第一次创建的组默认名为“组 1”。“新建组”对话框中其他选项与新建图层的选项相同。

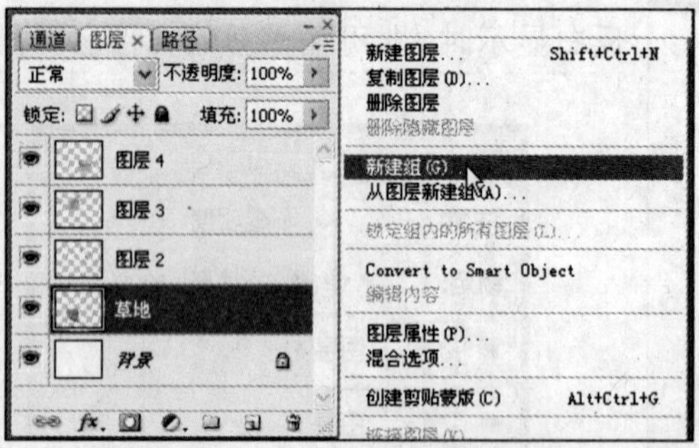

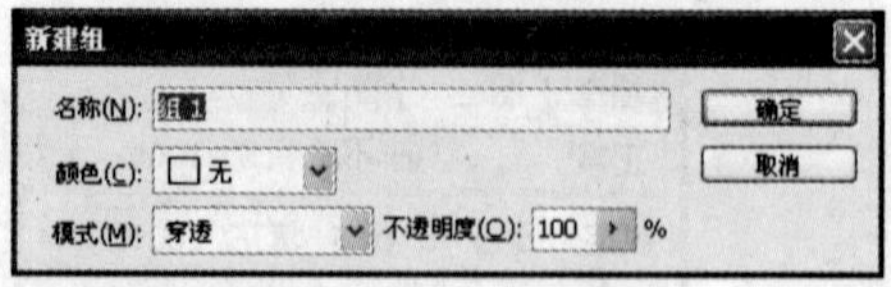

单击对话框中的“确定”按钮后，可在图层中看到已新建了一个名为“组 1”的图层组。

用鼠标单击“图层 2”按住鼠标左键，并拖动到“组 1”中。此时单击组前面的小三角形即可展开或折叠组。

7.4.4 改变图层顺序

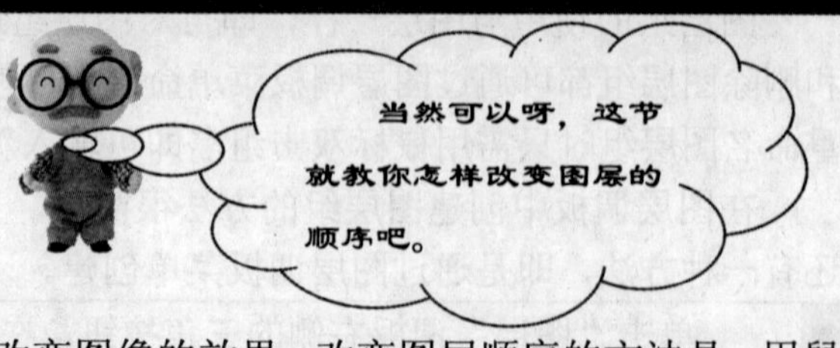

在制作图像时，可通过改变图层的顺序而改变图像的效果。改变图层顺序的方法是：用鼠标指向将要改变顺序的图层，按住左键不放拖动到另一个图层的上面或下面即可。

打开一个图像的图层调板，将“图层 1”拖动到“图层 2”上，可选中“图层 1”按如下图所示的方式进行拖动。

拖动图层后，调板的图层排列顺序。

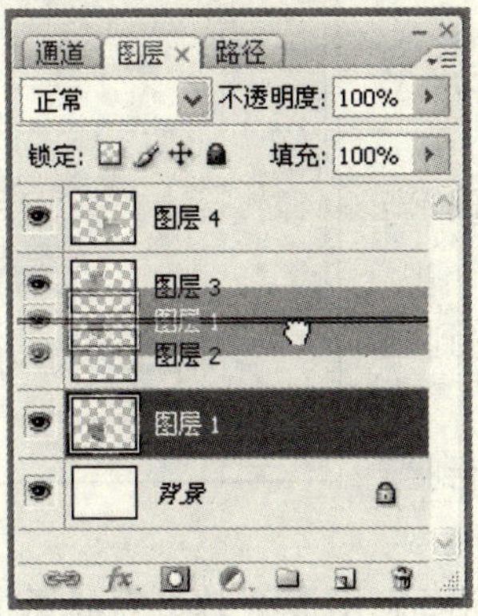

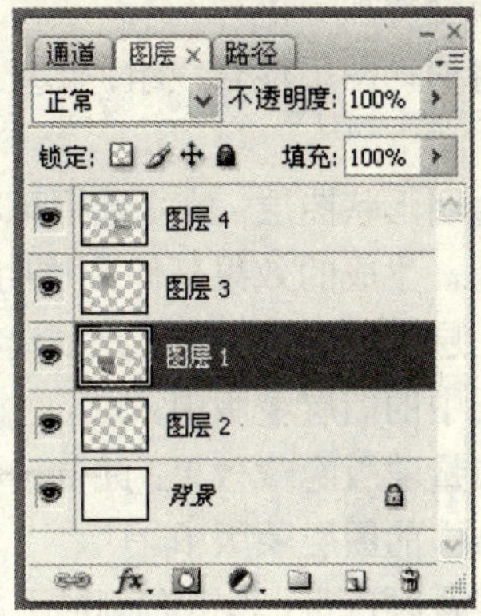

7.5 图层样式

在学习图层这节内容时，图层样式是一个重点。使用图层样式可为图层制作出许多特殊的效果。

使用图层样式的方法是用鼠标右键单击图层调板底部的“添加图层样式”按钮，在弹出的快捷菜单中任选一个命令，即可打开“图层样式”对话框。在此对话框中可对图层应用阴影、投影、发光和浮雕等效果。

7.5.1 混合选项

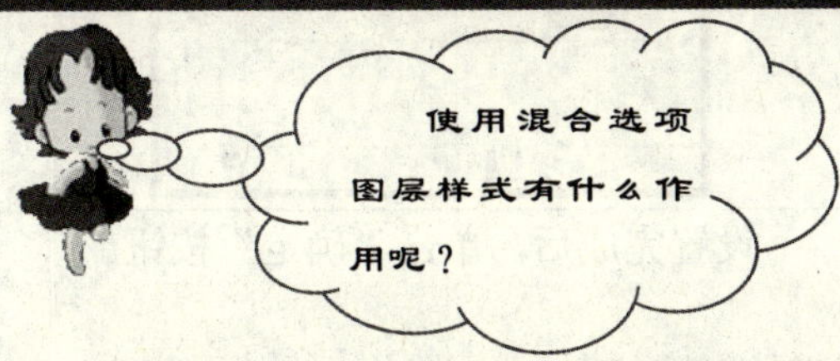

用鼠标右键单击图层调板底部的“添加图层样式”按钮，在弹出的快捷菜单中选择“混合选项”命令，会打开如下图所示的“混合选项”对话框。“混合选项”对话框中各选项的含义如下：

常规混合：包括“混合模式”和“不透明度”两个选项。其功能与图层调板中的图层混合模式、不透明度一样。

高级混合：包括“填充不透明度”、“通道”和“挖空”三个选项。“填充不透明度”用于控制下边通道中的不透明度；“通道”用于选择需要调整不透明度的通道；“挖空”用于控制通过上一层能看到下一层的程度。它有三个选项，分别是“无”、“浅”、“深”。选择“无”，则不挖空任何图层；选择“浅”，则挖空部分图层中的内容；选择“深”，则挖空图层中的所有内容。

将内部效果混合成：此复选框用于挖空图层中的特效效果，如可将图层中的阴影、颜色叠

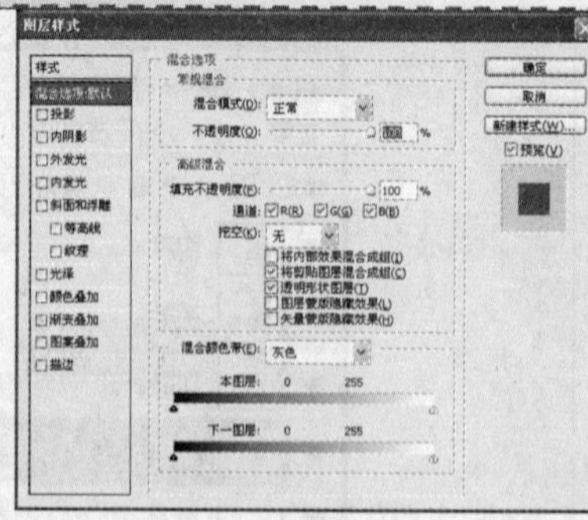

加、渐变叠加等挖掉。

将剪切图层混合成组：此复选框可对编组图层产生挖空效果。

透明形状图层：此复选框可将当前图层中的透明区域当成蒙版，生成的效果延伸到透明区域时将被遮盖掉。

图层蒙版隐藏效果：此复选框可将生成的效果延伸到当前图层中的图层蒙版中。

矢量蒙版隐藏效果：此复选框可将生成的效果延伸到当前图层中的图层蒙版中。

混合颜色带：单击右侧的下拉列表，可选择一个通道，表示混合效果对此通道可进行混合。

本图层：拖动下面的滑块，可控制当前图层中的哪些像素与下一层进行色彩混合。

下一图层：拖动下面的滑块，可控制当前图层上的像素范围。

1 打开下载文件中“第 7 章”文件夹下的“图像 2”的 PSD 格式文件。

2 在图层调板中，选择“人物”图层，便于后面对此图层进行操作。

3 打开“混合选项”对话框，拖动“不透明度”滑块，使其值为“68%”，“填充不透明度”为“71%”。其他为默认设置。

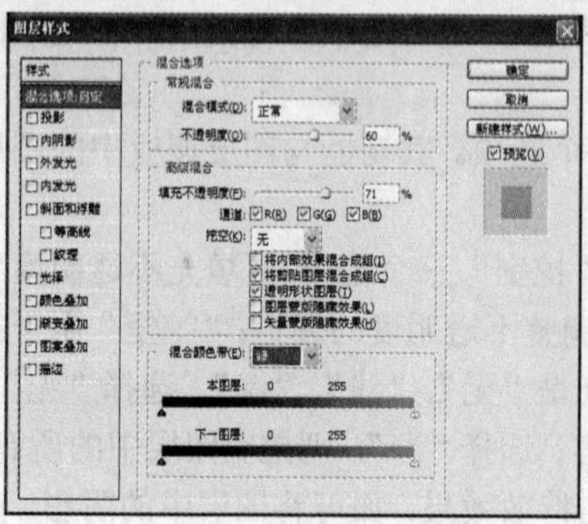

4 设置完成后，单击“确定”按钮。

7.5.2 投影

投影是图层中使用最为频繁的一个图层样式，它可给图层中的图像设置不同效果的投影。打开投影的方法是：用鼠标右键单击图层调板底部的“添加图层样式”按钮，在弹出的快捷菜单中选择“投影”命令，会打开如下图所示的“投影”对话框。

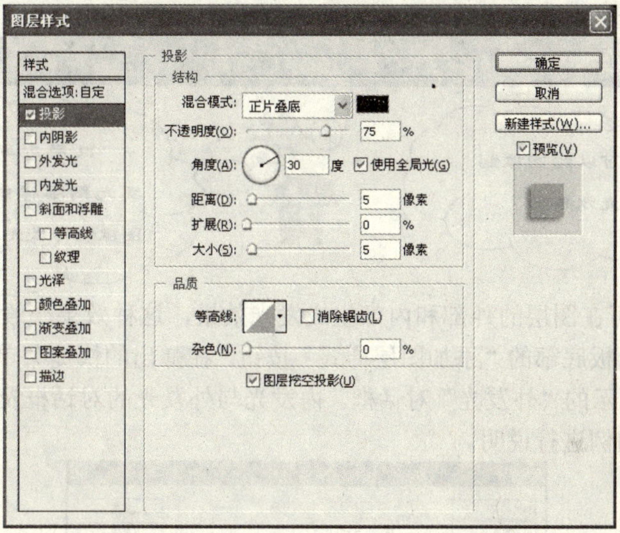

投影对话框中各选项的含义如下：

混合模式：与前面讲过的混合模式相同，故不再重述。单击“混合模式”右侧的色块，将弹出“拾色器”对话框，从中可选择投影的颜色。

不透明度：可改变投影的不透明度，拖动下面的滑块即可设置不透明度的值。

角度：可改变投影的角度，在后面的文本框中直接输入数值即可。

距离：可改变投影与图像之间的距离，数值越大，产生的距离就越大。

扩展：可改变投影的扩展程度，数值越大，投影扩展的面积就越大。

大小：可改变投影的扩散程序，数值越大，扩散效果就越明显。

等高线：可改变投影的效果，单击右侧的按钮，在弹出的等高线列表框中即可选择等高线样式。双击“等高线”图标在弹出的“等高线编辑器”中可编辑等高线样式。

消除锯齿：可消除阴影周围的锯齿，使阴影变得平滑。

杂色：可控制杂色的程度，数值越大，杂色就越多。

图层挖空投影：此复选框可控制投影在半透明时，投影挖空的情况。

7.5.3 内阴影

内阴影可为图层设置内阴影样式，。用鼠标右键单击图层调板底部的“添加图层样式”按钮，在弹出的快捷菜单中选择“内阴影”命令，会打开“内阴影”对话框。“内阴影”对话框与“投影”对话框一样，各选项的含义也相同，故不再重述。

7.5.4 外发光/内发光

外发光/内发光可在图层的外部和内部生成发光效果，这种效果一般应用于文字图层。用鼠标右键单击图层调板底部的“添加图层样式”按钮，在弹出的快捷菜单中选择“外发光”命令，会打开如下图所示的“外发光”对话框。内发光与外发光的对话框及选项相同，故在此以“外发光”对话框为例进行说明。

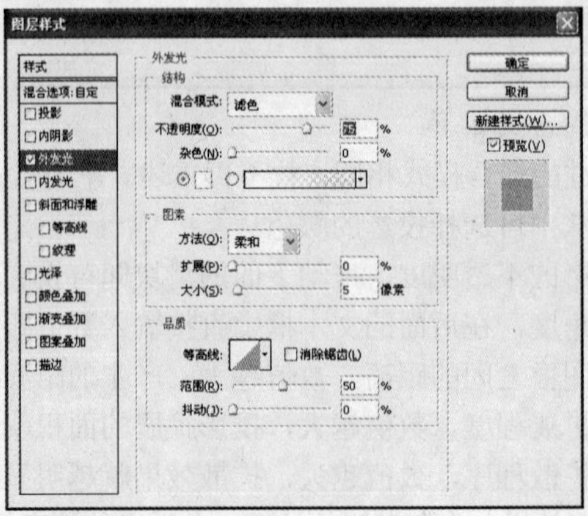

杂色：可为外发光添加杂色。

方法：包括“柔和”和“精确”两个选项。“柔和”指发光的边缘沿着图像的外形发光；“精确”指发光的边缘将根据图形的每一个细小部位发光。

范围：控制图像发光的范围，数值越小，发光的效果就越明显。

抖动：控制发光的随机化程度。数值越小，效果越明显。

新建一个图层，并在工具箱中选择“椭圆选框”工具，按住“Shift”键并拖动鼠标，创建一个正圆选区，按“Ctrl+Del”键用背景色填充选区。

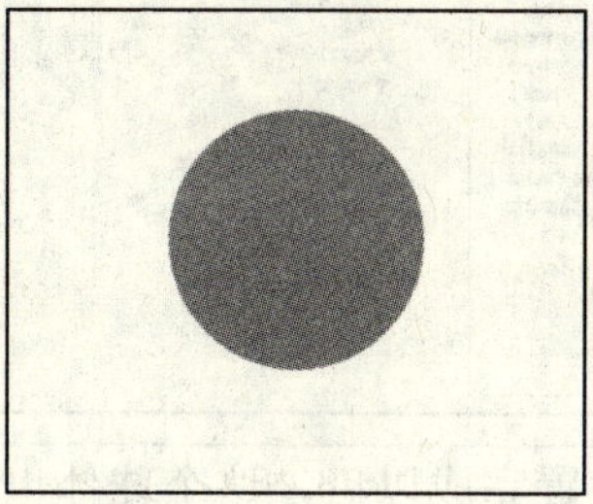

取消选区，并用鼠标右键单击图层调板底部的“添加图层样式”按钮，在弹出的快捷菜单中选择性“内发光”命令，会弹出一个“内发光图层样式”对话框，在对话框中设置相应的参数。

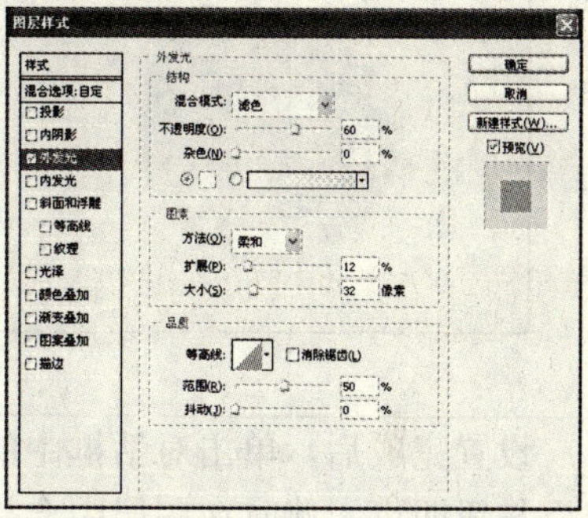

图层应用“内发光”图层样式之后，效果如下图所示。

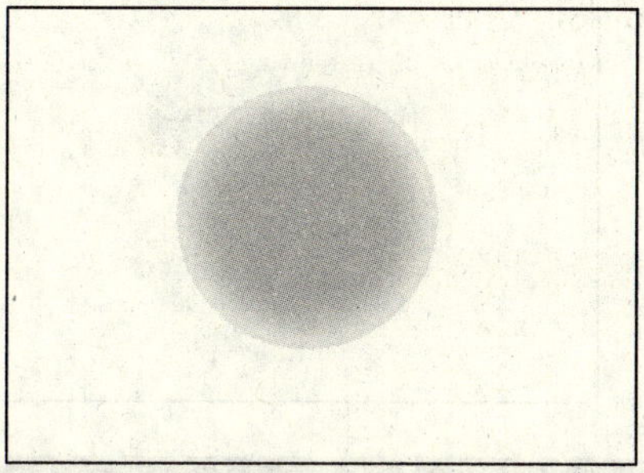

选择“内阴影”复选框，将其转为“内阴影图层样式”对话框，并设置相应的参数。

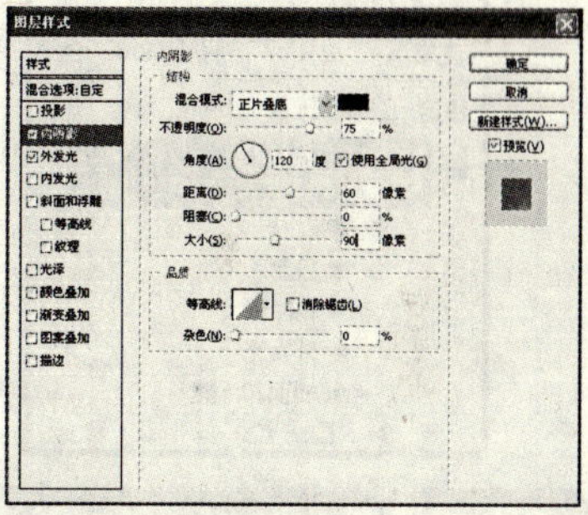

图层应用“内阴影”图层样式之后，效果如下图所示。

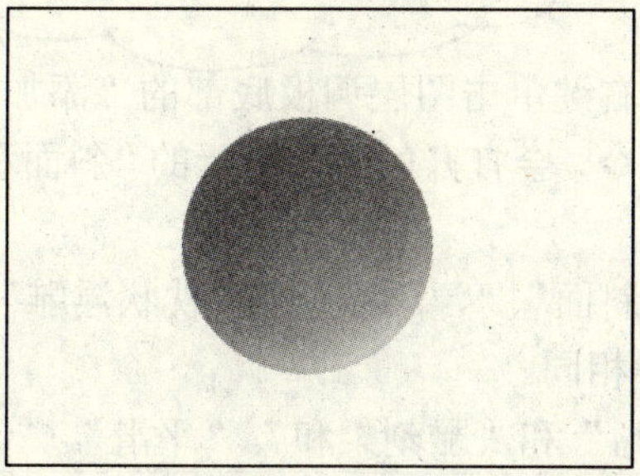

选择“斜面和浮雕”复选框，将其转为“斜面和浮雕图层样式”对话框，并设置相应的参数。

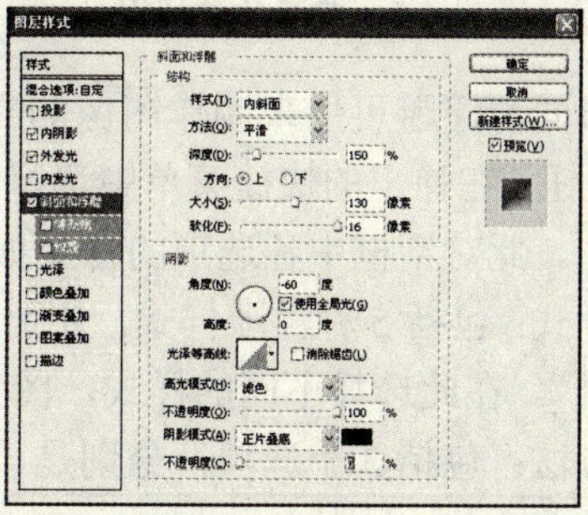

7 图层应用“斜面和浮雕”图层样式之后。

8 选择“投影”复选框，将对话框转为“投影图层样式”对话框，并按下图设置相应的参数。

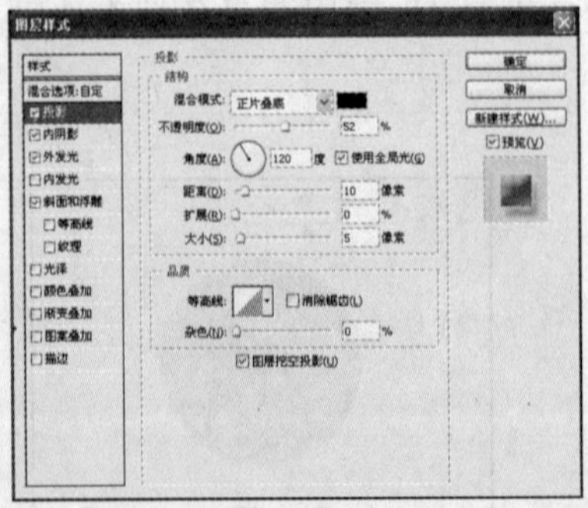

9 设置完成后，单击对话框中的“确定”按钮即可。此时在图层中会显示所使用过的图层样式。

10 设置完成以后，这个球体也制作完成。

7.5.5 斜面和浮雕

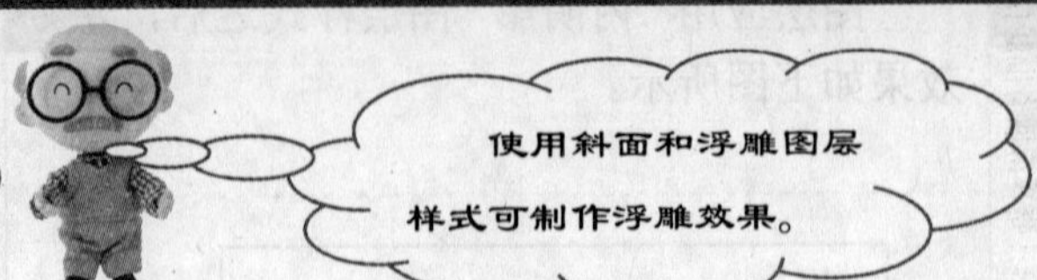

斜面和浮雕可用来制作图像的立体效果。用鼠标右键单击图层调板底部的“添加图层样式”按钮，在弹出的快捷菜单中选择“斜面和浮雕”命令，会打开如下图所示的“斜面和浮雕”对话框。此对话框中各选项的含义如下：

样式：包括 5 种浮雕样式，分别是“外斜面”、“内斜面”、“浮雕效果”、“枕状浮雕”和“描边浮雕”。在此选择不同的样式，图像产生的效果也不相同。

方法：包括 3 个选项，分别是“平滑”、“雕刻清晰”和“雕刻柔和”。“平滑”

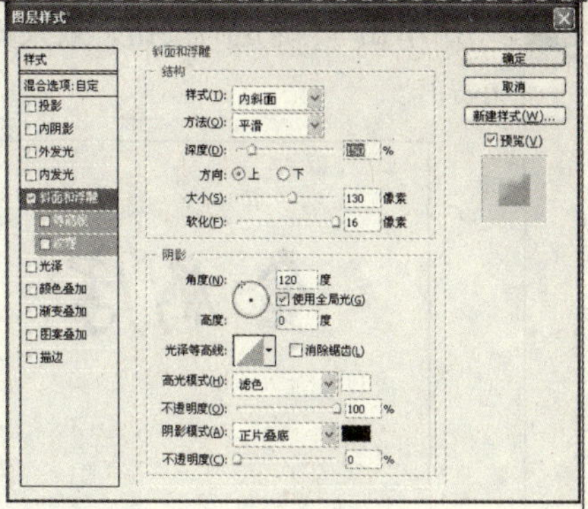

选项可使图像边缘变得平滑；“雕刻清晰”选项可使图像边缘变得明显；“雕刻柔和”选项可使图像边缘变得柔和。

深度：用来控制浮雕效果的立体程度，其值越大，立体效果就越明显。

方向：指浮雕的光源方向，它共有“上”和“下”两个选项，选择“上”，表示光源从上面射过来；选择“下”，表示光源从下面射过来。

大小：指浮雕阴影的大小，数值越大，阴影面积就越大。

软化：指浮雕边缘的软化程度，数值越大，浮雕边缘就越柔和。

角度：用于控制光源的角度。

光源等高线：用于控制浮雕的暗面光泽。

高光模式：可为浮雕的亮部使用混合模式。其右侧的色块可改变浮雕亮部的颜色；下面的不透明度，可改变亮部颜色的不透明度。

暗调模式：此选项与“亮部模式”的含义相反。

斜面和浮雕样式中还包括“等高线”和“纹理”两个选项。选择“纹理”可使浮雕产生图案纹理效果。

1 新建一个文件，在工具箱中单击“横排文字”工具，并在其属性栏中设置字体为“楷体”，字号为“72”。然后输入“金属字”，输入完成按“Ctrl+Enter”键。

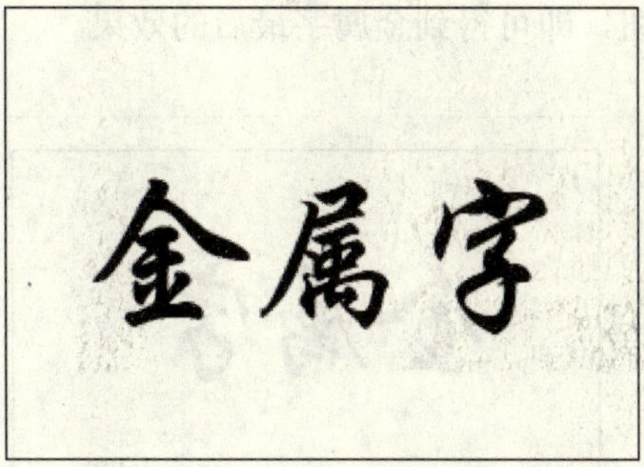

2 在图层调板中用右键单击“添加图层样式”按钮，在弹出的快捷菜单中选择“斜面和浮雕”命令，弹出“斜面和浮雕”对话框。在对话框中选择“光泽等高线”为“环形-双环形”，并将大小设置为“10”个像素。

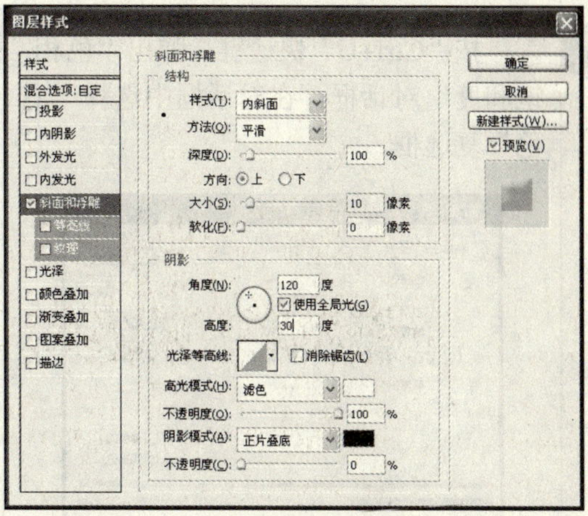

单击“确定”按钮，效果如下图所示。

应用浮雕图层样式后，图层调板如下图所示。

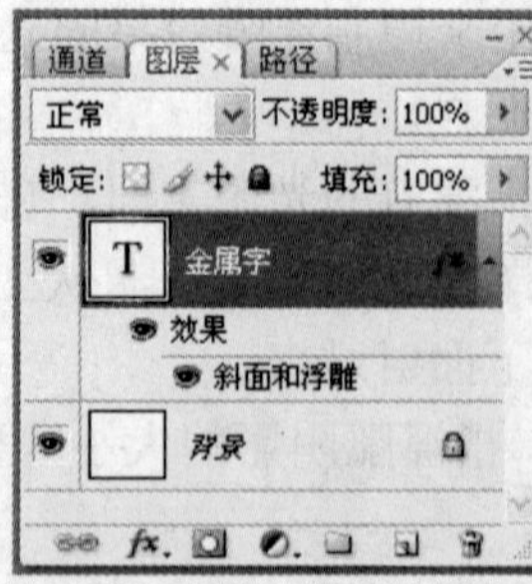

5 在图层调板中，用鼠标右键单击“金属字”图层后面的“ ”图层样式图标，在弹出的快捷菜单中选择“创建图层”命令，将图层效果转换为新图层。

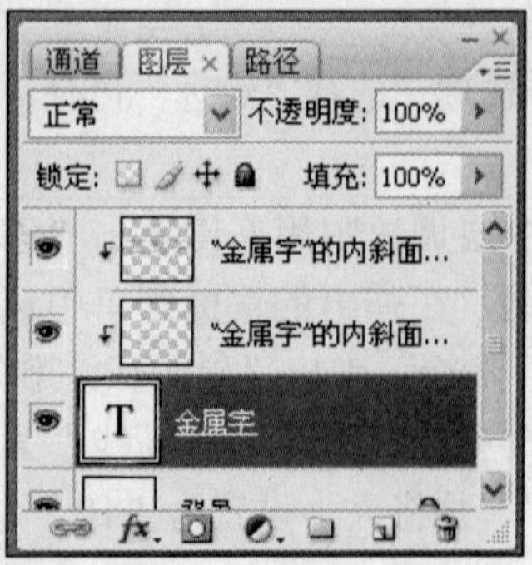

6 在图层调板中选择文字图层，使用调板菜单中的“向下合并”命令，将文字图层合并起来，此时图层变成如下图所示的效果。

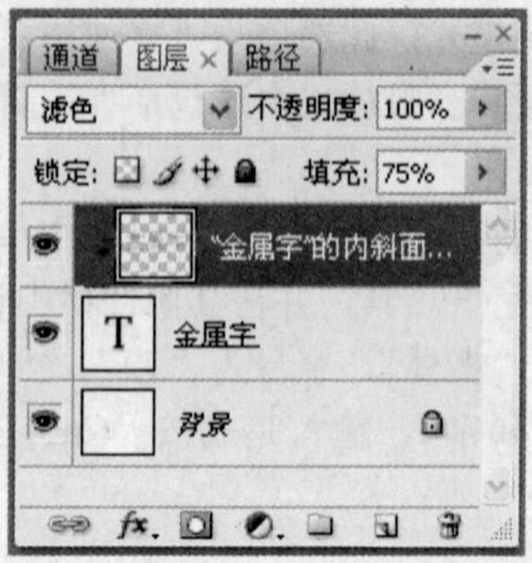

7 按“Ctrl+U”快捷键，弹出“色相/饱和度”对话框，在对话框中选择“着色”复选框。

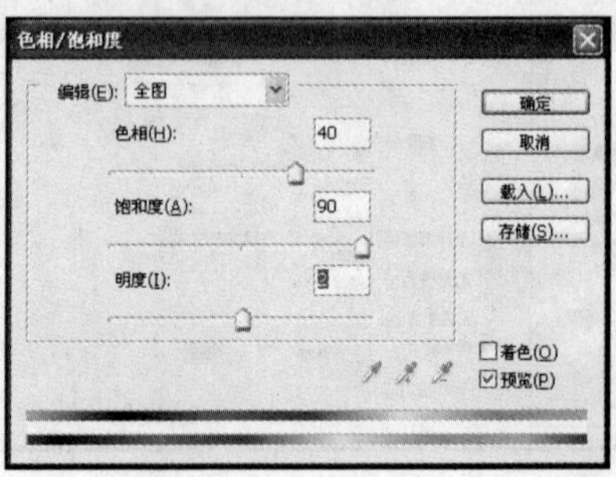

8 设置完参数后，单击对话框中的“确定”按钮，即可得到金属字最后的效果。

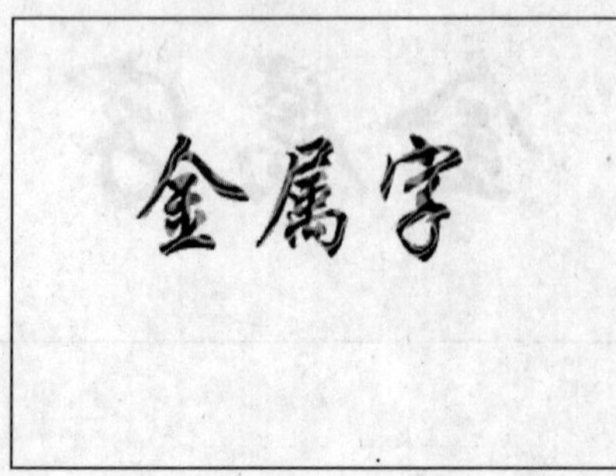

7.5.6 光泽

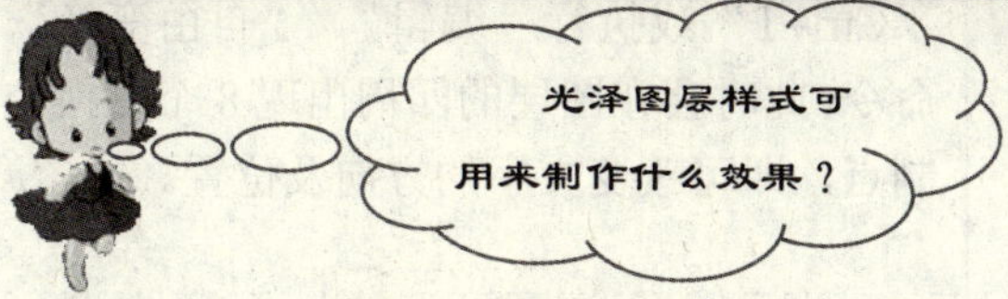

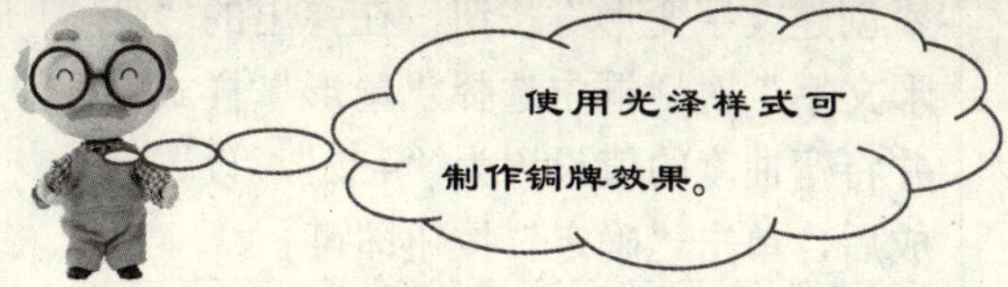

使用光泽图层样式可制作出金属质感的效果。用鼠标右键单击图层调板底部的“添加图层样式”按钮，在弹出的快捷菜单中选择“光泽”命令，会打开“光泽”对话框。此对话框中各选项的含义与前面相同，故不再重述。

1 新建一个图层，在工具箱中选择“圆角矩形”工具，创建一个工作路径，并在路径面板中将路径转换成选区，接着为选区填充“黄色”。

2 用鼠标右键单击图层调板底部的“添加图层样式”按钮，选择“光泽”命令，在弹出的“光泽图层样式”对话框中设置其“角度”及“等高线”的值。

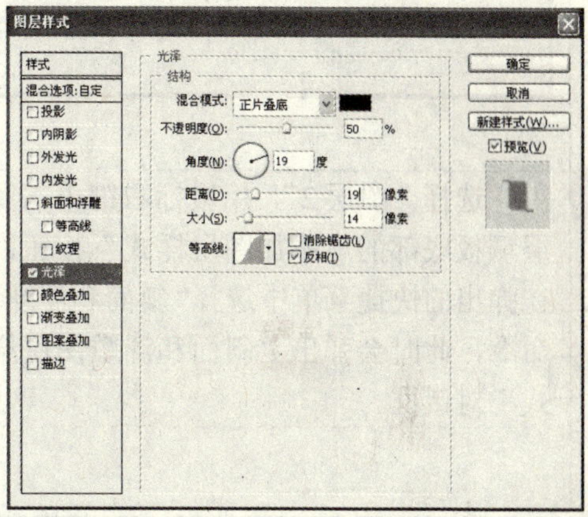

3 设置完成后，单击对话框中的“确定”按钮。

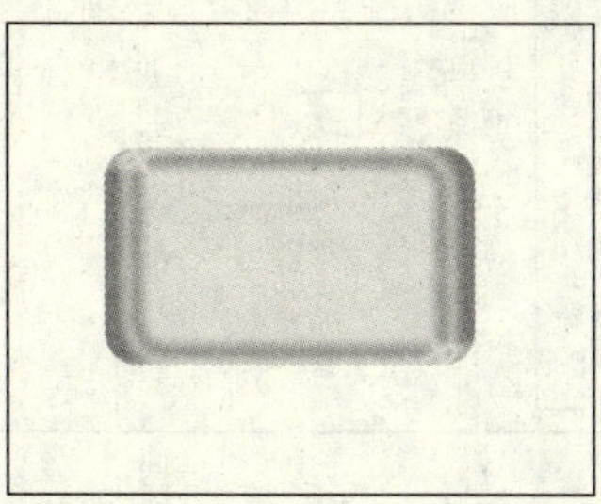

4 新建“图层 2”，在工具箱中选择“横排文字蒙版”工具，在文件中创建一个文本框，设置文字的字体为“楷体”字号为“24”，并输入文字“华创网络工作室”。

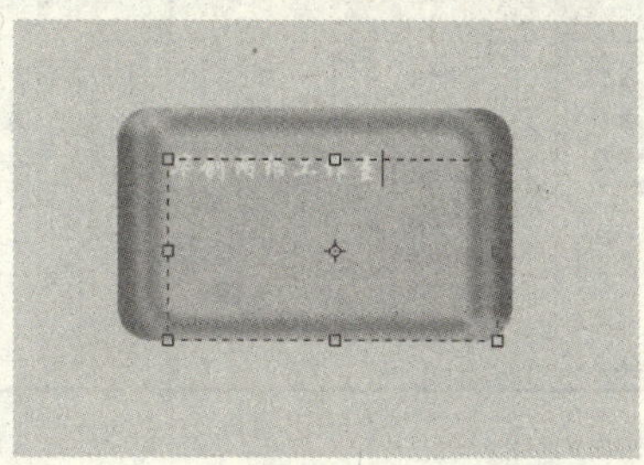

文字输入完成后，单击属性栏上的“创建文字变形”按钮，在弹出的“变形文字”对话框中选择“扇形”样式，并将弯曲度的值设置为“+32”，设置完成后，单击“确定”按钮即可。

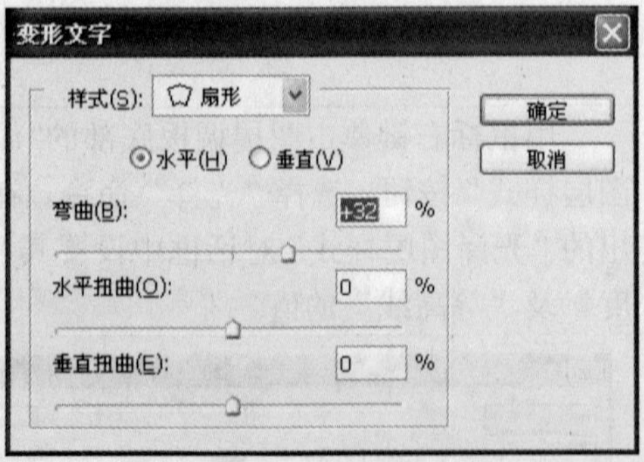

6 提交当前编辑后，为文字填充颜色。按“Ctrl+T”或执行“编辑”/“自由变换”命令，此时会在图层的四周出现 8 个变换控制点，即可改变文字的方向及位置。

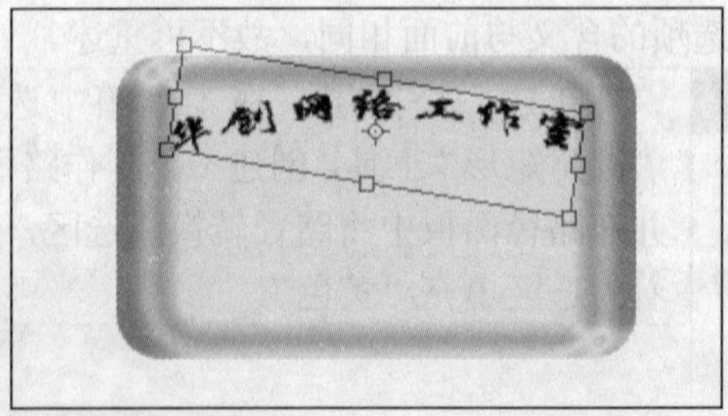

选择“图层 2”，用鼠标右键单击图层调板底部的“添加图层样式”按钮，在弹出的快捷菜单中选择“斜面和浮雕”命令，此时会弹出“斜面和浮雕图层样式”对话框。

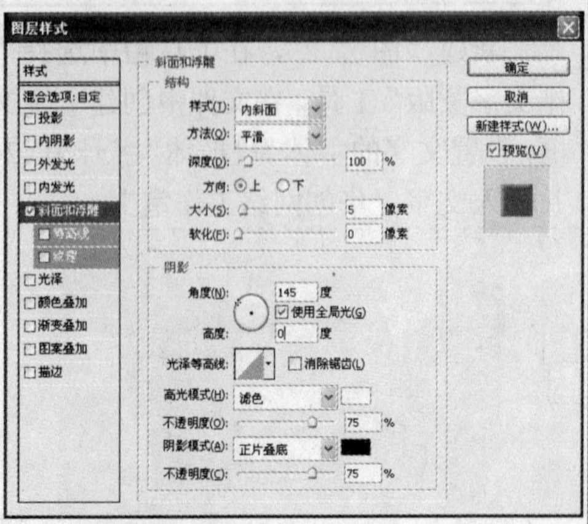

8 在对话框中选择“投影”复选框，转换为“投影图层样式”对话框。

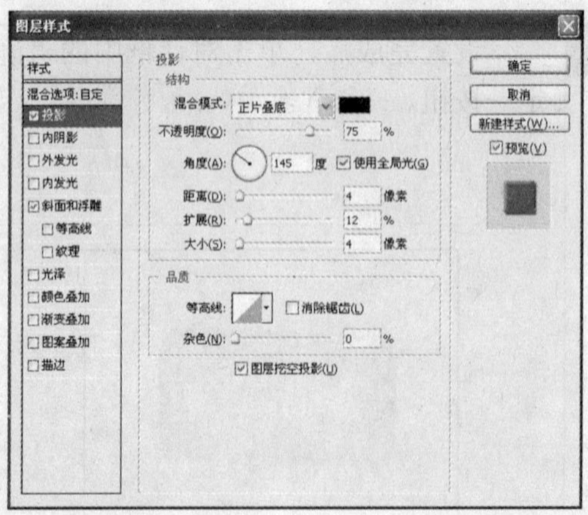

9 应用图层样式后，效果如下图所示。

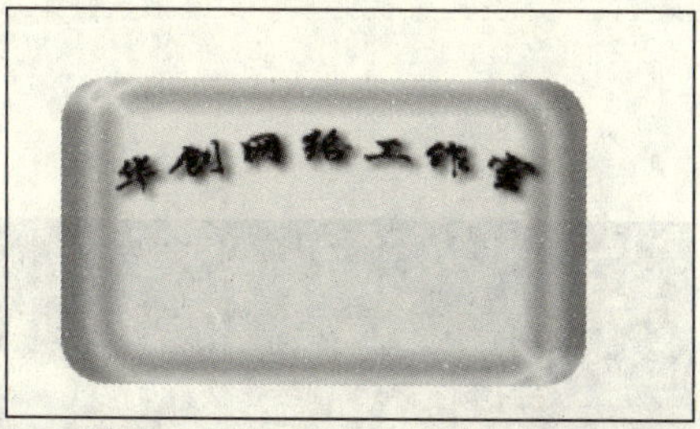

10 使用同样的方法加上文字的拼音，并设置其“斜面和浮雕”及“投影”图层样式，铜牌的最终效果如下图所示。

7.5.7 颜色叠加

颜色叠加图层样式可为图层加上一种颜色，并可通过“颜色叠加”对话框设置其颜色的混合模式及透明度。用鼠标右键单击图层调板底部的“添加图层样式”按钮，在弹出的快捷菜单中选择“颜色叠加”命令，即可打开 “颜色叠加”对话框。

1 打开下载文件中“第 7 章”文件夹下的“图像 3”的 PSD 格式文件，将图片中的棕色马变成枣红色马。

2 选择“马”图层，打开“颜色叠加图层”对话框。

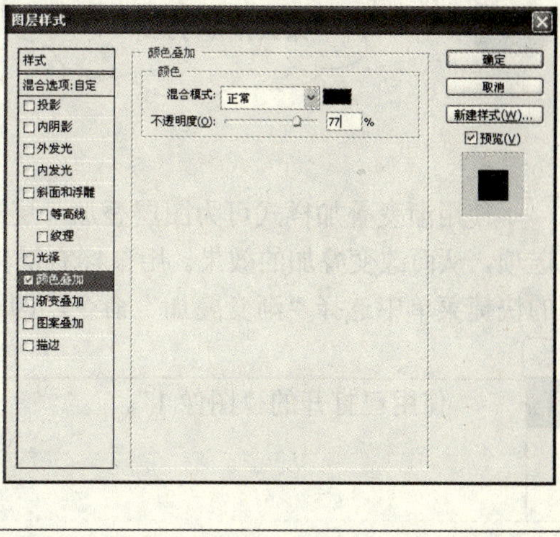

3 用鼠标单击“混合模式”后面的色块会弹出“拾色器”对话框，在对话框中选择“枣红色”单击确定。拖动“不透明度”滑块，将枣红色的不透明度设置为“43%”。

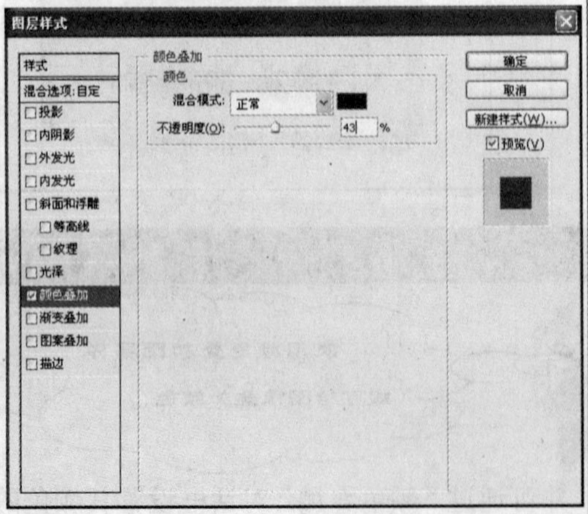

4 此时，图像中马的颜色已变成枣红色，通过其不透明度，使马身的颜色看起来比较柔和而自然。

7.5.8 渐变叠加

使用渐变叠加样式可为图层叠加一层渐变效果。在其对话框中可设置渐变的样式、角度等选项，从而改变叠加的效果。用鼠标右键单击图层调板底部的“添加图层样式”按钮，在弹出的快捷菜单中选择“渐变叠加”命令，即可打开“渐变叠加图层”对话框。

1 使用已打开的“图像 1”。

2 选择“图层 3”与“图层 4”进行合并，打开“渐变叠加图层”对话框。在对话框中选择渐变方式。

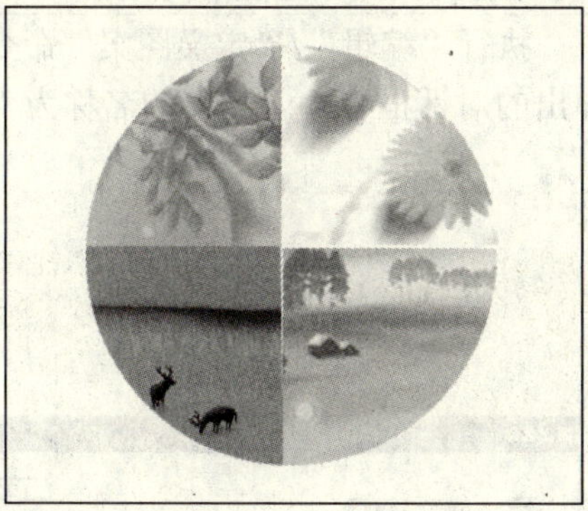

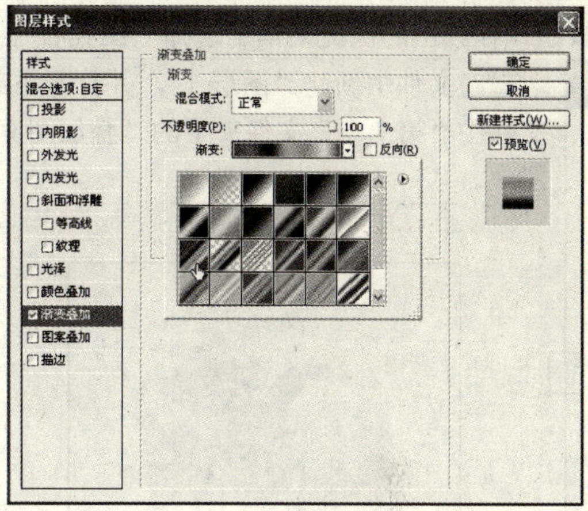

3 单击“样式”后面的按钮，在弹出的列表框中选择“角度”样式。

4 设置完成后，单击“确定”按钮。

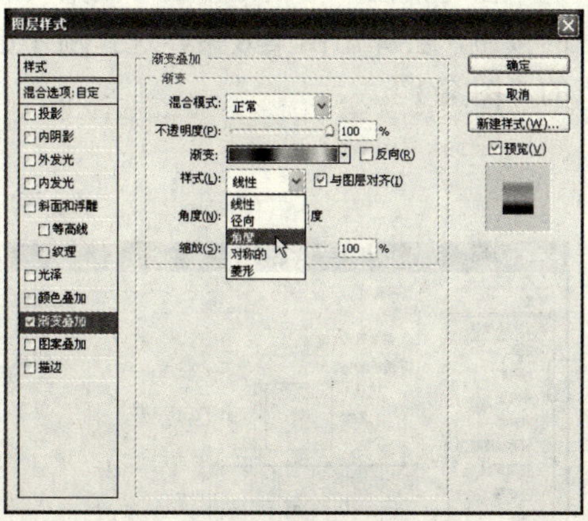

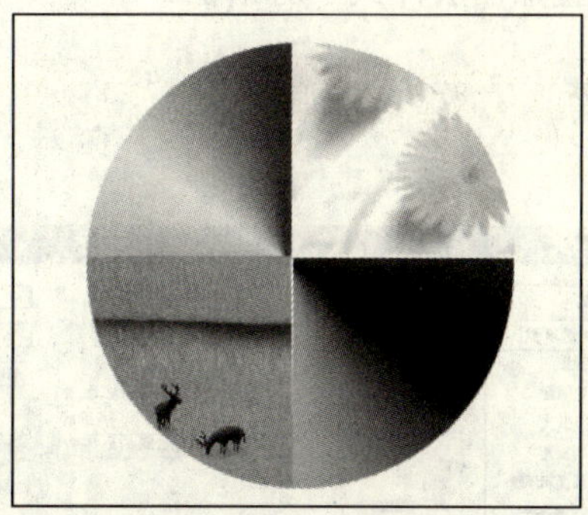

7.5.9 图案叠加

使用图案叠加样式，可为图层加上一层图案效果，也可通过添加图案进行复制。通过“图案叠加”对话框可选择将要叠加图案的样式。用鼠标右键单击图层调板底部的“添加图层样式”按钮，在弹出的快捷菜单中选择“图案叠加”命令，即可打开“图案叠加”对话框。

1 在文件中新建“图层 1”，并打开下载文件中“第 7 章”文件夹下的“叠加图案”图像。

2 执行“编辑”/“定义图案”命令，在弹出的对话框中输入图案的名称为“图案 1”。

3 在文件中新建 “图层 1”，并打开“图案叠加图层样式”对话框。

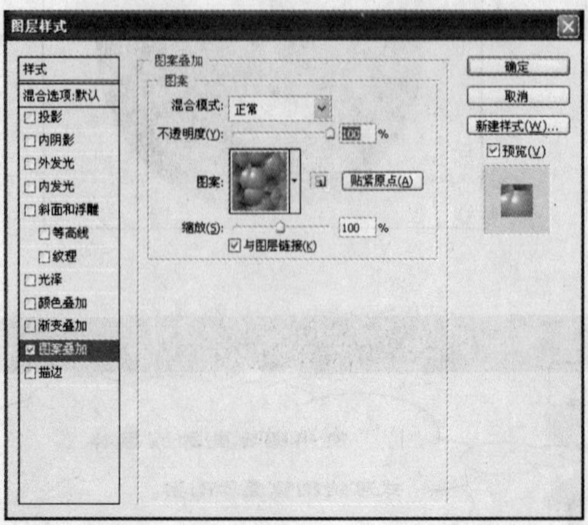

4 在对话框中用鼠标单击“图案”后面的按钮，会弹出图案效果，选择刚才定义的“图案 1”。

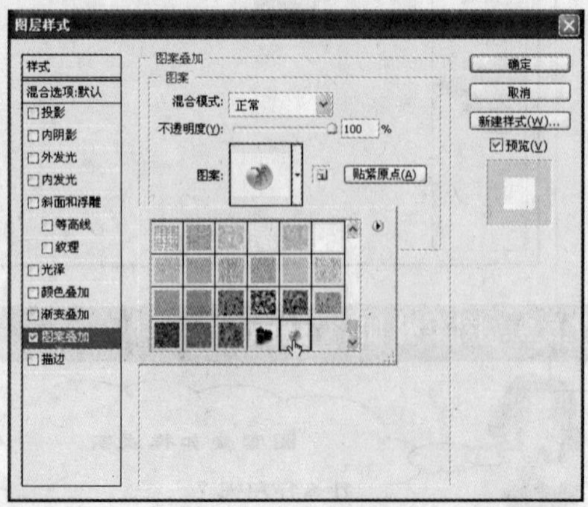

5 拖动图案选项下面的“缩放”滑块，把值设置为“31”

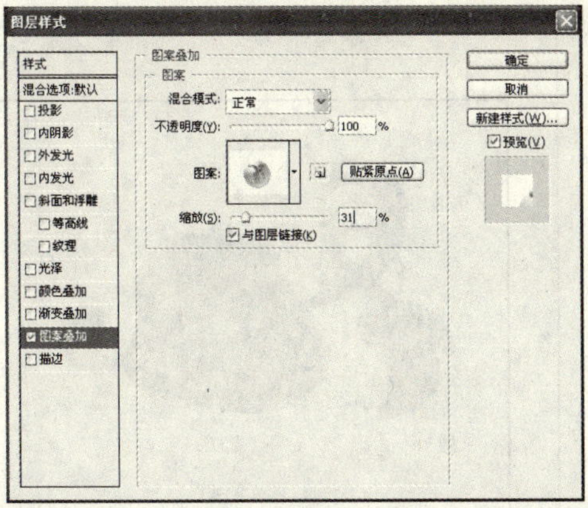

6 设置完后，按“确定”按钮即可得到如下图所示的效果。

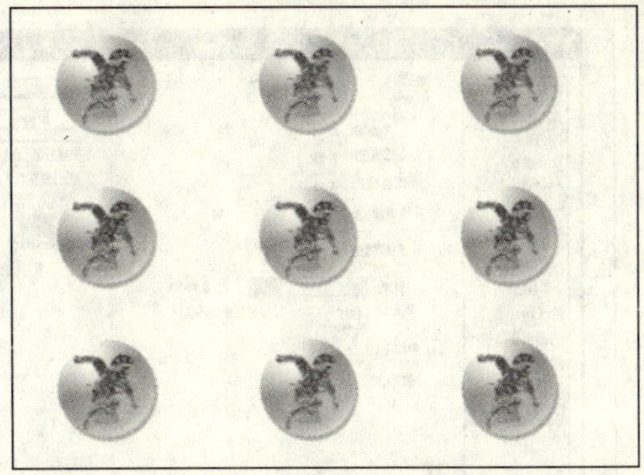

7.5.10 描 边

使用描边图层样式，可为图层中不透明像素描画轮廓。用鼠标右键单击图层调板底部的“添加图层样式”按钮，在弹出的快捷菜单中选择“描边”命令，即可打开 “描边”对话框。

1 在文件中创建“图层 1”，选择工具箱中的“自定义”工具，选择如下图所示的图形，在文件中创建一个工作路径。将路径转换为选区后填充“黄色”。

2 打开“描边图层样式”对话框，单击“填充类型”后面的按钮可选择用颜色填充、用渐变填充或用图案填充，在此选择渐变填充。

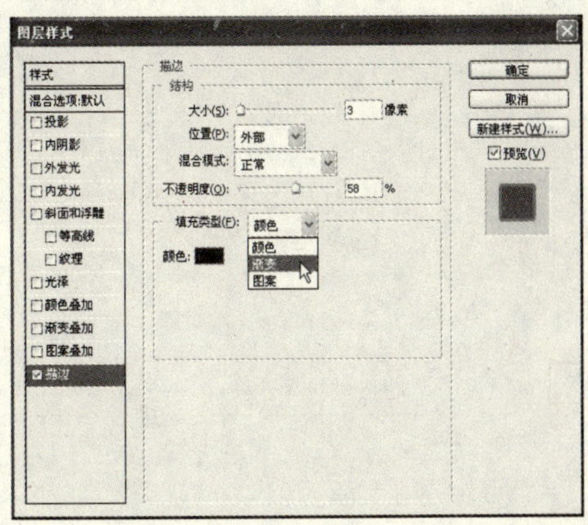

3 调整渐变的颜色，其使用方法与渐变工具的使用方法一样。

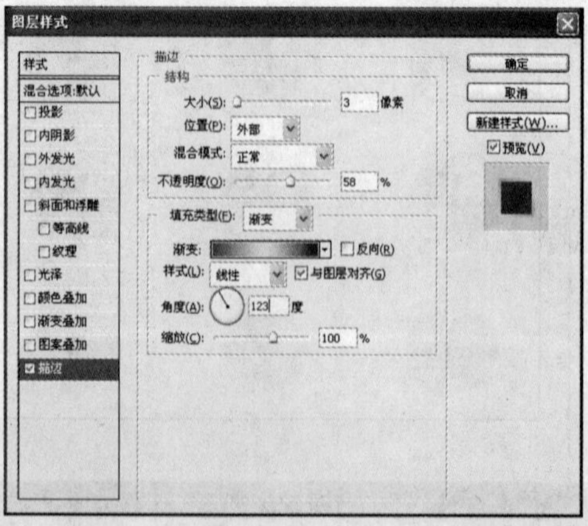

4 设置完成后，单击对话框中的“确定”按钮即可得到下图所示的效果。

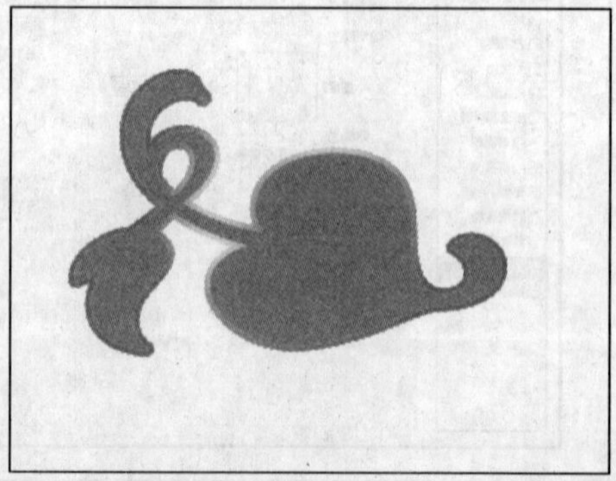

电脑即学即用

教你学电脑

第8章 通道与蒙版

本章要点：

- 通道的概念
- 通道控制面板
- 专色通道
- 蒙版的概念
- 蒙版的使用

电脑博士，什么是通道，怎样创建和使用通道？蒙版有什么作用呢？

小丽，使用通道可保存图像的颜色信息，在通道面板中可快速地创建一个通道。使用蒙版可保护被遮蔽的图像不被编辑。本章主要介绍通道控制面板和蒙版的使用方法。

8.1 通道的概念

通道主要用于保存图像的颜色信息，用户通常利用通道的这一特性来保存选区及蒙版信息。

打开一个文件后，这个文件的颜色信息即可在通道中显示出来，如打开一个 RGB 文件后，通道则分别用 3 个默认通道来存放图像的“红”、“绿”、“蓝”颜色信息，通过这 3 个通道即可对图像中的颜色进行编辑及处理。在处理图像的通道时都是在通道面板中进行的，因此认识通道是学习通道首先要解决的问题，下面就对通道进行详细的介绍。

8.2 认识通道调板

在学习通道调板的使用方法之前，首先要了解通道调板上各按钮的功能及作用，本节将具体介绍通道调板上各按钮的作用。

如果当前图层面板是在打开状态下，也可通过单击图层面板上面的“通道”按钮打开“通道面板”，通道面板如下图所示。

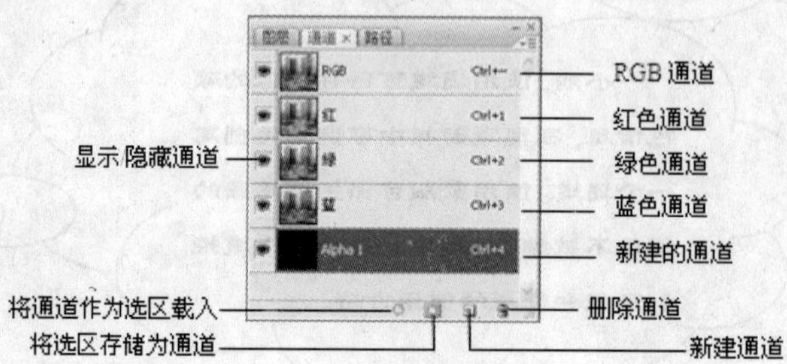

通道面板中各按钮含义如下：

显示/隐藏通道图标：用于显示或隐藏通道。当图标显示时，表示当前通道是显示状态，当图标隐藏时，表示当前通道是隐藏状态。

RGB 通道：存储整个图像的颜色通道，也叫做复合通道。

红色通道：用于存放图像中的红色信息。

绿色通道：用于存放图像中的绿色信息。

蓝色通道：用于存放图像中的蓝色信息。

新建通道：也叫做“Alpha 1”通道。

将通道作为选区载入：可将当前通道作为一个选区载入到图像中。

将选区存储为通道：可将当前图像中的选区存储为一个通道。

新建通道：用于新建一个通道，单击此按钮即可在通道中新建一个名为“Alpha 1”的通道。

删除通道：用于删除通道，用鼠标单击将要删除的通道拖动到此按钮上即可进行删除。

1 打开下载文件中“第 8 章”文件夹下的 RGB 图像。

2 图像在通道中所存储的信息，如下图所示。

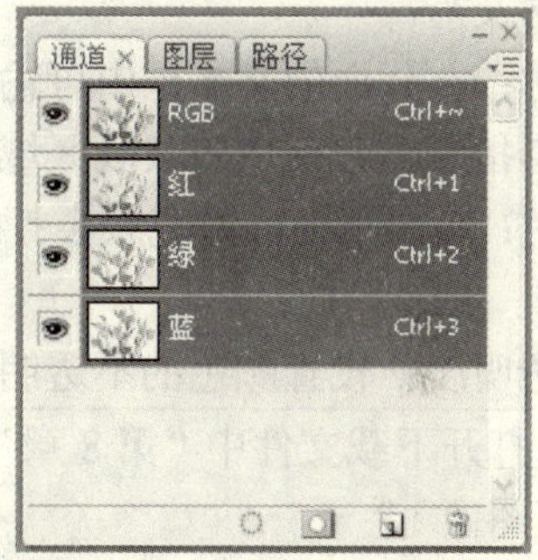

3 打开下载文件中“第 8 章”文件夹下的 CMYK 图像。

4 图像在通道中所存储的信息。

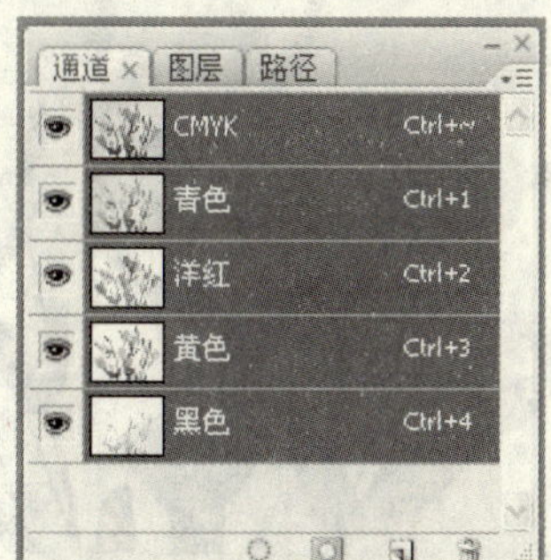

8.3 管理通道面板

使用通道控制面板可创建和管理通道，并可使用它存储选区及蒙版。管理通道的方法与图层管理方法基本上一样，因此一些内容将介绍得比较简略，本节将具体地介绍通道的管理方法及应用实例。

8.3.1 新建通道

新建通道有两种方法，一种是使用通道面板菜单命令，另一种是使用通道面板底部的“新建通道”按钮。如果是第一次新建通道，通道的名称默认为“Alpha 1”通道。

使用“通道面板”菜单命令新建通道时，会弹出一个“新建通道”对话框，其对话框中各选项的含义是：

名称：在后面的文本框中可输入通道的名称，默认是“Alpha1”。

色彩指示：包括“被蒙版区域”和“所选区域”两个选项。

颜色：单击下面的颜色块会打开“拾色器”对话框，可在对话框中选择用于蒙住图层所需的颜色。

不透明度：设置颜色的不透明度，其值越小，被蒙版遮住的图像就越清晰。

1 打开下载文件中“第 8 章”文件夹下的“图像 1”

2 打开“通道面板”，并单击右边的按钮，在弹出的下拉列表中选择“新建通道”命令。

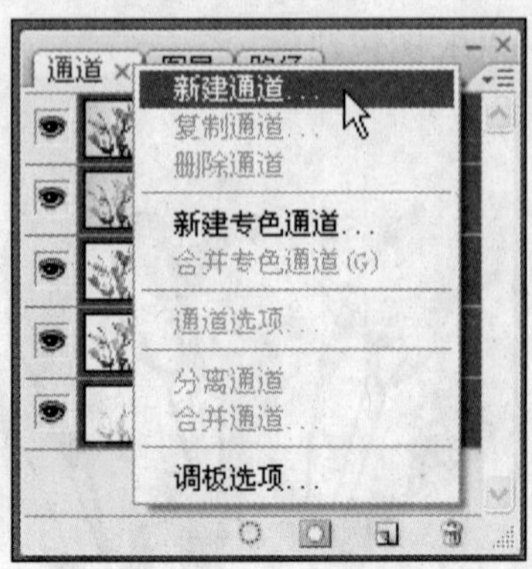

执行“新建通道”命令后，会弹出一个“新建通道”对话框。

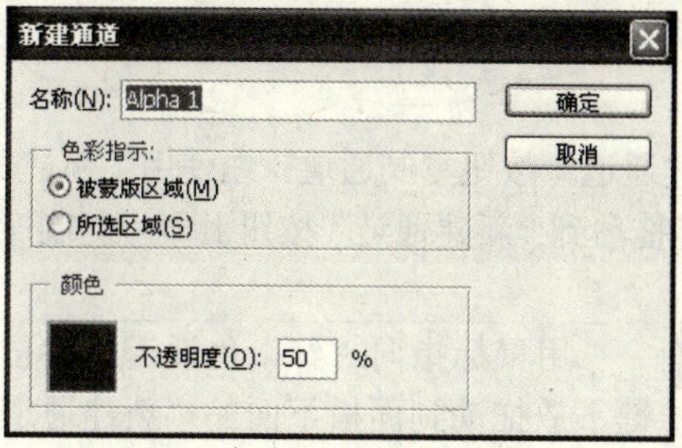

4 新建一通道后，此通道会自动的设置为作用通道，且此通道中无任何内容。

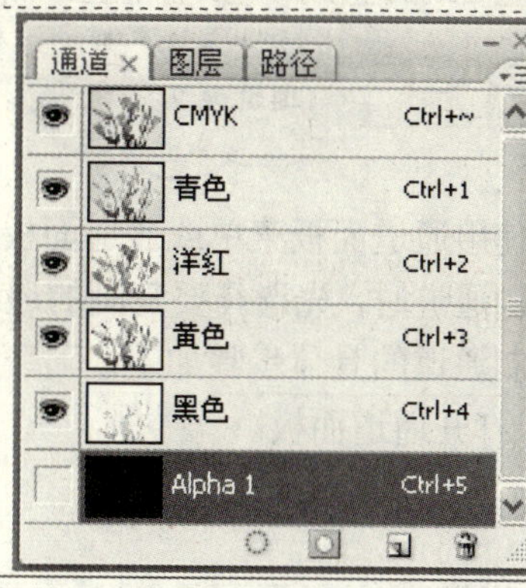

单击通道面板中的“RGB 通道”，此时可看到在图像上有一层半透明的红色，此红色就是蒙版的颜色。

6 在这里将蒙版的不透明度设置为“50%”是便于用户透过蒙版选取图像，选择工具箱上的“橡皮擦”工具，将一个花朵的蒙版擦除。

按住“Ctrl”键，单击通道后，可将刚才擦除的部分转换成选区。

8 当隐藏“RGB 通道”后，除选区外，其余的部分将用黑色遮盖。

8.3.2 复制通道

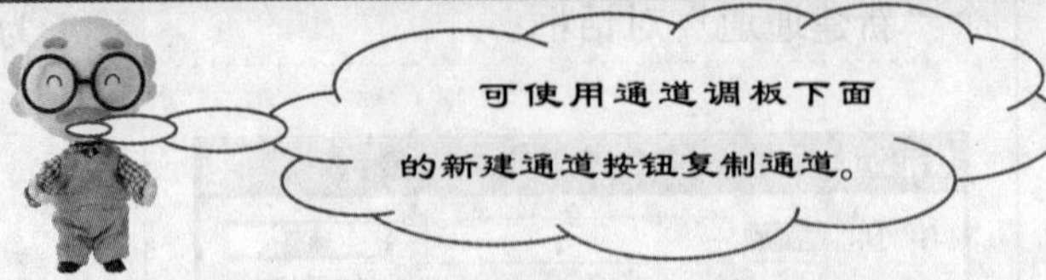

可使用通道面板菜单或通道面板底部的“新建通道”按钮复制通道。在使用“新建通道”按钮复制通道时，先选择要复制的通道，再用鼠标拖动到“新建通道”按钮上即可复制一个通道。复制通道的具体步骤如下：

1 打开通道面板。

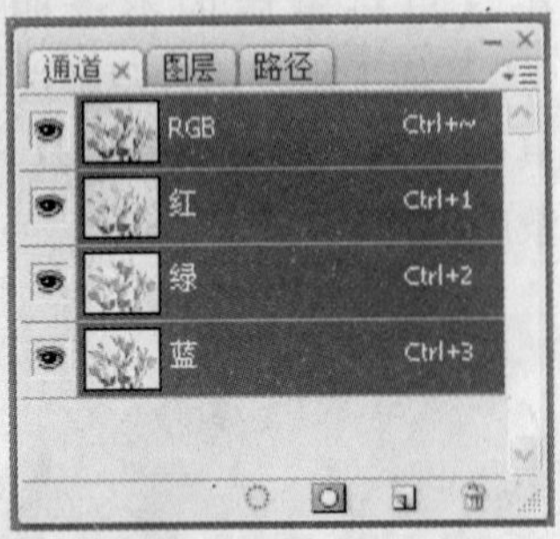

2 用鼠标指向“红”色通道，并按住左键不放拖动到面板下面的“新建通道”按钮上。

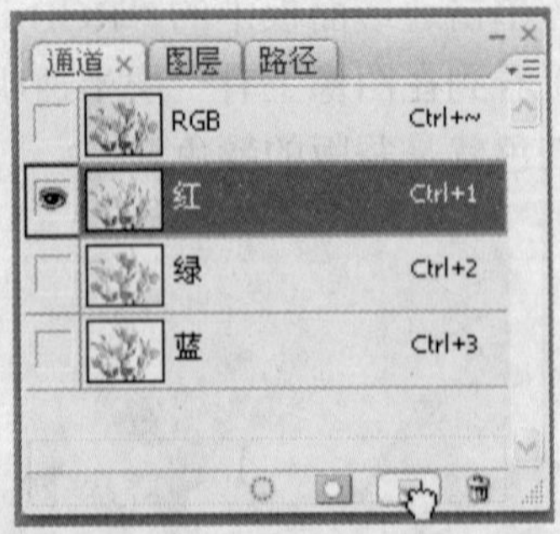

3 此时通道面板中已复制出一个“红副本”的通道。

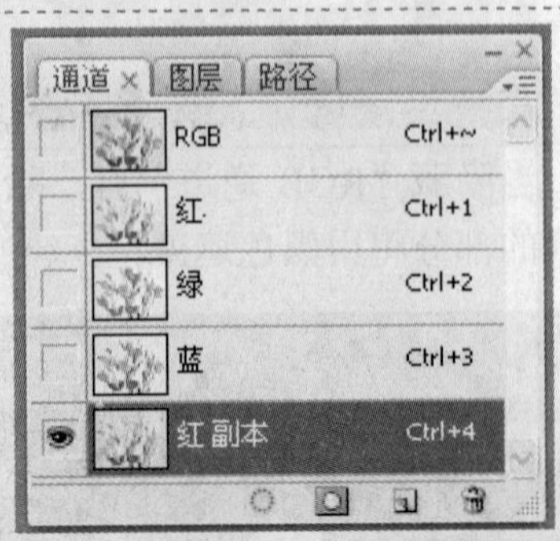

提示：

使用通道面板菜单命令复制图像时，会弹出一个对话框，在对话框中可设置“复制的通道”的名称，还可在文档框中选择文档。

8.3.3 删除通道

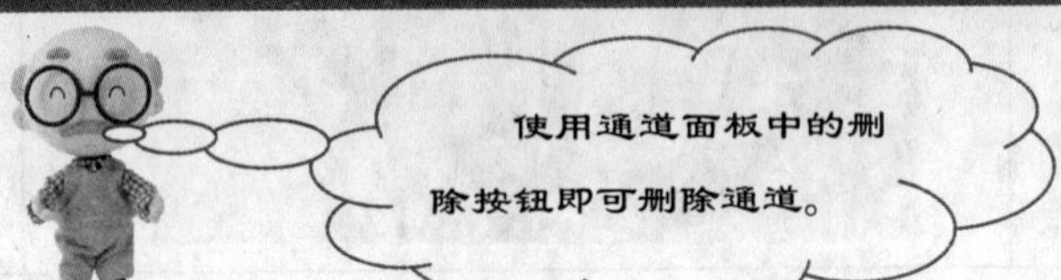

删除通道可使用通道面板下面的“删除”按钮进行删除。

打开通道面板。

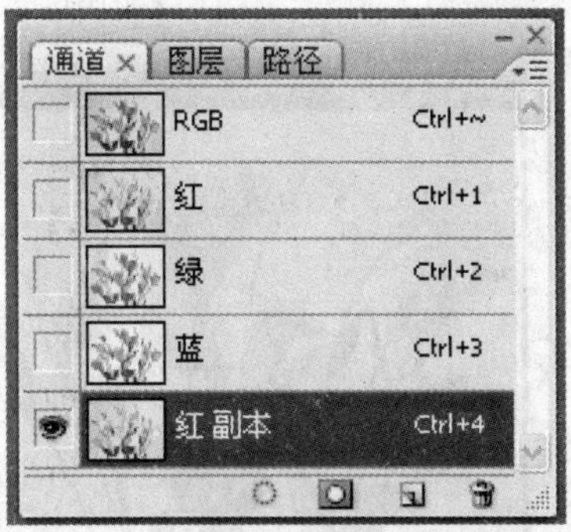

用鼠标指向“红副本”通道，并按住左键不放拖动到时面板下面的“删除通道”按钮上，即可删除通道。

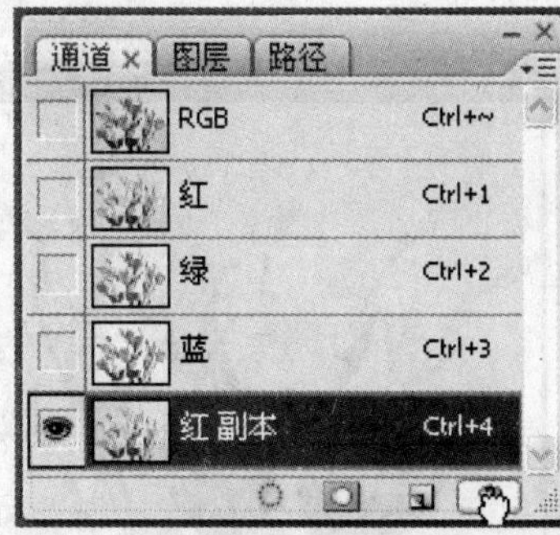

8.3.4 分离通道

分离通道可将图像中的各个通道分离成单一的文件，便于对某一个通道进行编辑。执行“通道面板菜单”中的“分离通道”命令，即可将每一个通道分离出来。在分离通道的同时会关闭原图像。在分离通道之前必须保证图像的所有图层都已合并，否则此命令不可用。

打开“图像 1”的通道。

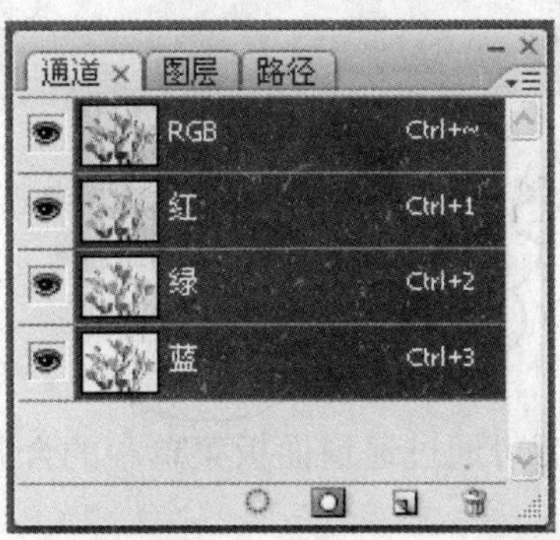

单击“图层面板”右边的按钮，在弹出的下拉列表中选择“分离通道”命令。

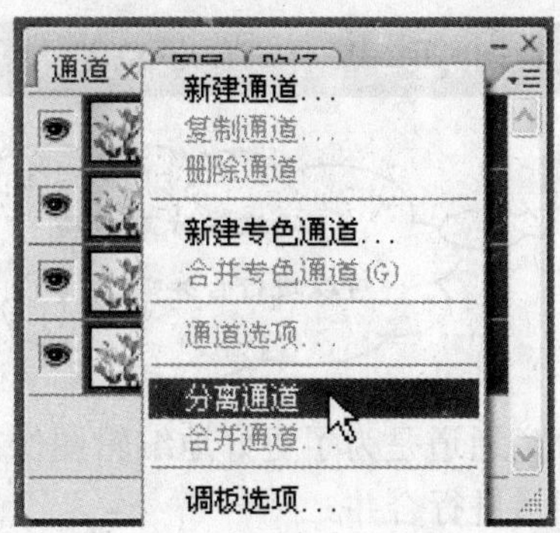

执行“分离通道”命令后，原图像将分离出三个文件，其文件名分别是以原文件名加上各通道名前的字母，如红色通道分离出的是名为“图像 1-R. jpg”的文件。

4 红色通道分离出的“图像 1-G. jpg”文件。

5 红色通道分离出的“图像 1-B. jpg”文件。

提示：

在分离通道时，只有原色通道不能被分离，即“Alpha”通道与专色通道都可以分离出来。

8.3.5 合并通道

分离通道是为了更好地编辑图像，当编辑完图像后可通过通道面板菜单中的合并通道命令将通道进行合并。

1 将一个图像分离通道后，单击“图层面板”右边的按钮，在弹出的下拉列表中选择“合并通道”命令。

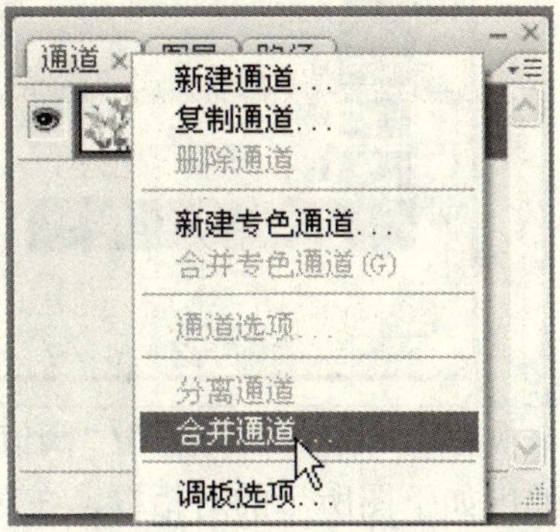

2 执行此命令后，会弹出如下图所示的“合并通道”对话框，在对话框中选择合并图像的模式为“RGB 模式”，在下面的“通道”文本框中输入通道的数目。

3 单击“确定”后，会弹出“合并 RGB 通道”对话框，在对话框中可以分别为红色、绿色、蓝色三原色通道选定各自的源文件。

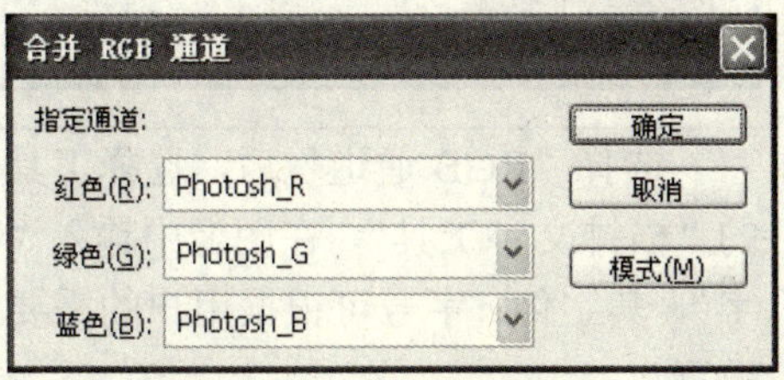

4 单击“确定”后，文件即可还原。

8.3.6 通道实例

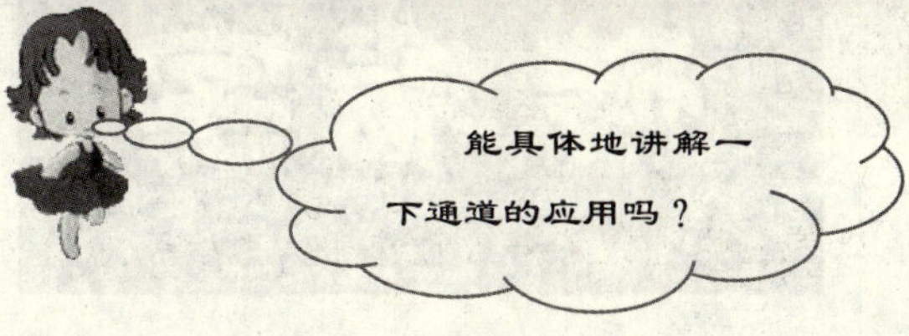

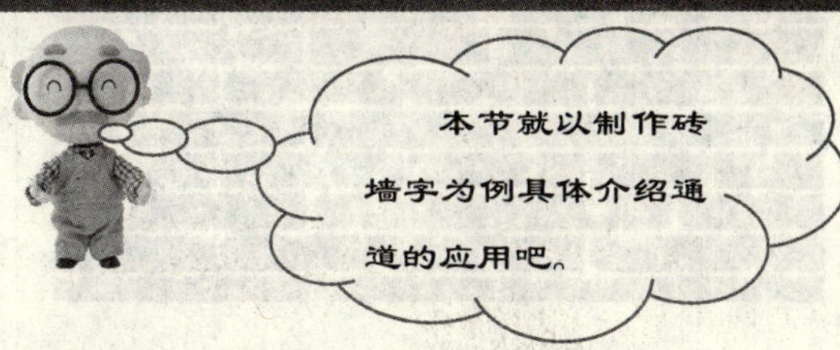

本节将通过新建通道和在通道中载入选区的操作，制作在砖墙上写字的效果。

1 打开下载文件中“第 8 章”文件夹下的“图像 2”。

2 按“Ctrl+A”键全选图像，并按“Ctrl+C”键将选择的图像放在剪贴板上。打开通道面板，新建一个通道。

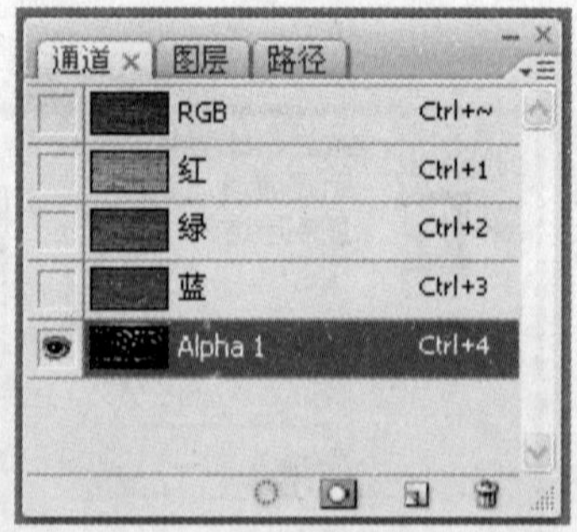

3 按“Ctrl+V”键，将剪贴板上的图像复制到新建通道中，此时图像变成灰色。

4 执行“图像”/“调整”/“阈值”命令，会弹出如下图所示的对话框，在对话框中输入阈值色阶为“44”。

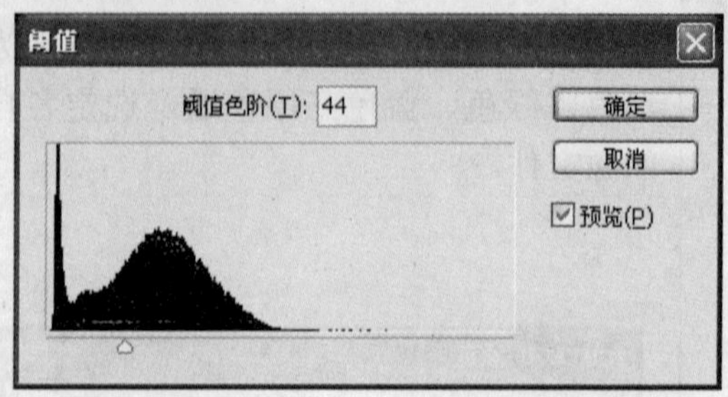

5 执行“图像”/“调整”/“反相”命令，此时图像变成如下图所示。

6 选择“RGB 通道”后，选择工具箱上的“横排文字工具”，在图像中输入“砖墙字”，其字体、字号可根据用户的需要进行设置。

7 在图层面板中右键单击文字图层，在弹出的快捷菜单中选择“栅格化图层”命令，并按住“Ctrl”键单击新建通道将其作为选区载入。

8 载入选区后，按“Delete”键删除选中的内容，即可使文字变成是写在墙上的效果。

8.4 专色通道

专色通道是为补充图像在印刷时色彩不足而采取的一种方法。专色通道可使用一种特殊的混合油墨替代或加到图像颜色油墨中。

8.4.1 专色通道的基本操作

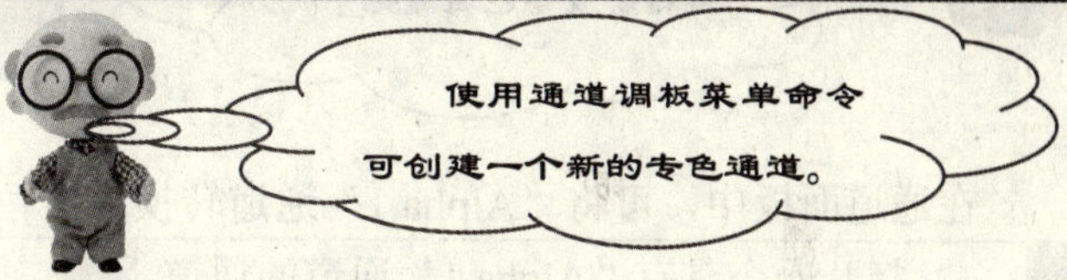

在使用专色通道前必须新建一个专色通道。选择“通道面板菜单”中的“新建专色通道”命令可创建一个新的专色通道。在通道面板中专色通道总是放在其他通道的下面，要使专色通道放在其他通道的上面，必须将此图像的模式转换成多通道的色彩模式。

专色通道的复制、删除与通道的操作方法一样，故不再重述。

打开“图像1”的通道。

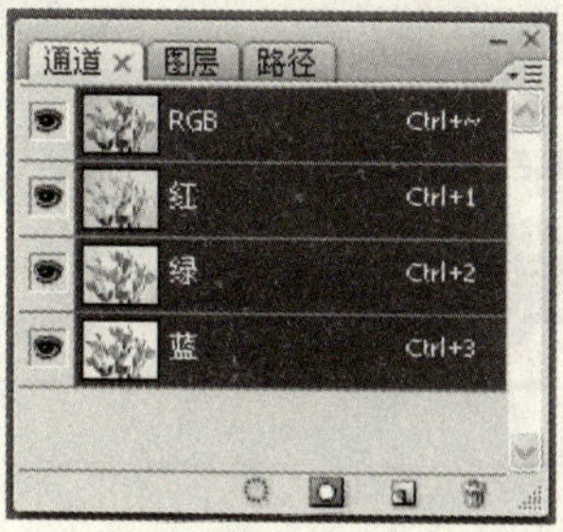

单击“图层面板”右边的按钮，在弹出的下拉列表中选择“新建专色通道”命令。

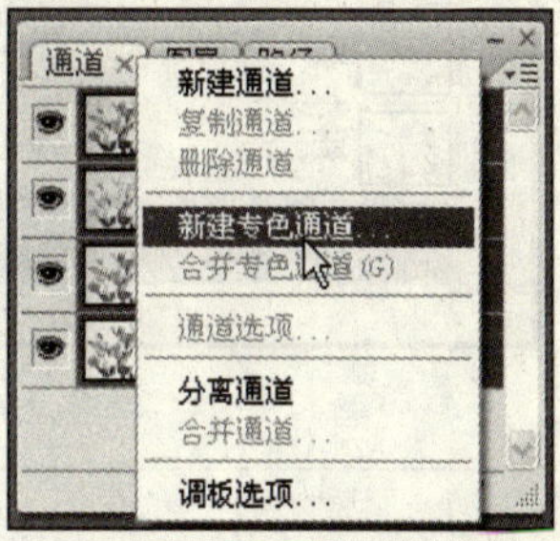

3 此时会弹出“新建专色通道”对话框，专色通道默认的名称为“专色 1”，并可在对话框中设置通道的颜色、密度等。

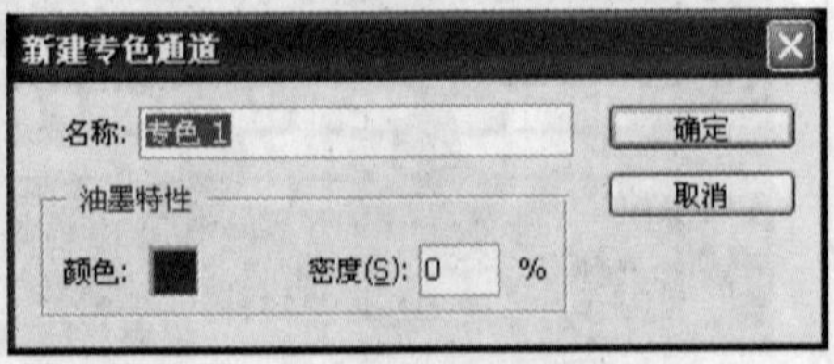

4 单击“确定”后，即可在通道面板中新建一个名为“专色 1”的通道。

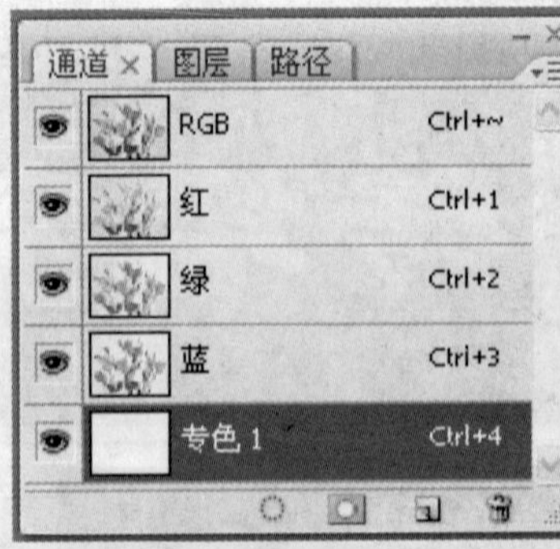

8.4.2 通道转换

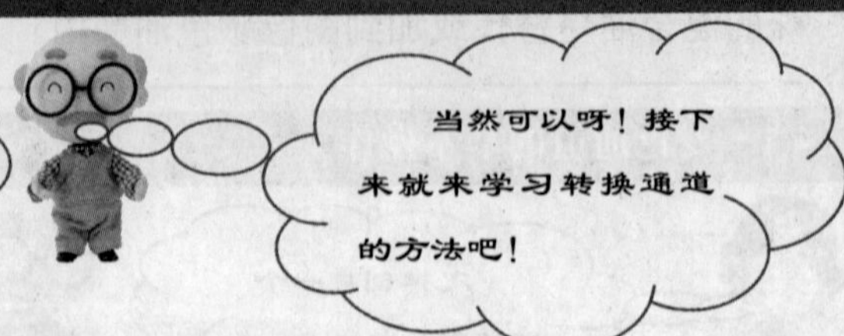

在通道面板中，可将“Alpha 1”通道转换成专色通道。

1 打开一个具有“Alpha 1”通道的通道面板。

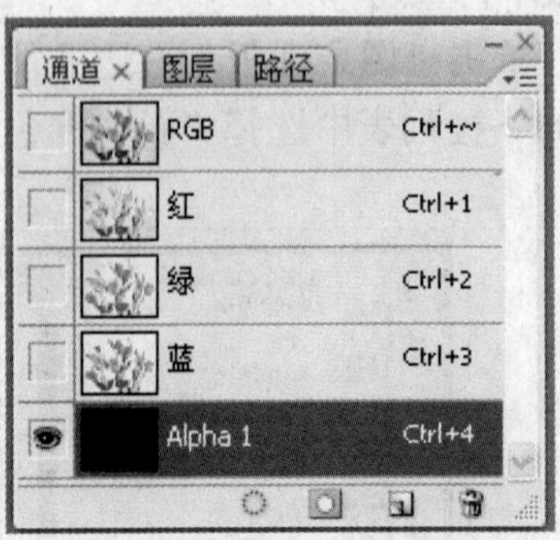

2 选择“Alpha 1”通道后，执行通道面板菜单中的“通道选项”命令，会弹出如下图所示的“通道选项”对话框。

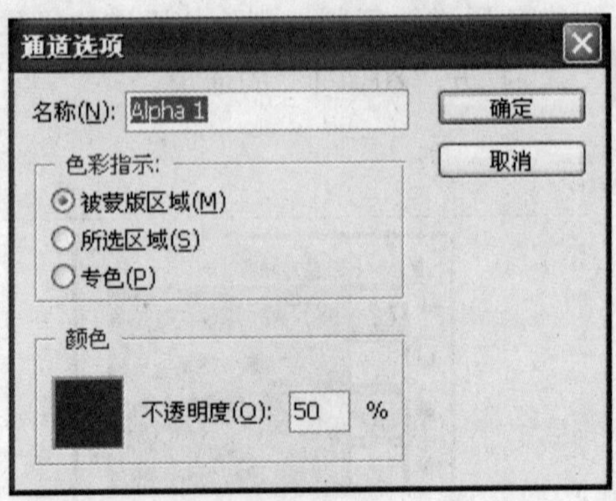

3 在名称中输入转换后的通道名称，如输入“专色通道”，并在颜色选项区域中设定其专色通道的颜色和密度。

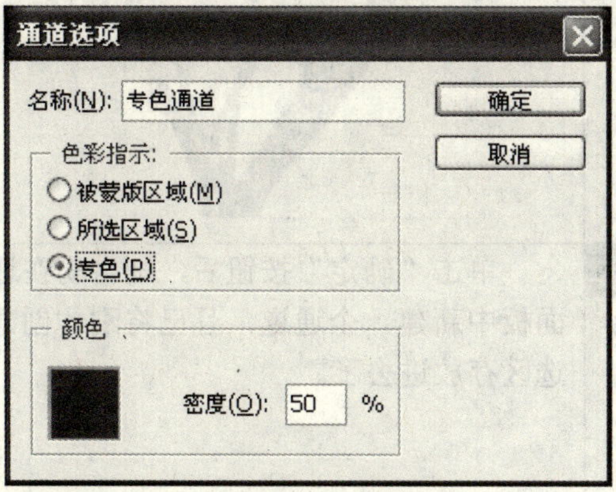

4 单击“确定”按钮后，通道面板中的“Alpha”通道将变成“专色通道”。

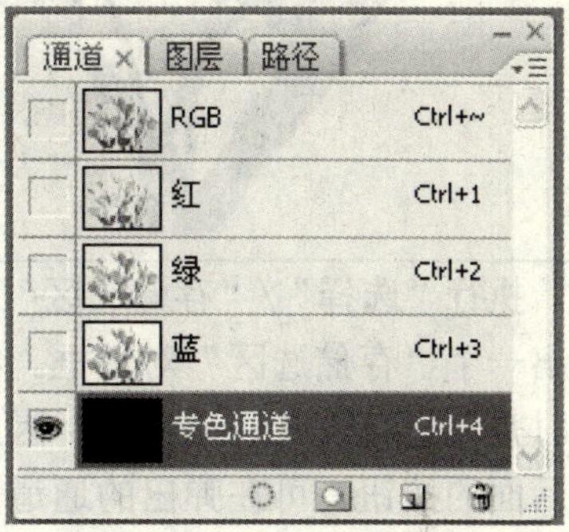

8.5 蒙版的概念

蒙版可用来保护和隔离图像，使被蒙版遮蔽的图像不被编辑。蒙版分为两种，一种是在制作图像时使用的快速蒙版，另一种是以“Alpha”通道存储起来的选区。

8.5.1 创建蒙版

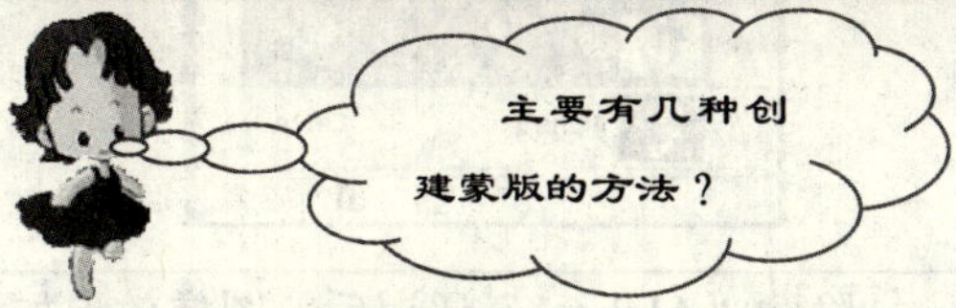

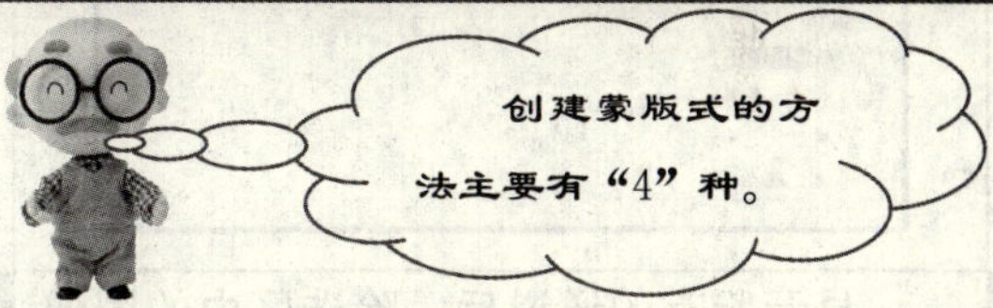

创建蒙版的方法很多，在使用 Photoshop 时，主要有以下几种方法。

（1）通过载入和保存选区创建蒙版，即是在图像中选取图像范围后，执行“选择”/“保存选区”命令，或单击通道面板中的“将选区存储为通道”按钮。

（2）通过通道面板创建蒙版，先在通道面板中新建一个“Alpha”通道，再用绘图工具在此通道上编辑，即可创建一个蒙版。

（3）通过图层面板底部的“添加蒙版”按钮，也可创建一个蒙版（此内容见下一章）。

（4）单击工具箱中的“快速蒙版”按钮。

下面就以保存选区为例，详细介绍创建蒙版的方法。

1 打开下载文件中“第 8 章”文件夹下的“图像 3”。

2 选择工具栏上的“魔棒”工具，创建如下图所示的选区。

执行“选择”/“存储选区”命令，会弹出一个“存储选区”对话框。在存储选区时是将它存放在通道中的，因此单击通道后面的按钮，可在弹出的通道列表框中选择用哪一个通道来存放选区，此图像没有新建通道，因此只能自动新建一个通道才能存储选区。

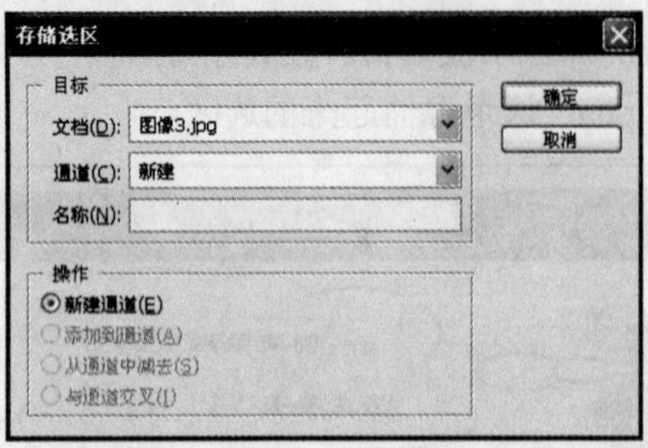

单击“确定”按钮后，则自动在通道面板中新建一个通道，且已将刚才创建的选区存放进去了。

显示所有的通道后，除选区内的图像外，其他的都被蒙上了一层半透明的红色，这种红色就是新建的蒙版。

隐藏“Alpha 1”通道后，图像效果如下图所示。

8.5.2 快速蒙版

使用蒙版最大的好处在于可以精确地创建选区，使用快速蒙版可快速地将选区范围变成一个蒙版，从而可以对这个快速蒙版进行编辑和修改。

下面就以制作“裂痕字”为例，详细介绍快速蒙版的使用方法。

选择工具箱上的“横排文字”工具，在文件中输入“裂痕字”，用户可根据需要设置字体的字号及大小，编辑完成后按“Ctrl+Enter”键确认文本。

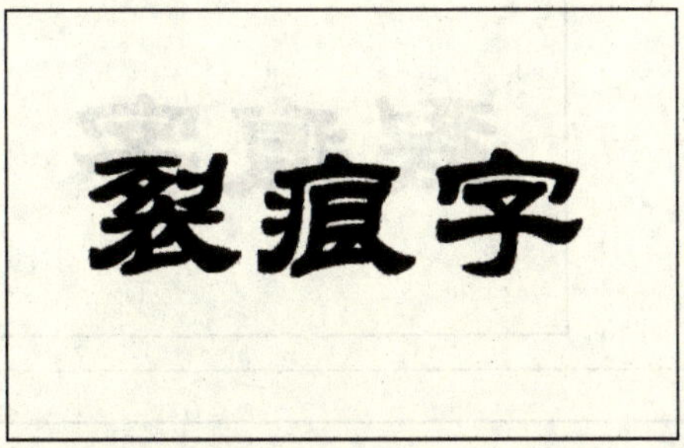

选择工具箱上的“多边形套索”工具，创建如下图所示的选区。

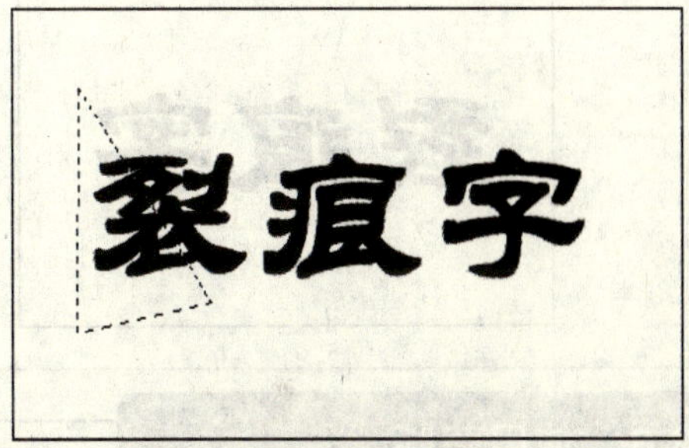

双击工具箱上的“◙”快速蒙版按钮，会弹出“快速蒙版选项”对话框。

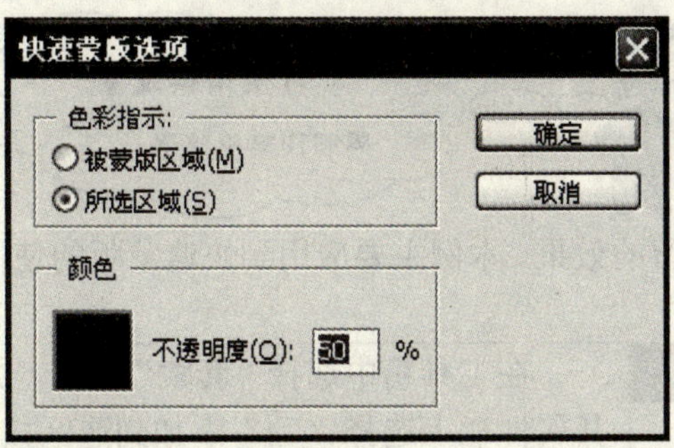

在对话框中选择“被蒙版区域”选项，可以颜色来填充被蒙版遮盖住的区域，通过颜色下面的色块可改变蒙版的颜色。

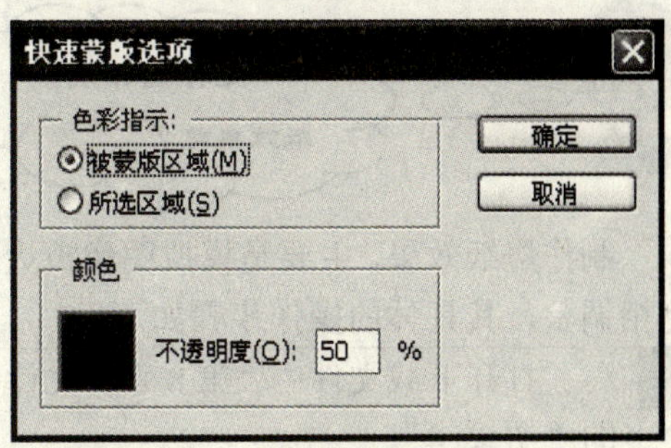

6 执行“滤镜”/“像素化”/“晶格化”命令，并将“单元格大小”设置为“8”个像素。

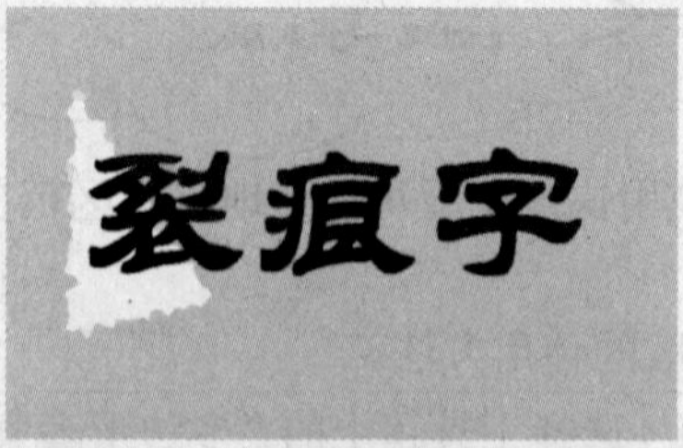

单击工具箱上的“正常模式编辑”转换成选区。

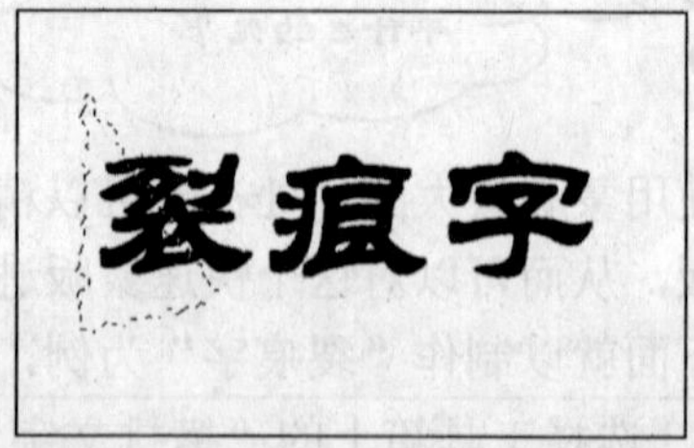

7 选择工具箱上的“移动”工具，将选区向左边移动，取消选区后，即可得到如下图所示的效果。

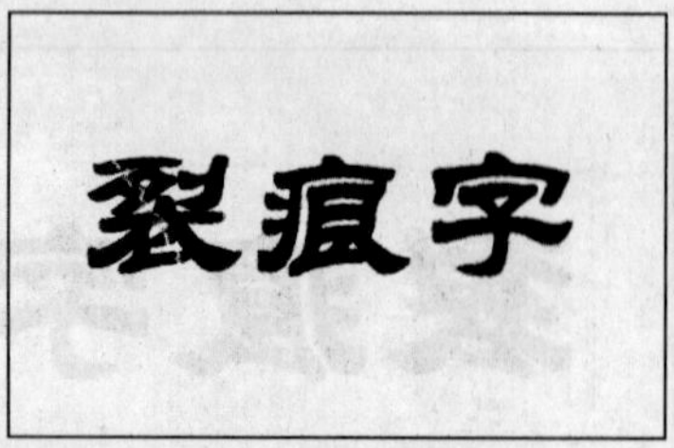

按照相同的方法，即可制作出如下图所示的裂痕字效果。

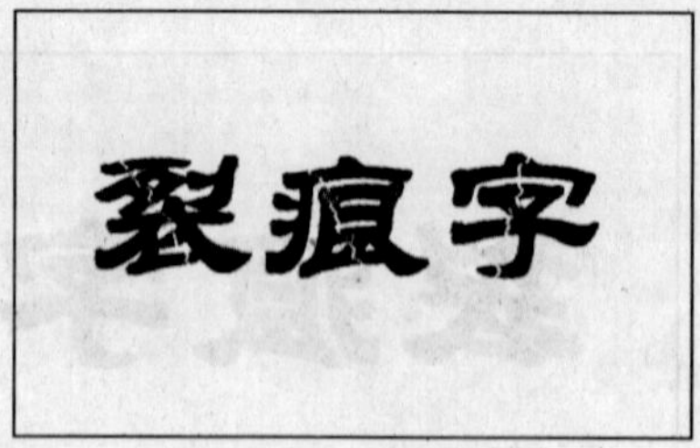

8.6 使用蒙版

无论是使用图层、通道还是选区创建蒙版，其目的都是为了将选取的范围应用到图像中，并通过各种命令编辑出精美的图像。

8.6.1 烧纸效果

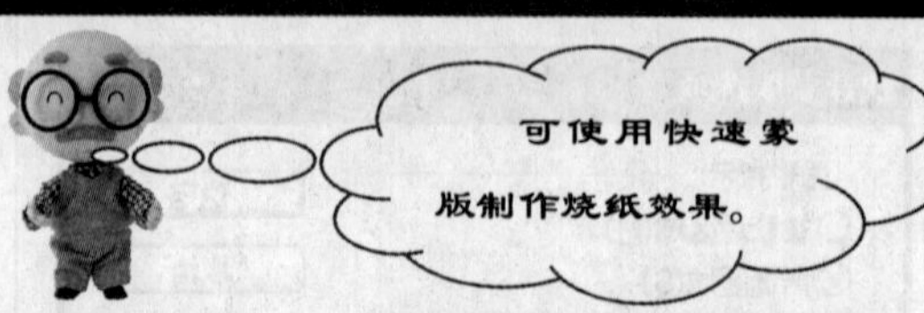

制作烧纸效果，主要是模拟图像被火烧后残留的效果。本例主要应用到快速蒙版的使用及色相调整，其具体的操作步骤如下：

打开下载文件中“第 8 章”文件夹下的“图像 4”。

在工具箱中选择“套索”工具，并在其属性栏上选择“”添加到选区按钮，在图像中创建如下图所示的选区。

3 单击工具箱中的“在快速蒙版中编辑”按钮。

4 执行“滤镜”/“像素化”/“晶格化”滤镜命令，在打开的“晶格化”对话框中，将“单元格大小”设置为“5”。

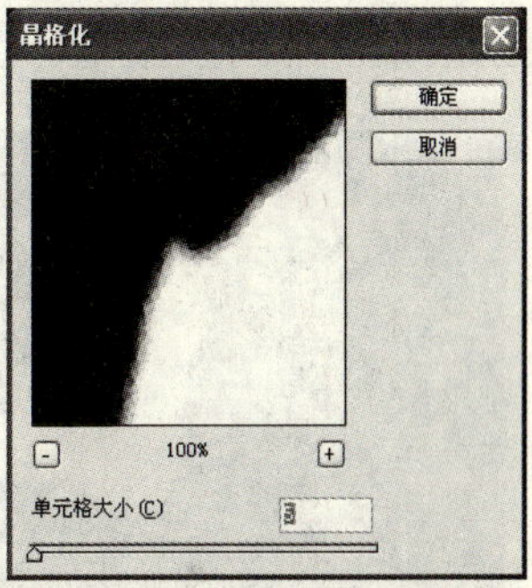

5 单击“确定”按钮后，其效果如下图所示。

6 单击工箱中的“以标准模式编辑”按钮，将应用滤镜后的蒙版转换为选区，并填充为白色。

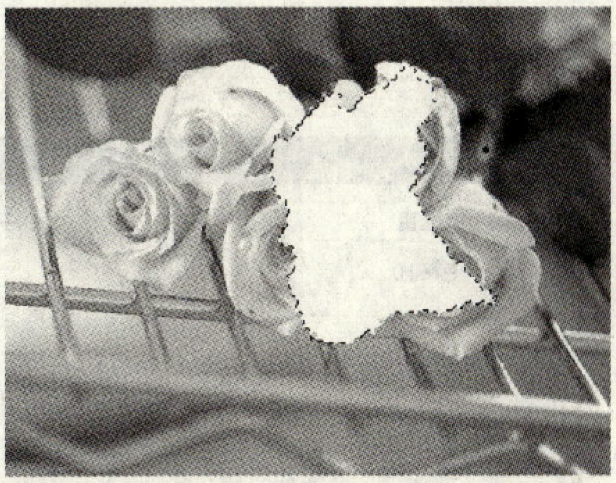

7 在通道面板中单击下面的“将选区保存为通道”按钮，则可将选区保存在“Alpha 1”通道中。

8 执行“选择”/“修改”/“扩展”命令，在弹出的“扩展选区”对话框中将“扩展量”设置为“5”个像素。

将选区进行羽化操作后，效果如下图所示。

执行“图像”/“调整”/“色相/饱和度”命令，打开“色相/饱和度”对话框，其设置如下图所示。

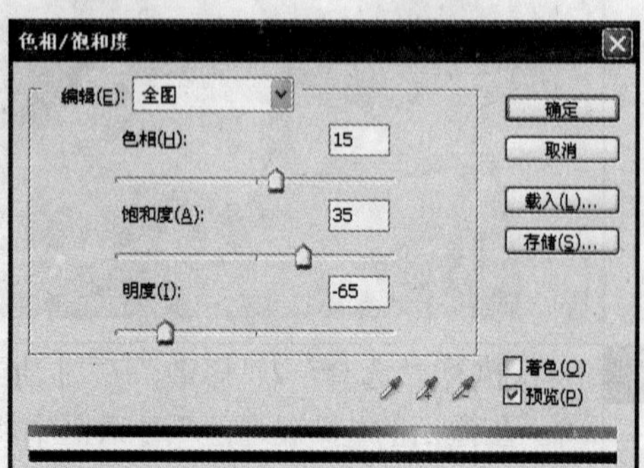

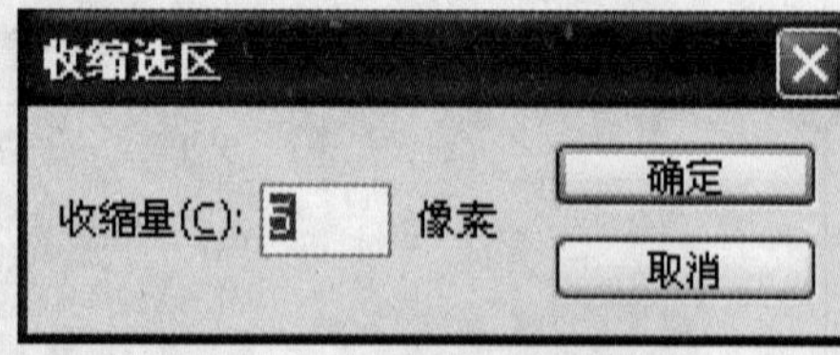

执行“选择”/“载入选区”命令，将打开“载入选区”对话框，其设置如下图所示。

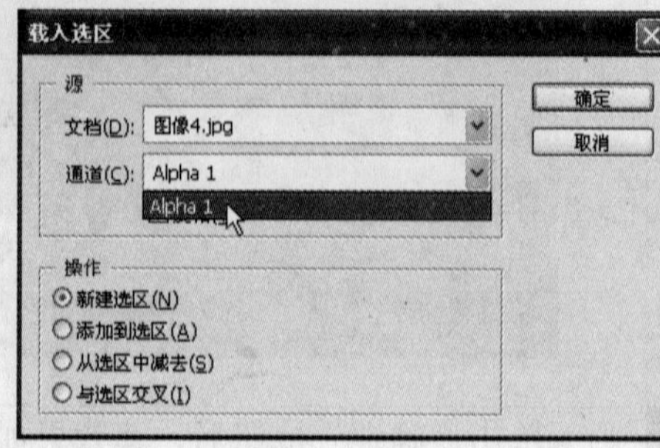

单击“确定”按钮后，最终效果如下图所示。

8.6.2 淡雾效果

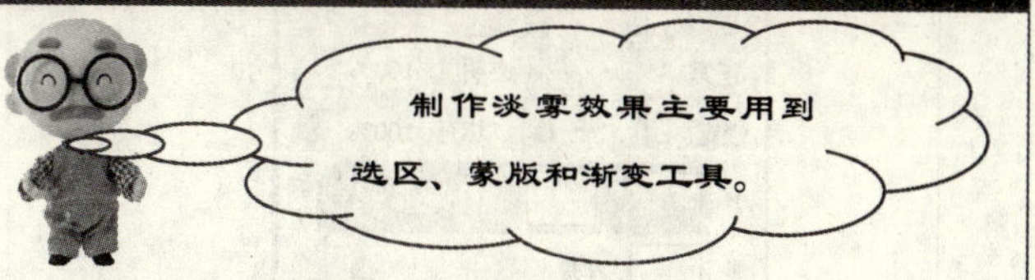

本例以制作淡雾效果为例，以便让读者更加熟练地掌握图层蒙版和渐变工具的使用方法。

1 打开下载文件中“第 8 章”文件夹下的“图像 5”。

2 选择工具箱上的“磁性套索”工具，创建如下图所示的选区。

3 在“通道”面板中，单击底部的“将选区存储为通道”按钮，在通道面板中创建一个名为“Alpha 1”的保存选区的通道。

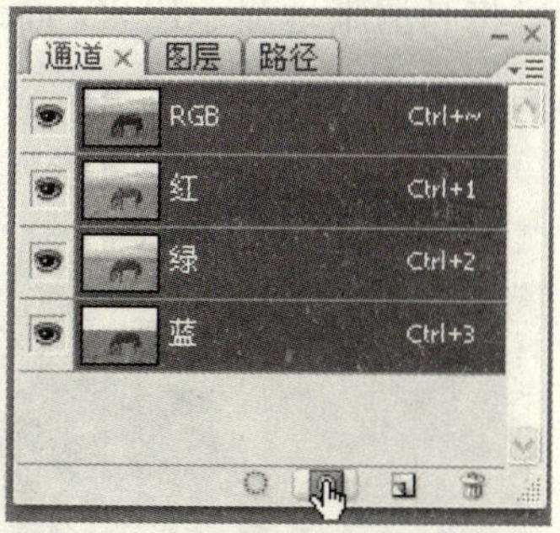

4 在图层面板中，将背景图层拖到底部的“新建”按钮上复制一个图层，名为“背景副本”，并取消选区，填充为白色。

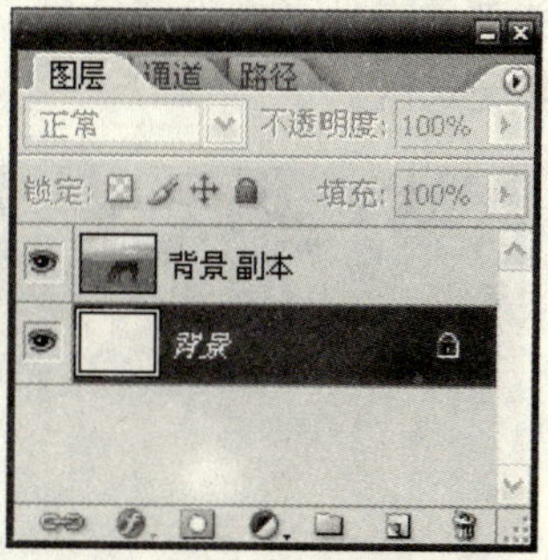

5 单击“背景副本”图层，并按下面的“图层蒙版”按钮，添加一个图层蒙版。

6 选择工具箱上的“渐变”工具，选择从黑到白的线性渐变，在图中从上向下拖动，以便在蒙版中填充一个由黑到白的渐变色。

7 渐变蒙版后，效果如下图所示。

8 在图层面板中，按住“Alt”键，并单击图层蒙版缩览图，只显示图层蒙版。在通道面板中，按住“Ctrl”键，并单击“Alpha 1”通道，载入选区。

9 选择工具箱中的“吸管”工具，在马的头部单击使之成为前景色，并使用前景色填充选区。

10 再用鼠标单击“背景副本”的缩览图，即可将马清晰地显示出来，而远处已笼罩了一层淡雾。

提示：在设置渐变时需注意黑色的浓度，黑色越浓产生的雾就越大。

电脑即学即用

教你学电脑

第9章 滤 镜

本 章 要 点:

- 滤镜的概念
- 滤镜的使用方法
- 特殊滤镜
- 常用滤镜

电脑博士，听说 Photoshop CS3 可制作爆炸、波纹及各种文字效果，

小丽，可通过扭曲、艺术效果和风格化等滤镜制作这些效果。接下来就来学习滤镜命令的概念和使用方法吧。

9.1 滤镜的概念

使用滤镜可制作出许多绚丽多姿的图像效果，它是 Photoshop CS3 中最具有创造力的工具。滤镜分为内置滤镜和外挂滤镜两种。Photoshop CS3 中自带的滤镜叫做内置滤镜，由第三方公司开发的滤镜叫做外置滤镜。内置滤镜共有 19 种，下面就对这些滤镜进行简单的介绍。

使用外置滤镜时，必须先进行安装才能使用。被安装的外置滤镜菜单会出现在滤镜菜单的底部，其使用方法与内置滤镜的使用方法相同。

使用内置滤镜的方法非常简单，直接单击“滤镜”菜单，即可在菜单中选择所需的滤镜命令。

9.2 特殊滤镜

内置滤镜中的特殊滤镜共有 5 个，分别是“抽出”、“滤镜库”、“液化”、“图案生成器”和“消失点”。

消失点滤镜是 Photoshop CS3 新增的一项功能，它将多样的、可调解的角度透视平面都添加到了消失滤镜特性中。因此，用户可使用这一特点进行复制、粘贴及克隆更多更为复杂的图像平面。虽然消失点滤镜在 Photoshop CS3 中增加了许多的新功能，使 Photoshop 近似于完美，但它也有一个缺陷，即是在消失点界面中，仅能使用直角进行操作。

下节将对这些特殊滤镜进行简单的介绍。

9.2.1 抽出滤镜

使用抽出滤镜可方便、快捷地选取图像。

打开下载文件中“第 9 章”文件夹下的“图像 1”。

执行“滤镜”/“抽出”命令，打开如下图所示的“抽出”对话框。在对话框中设置画笔的大小及填充色。

选择对话框右上方的“边缘高光器”工具，在图中绘制一个封闭的区域。

选择“填充”工具，对绘制的区域进行填充。

填充后，单击右边的“Preview”按钮，即可预览选取的效果，如果效果不满意，可通过左边的“清除工具”和“边缘修饰”工具进行修改。

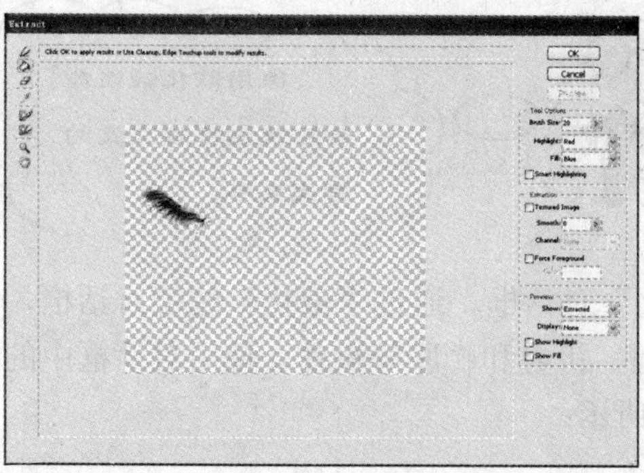

设置完成后，单击“确定”按钮，此时被选取出来的马尾如下图所示。

9.2.2 滤镜库

使用滤镜库可打开许多滤镜命令对话框。执行“滤镜”/“滤镜库”命令即可打开“滤镜库”对话框，对话框左边窗口中显示的是图像应用滤镜后的效果，此窗口为预览窗口。对话框中间部分显示的是滤镜组，单击其中任一个滤镜组即可展开此文件夹。最右边显示的是当前滤镜的各个参数。用户在滤镜库对话框中，可方便、直观地应用滤镜命令。

1 执行“滤镜”/“滤镜库”命令，打开“滤镜库”对话框。

2 用鼠标单击对话框中“艺术效果”左边的三角形按钮，打开“艺术效果”列表框，选择“木刻”命令。

9.2.3 液化滤镜

执行“滤镜”/“液化”命令，会打开“液化”对话框。通过“液化”滤镜对话框，可将图像按交互的方式进行拼凑、推、拉、旋转、反射、折叠和膨胀等操作。使用对话框中的这些工具可制作一个减肥实例，其具体操作步骤如下所示：

1 打开下载文件中“第 9 章”文件夹下的“图像 2”。

2 执行“滤镜”/“液化”命令，打开“液化”对话框。在对话框中选择右侧的“湍流”工具，并设置其右边框中的参数。

3 当鼠标变成下图所示时，按住左键并进行拖动，此时可看到鼠标拖过的地方已没有任何像素了。

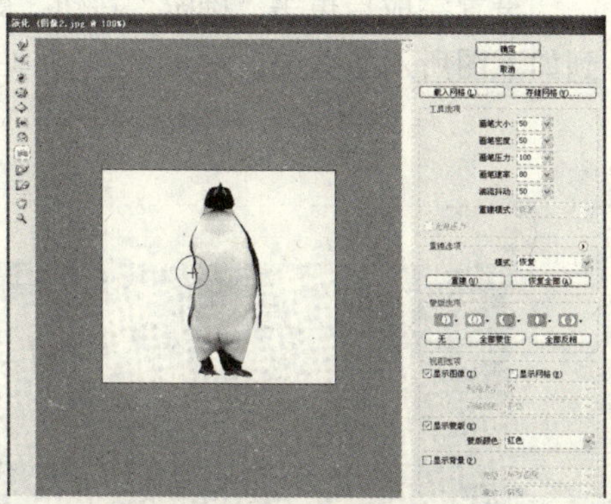

4 操作完成后，单击对话框中的“确定”按钮即可对企鹅进行减肥。

9.3 像素化滤镜

使用像素化滤镜命令可将图像中颜色相近的像素以块状显示。像素化滤镜子命令都可通过执行“滤镜”/“像素化”命令打开。

像素化滤镜菜单中包含了 7 个子命令，分别是“彩块化”、“彩色半调”、“晶格化”、“点状化”、“碎片”、“铜版雕刻”和“马赛克”。使用这七种命令可制作出许多不同的像素化效果。

9.3.1 彩色半调

执行“滤镜”/“像素化”/“彩色半调”滤镜，会弹出“彩色半调”滤镜对话框。使用彩色半调滤镜可使图像中的像素放大且形成彩色的块状。

打开下载文件中“第9章”文件夹下的“图像3”。

通过滤镜菜单打开“彩色半调”对话框。

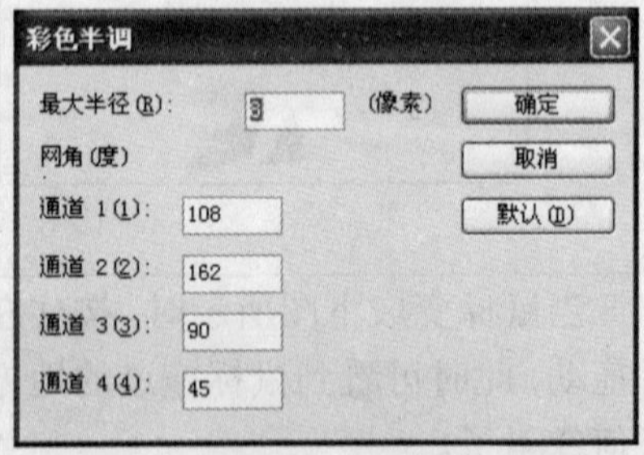

将用于控制网格大小的“最大半径”输入“10”个像素，并将“通道1”的网角（度）设置为“0”，“通道2”的网角（度）设置为“100”，其他为默认参数。

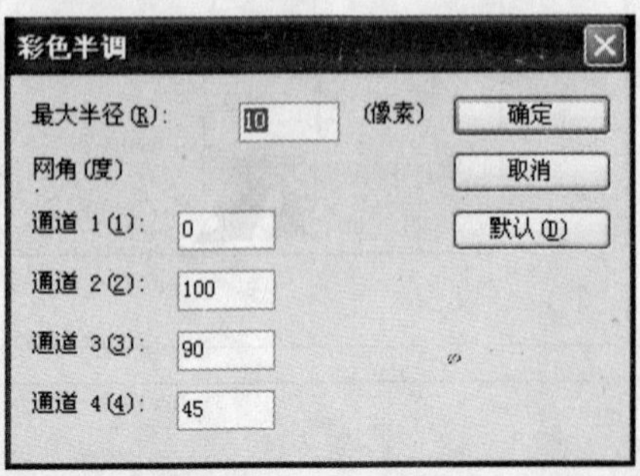

设置完成后单击“确定”按钮，即可得到如下图所示的效果。

9.3.2 晶格化

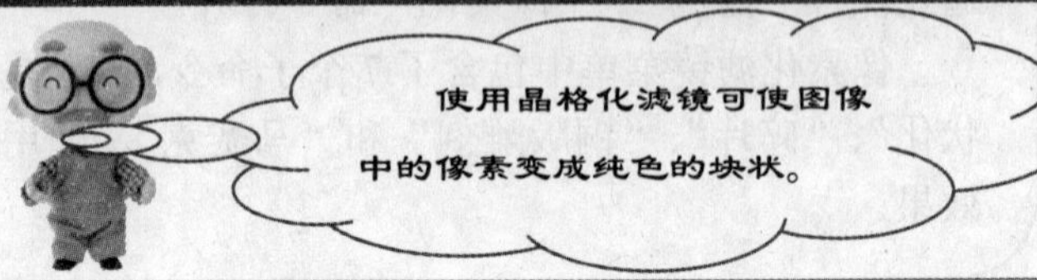

使用晶格化滤镜可使图像中的像素变成纯色的多边形块状。执行“滤镜”/“像素化”/“晶格化”滤镜，会弹出“晶格化”滤镜对话框，在对话框中可通过设置单元格的大小而改变图像生成的块状的大小。

1 执行“晶格化”滤镜命令，打开“晶格化”滤镜对话框，向右拖动“单元格大小”下面的滑块，使其值增加到“107”。单元格的值设置得越大，图像形成的块状就越大。

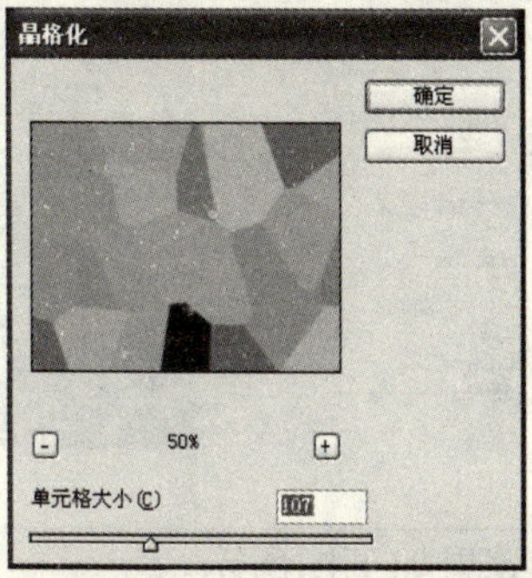

2 设置完成后单击“确定”按钮，即可得到如下图所示的效果。

9.3.3 点状化

使用点状化滤镜可使图像中的像素变成纯色的圆形块状。执行“滤镜”/“像素化”/“点状化”滤镜，即可弹出“点状化”滤镜对话框，在对话框中可设置图像单元格的大小。

9.3.4 铜版雕刻

使用铜版雕刻滤镜可使图像转换成黑白区域的随机图案或彩色图像的全饱和颜色的随机图案。执行“滤镜”/“像素化”/“铜版雕刻”滤镜，会弹出“铜版雕刻”滤镜对话框。在对话框中的类型列表中可选择铜版雕刻的类型，选择不同的铜版雕刻类型，图像产生的效果也不相同。

1 执行“铜版雕刻”命令，弹出如下图所示的“铜版雕刻”对话框。此对话框中只有一个“类型”选项，它包括了 11 种类型，选择不同的类型，图像生成的随机图案也不相同。如下图所示，选择“长边”类型。

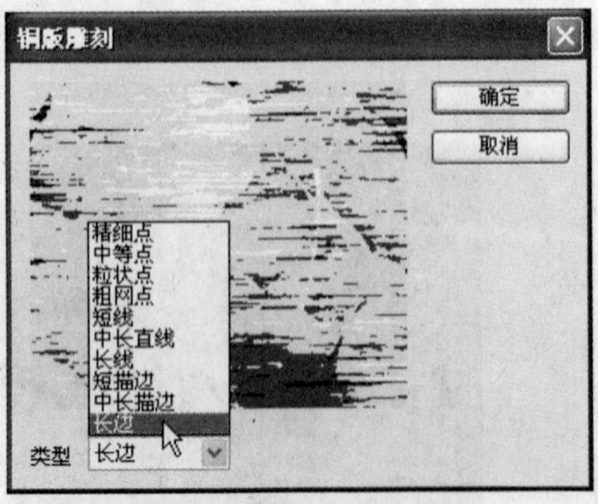

2 在对话框中可预览所选类型的效果，单击“确定”按钮后。

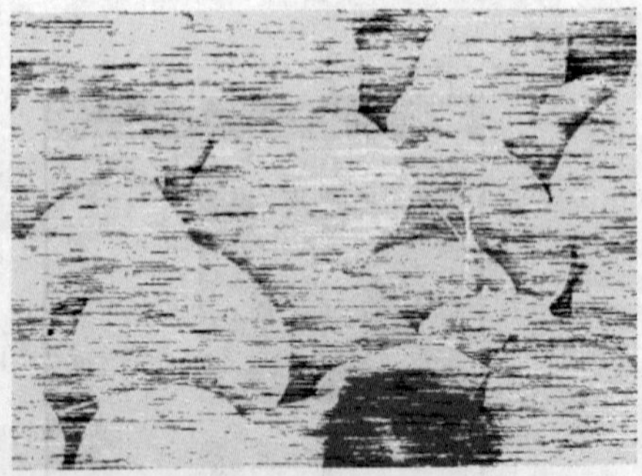

3 在对话框中，选择“粗网点”类型。

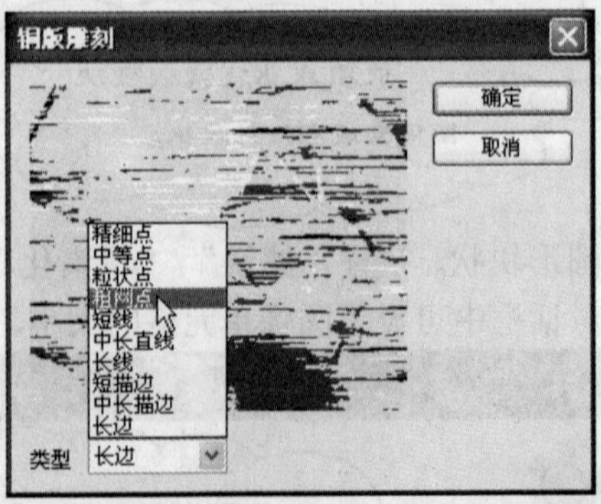

4 效果如下图所示。

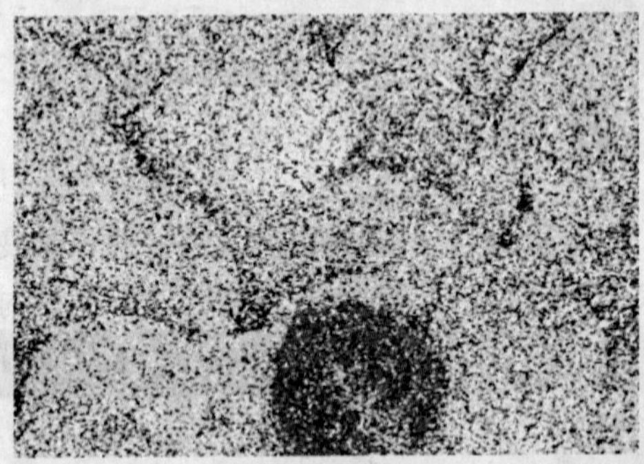

9.3.5 马赛克滤镜

使用马赛克滤镜可使图像中的像素变成纯色的正方形块状。执行“滤镜”/“像素化”/“马赛克”滤镜命令，会弹出“马赛克”滤镜对话框，在对话框中可设置图像单元格的大小。

1　执行“滤镜”/“像素化”/“马赛克”命令，在打开的“马赛克”对话框中向右拖动“单元格大小”下面的滑块。

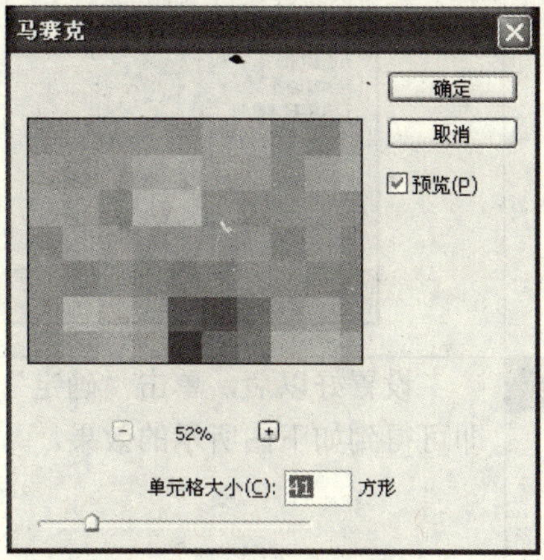

2　使用“马赛克”命令后，效果如下图所示。

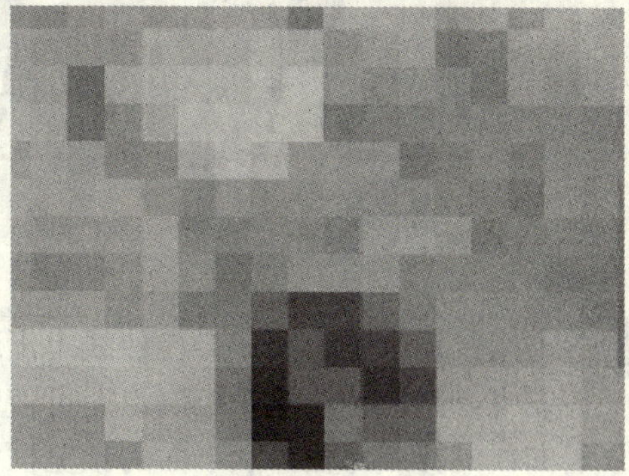

9.4 扭 曲

执行“滤镜”/“扭曲”命令，即可使用扭曲滤镜中的所有滤镜子命令。使用扭曲滤镜中的子命令可制作出许多具有扭曲效果的图像，如波浪、波纹、树桩等效果。扭曲滤镜中共有“13”种滤镜子命令，虽然使用这些命令可制作出非常逼真的效果，但在运行时却要占用大量的内存。

9.4.1 切变滤镜

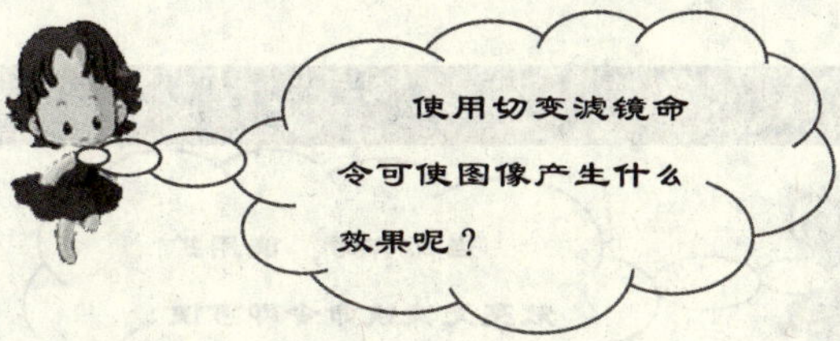

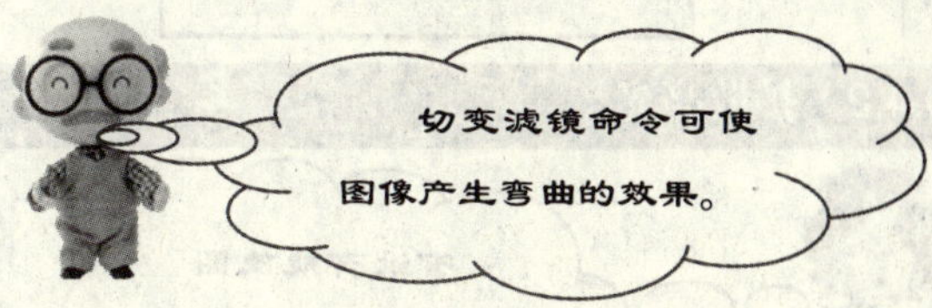

使用切变滤镜命令可使图像产生弯曲效果，通过切变滤镜对话框中的曲线，可改变图像的弯曲程度。

1　打开下载文件中“第 9 章”文件夹下的“图像 4”。

2　打开“切变”滤镜对话框。在对话框左上方是一个曲线框，使用曲线框中的曲线可改变图像的弯曲度。

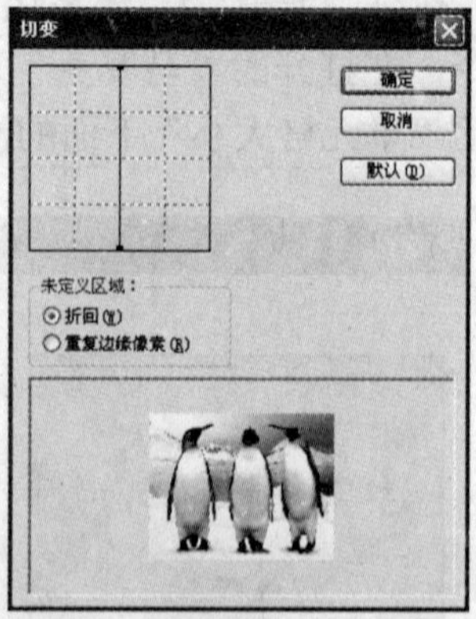

用鼠标单击曲线，会在曲线上出现一个控制点，此时拖动这个控制点即可使图像随着曲线的样式弯曲，从下面的预览框中可预览图像的效果。

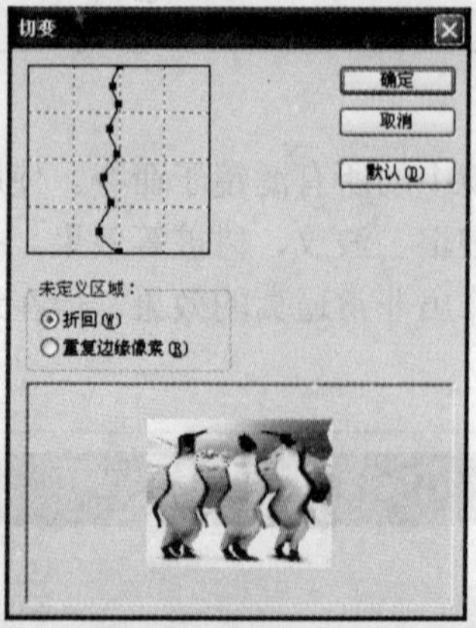

设置好以后，单击“确定”按钮，即可得到如下图所示的效果。

9.4.2 扩散亮光

使用扩散亮光滤镜命令，可使图像中的亮光部分再变亮，从而产生一种发光效果。扩散亮光滤镜主要是通过对话框中的“粒度”、“发光量”和“清除数量”3 个参数来改变图像的发光效果的。

打开“扩散亮光”滤镜命令，在弹出的对话框中设置“粒度”的值为“10”，粒度的值越大，在图像中产生的粒度就越多。

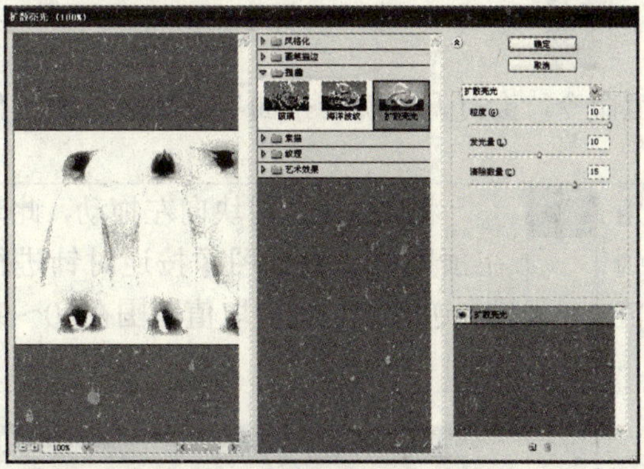

使用“扩散亮光”滤镜命令后，效果如下图所示。

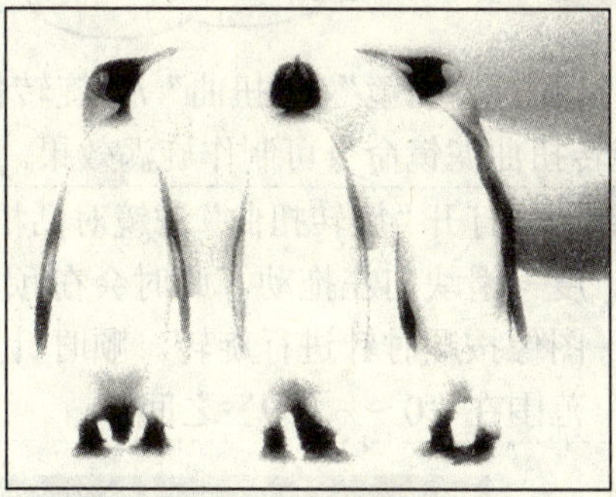

9.4.3 挤压滤镜

使用挤压滤镜可使图像产生凹凸效果，在“挤压”滤镜对话框中可设置图像的凹凸程度，从而产生不同的凹凸效果。使用挤压滤镜可制作凸透镜效果。

打开对话框后，拖动“数量”下面的滑块，即可在预览框中观察图像的效果，当数量的值为负数时，图像呈凹陷效果。

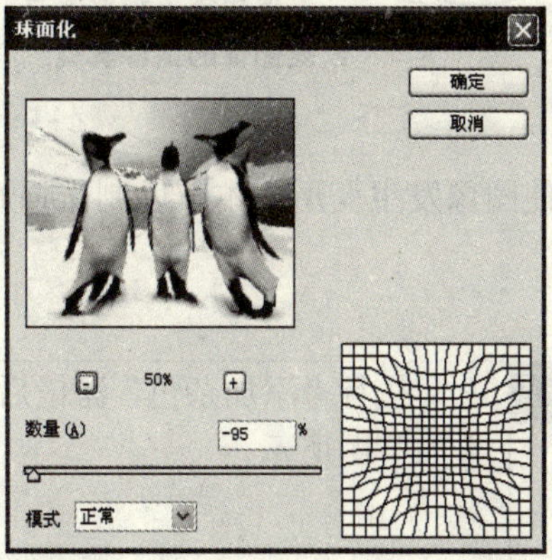

将数量滑块向右拖动，即可使图像呈凸起效果，其取值范围在“0～-100”之间。

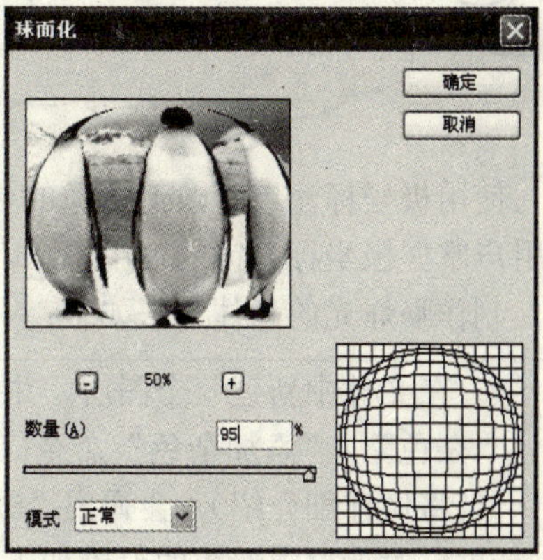

9.4.4 旋转扭曲滤镜

执行“滤镜”/“扭曲”/“旋转扭曲”滤镜命令，会打开“旋转扭曲”滤镜对话框。使用旋转扭曲滤镜命令可制作旋涡效果。

1 打开“旋转扭曲”滤镜对话框后，将“角度”滑块向左拖动，此时会在预览框中看到图像按顺时针进行旋转。顺时针角度的取值范围在“0～-999”之间。

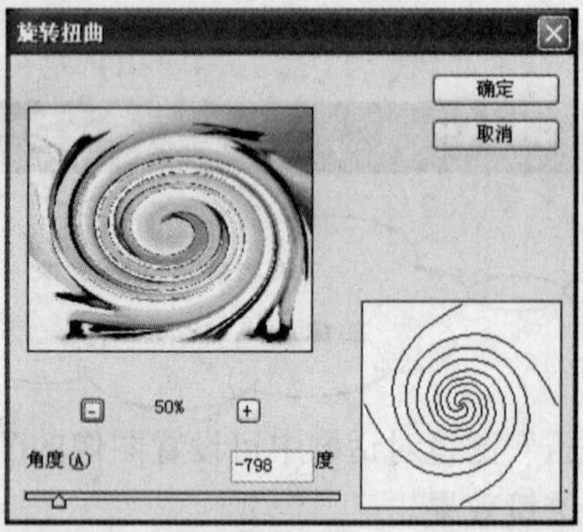

2 将“角度”滑块向左拖动，此时会在预览框中看到图像按逆时针进行旋转。逆时针角度的取值范围在“0～999”之间。

9.4.5 极坐标滤镜

使用极坐标滤镜可改变图像的坐标类型，从而使图像发生变形。本节以制作曝炸光为例，使用户掌握极坐标滤镜的使用方法。

制作曝炸光的具体方法如下：

1 在文件中新建一个图层，并执行“滤镜”/“杂色”/“添加杂色”命令（此命令在下一节将做详细介绍），会弹出“添加杂色”对话框，对话框中参数的设置如下图所示。

2 执行“添加杂色”滤镜后，图像效果如下图所示。

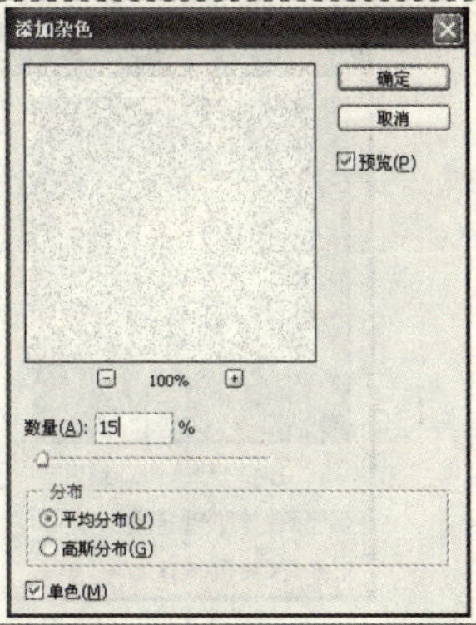

3 执行“图像”/“调整”/“阈值”命令，在打开的“阈值”对话框中，设置如下图所示的参数。

4 执行“阈值”命令后，效果如下图所示。

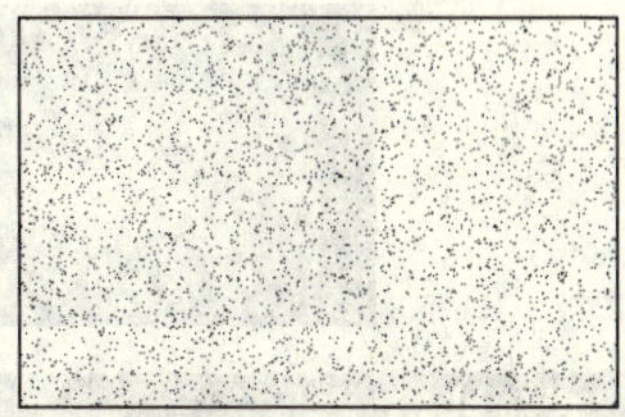

5 执行“滤镜”/“模糊”/“动感模糊”命令（此命令在下一节将做详细介绍），会弹出“动感模糊”对话框，对话框中参数的设置如下图所示。

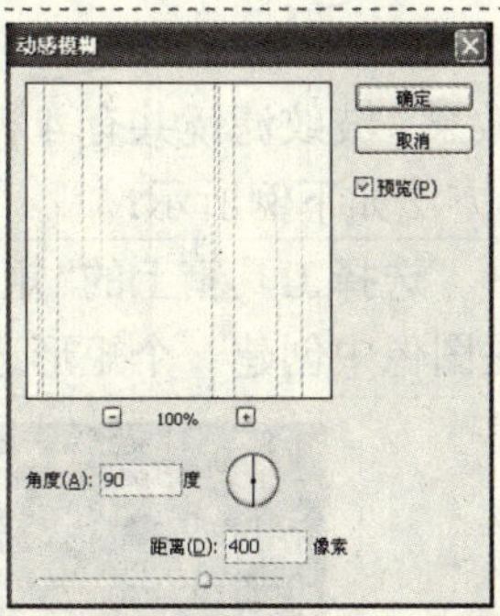

6 执行“图像”/“调整”/“反相”命令，效果如下图所示。

7 使用工具箱中的“渐变”工具，选择“线性渐变”和“滤色”模式。按住鼠标从下向上拖动，其效果如下图所示。

8 执行“滤镜”/“扭曲”/“极坐标”命令，打开如下图所示的“极坐标”滤镜对话框。在对话框中选择“平面坐标到极坐标”单选项。

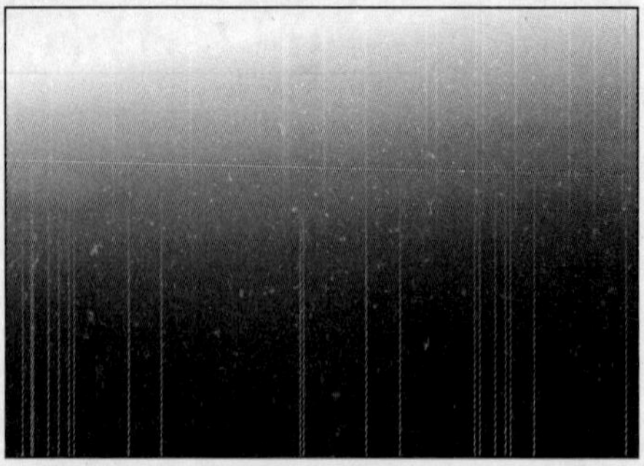

通过极坐标滤镜中“平面坐标到极坐标”选项，可制作放射光的效果。

10 在“极坐标”滤镜对话框中，选择“极坐标到平面坐标”选项，可得到如下图所示的效果。

9.4.6 波纹滤镜

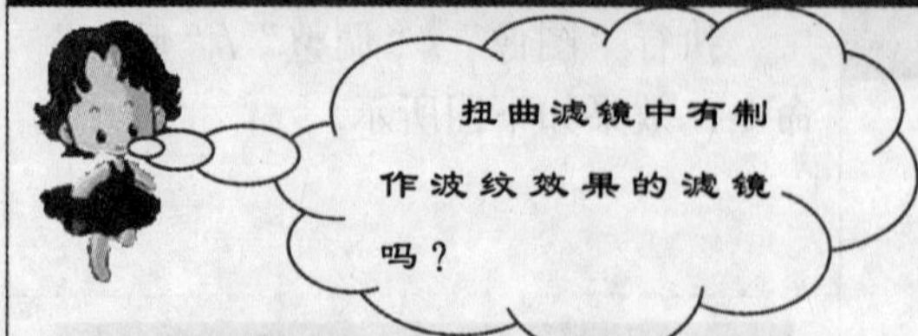

使用波纹滤镜可制作出具有波浪和水波特性的图像效果。波纹滤镜共有 4 种，分别是“水波”、“波浪”、“波纹”和“海洋波纹”。波纹滤镜的使用方法如下例所示：

打开下载文件中“第 9 章”文件夹下的“图像 5”。

2 选择工具箱上的“矩形选框”工具，在图像中创建一个矩形选区。

3 执行“滤镜”/“扭曲”/“水波”命令，会打开“水波”对话框。

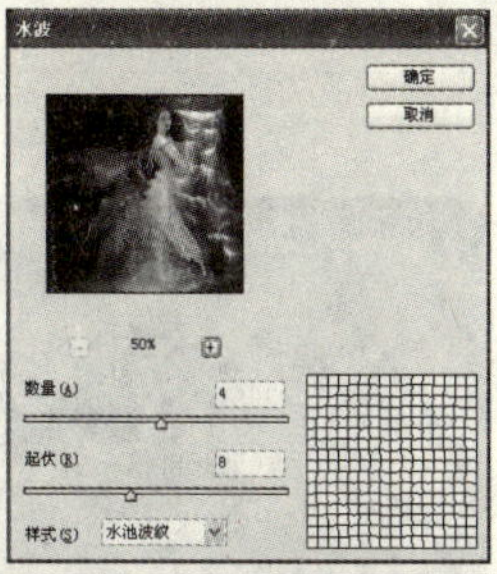

4 设置完成后，单击右边的“确定”按钮，即可制作出图像在水中的效果。

9.5 杂色滤镜

使用滤镜菜单中的“杂色”滤镜，可在图像中添加或清除杂点。

杂色滤镜共有5种滤镜，分别是“中间值”、“减少杂色”、“去斑”、“添加杂色”和“蒙尘与划痕”。使用这些滤镜子命令都可为图像添加或清除杂色。

下面就以“蒙尘与划痕”滤镜和“添加杂色”滤镜为例，修复图像中的缺陷和制作木板及纹理效果。

9.5.1 蒙尘与划痕滤镜

使用蒙尘与划痕滤镜可修复图像或图像中某个选区内的缺陷。蒙尘与划痕滤镜多用于处理比较旧或有污点的图片。

1 打开下载文件中“第9章”文件夹下的“图像6”。

2 执行“滤镜”/“杂色”/“蒙尘与划痕”命令，会弹出如下图所示的对话框。选择“预览”复选框，可预览图像的效果。

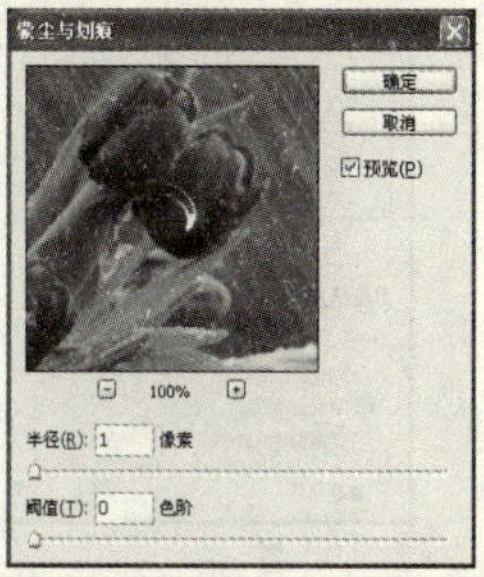

3　拖动“半径”下面的滑块，改变像素的半径，并使用同样的方法改变阈值的色阶值。

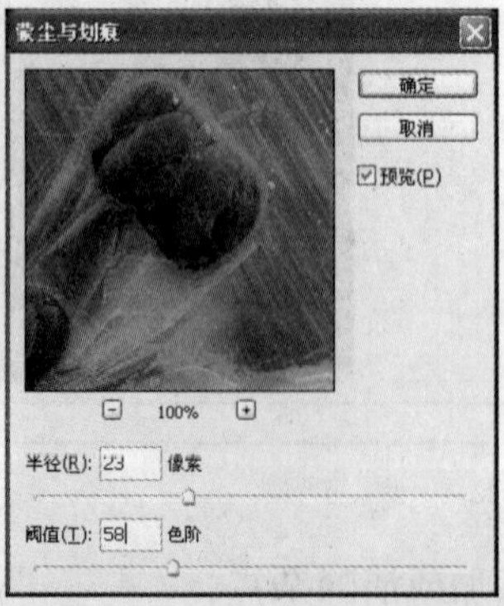

4　设置完成后，单击对话框中的“确定”按钮，即可得到如下图所示的效果。

9.5.2　添加杂色滤镜

使用“添加杂色”滤镜，可使图像产生许多单色或彩色的杂点。使用杂色滤镜与模糊滤镜可制作木板效果。

1　新建一个文件。执行“滤镜”/“杂色”/“添加杂色”命令，会弹出如下图所示的对话框。选择“预览”复选框后，可在右边的框口中预览图像效果。

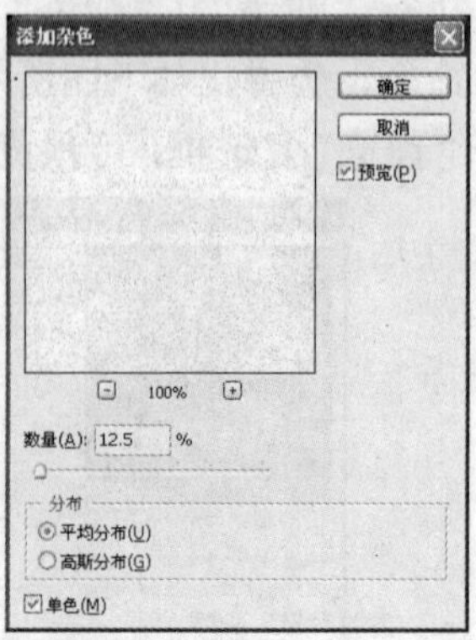

2　在对话框中选择“单色”复选框，此时图像中只有黑色杂点。选择分布下面的“平均分布”选项，使杂点平均分布在图像中，再将数量的值设置为“400”。

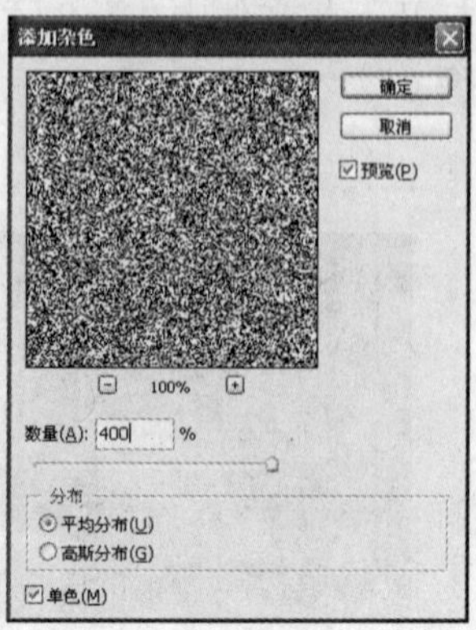

3 设置完“添加杂点”对话框中的参数后，单击“确定”按钮，此时图像效果如下图所示。

4 执行“滤镜”/“模糊”/“动感模糊”命令，会弹出“动感模糊”对话框。

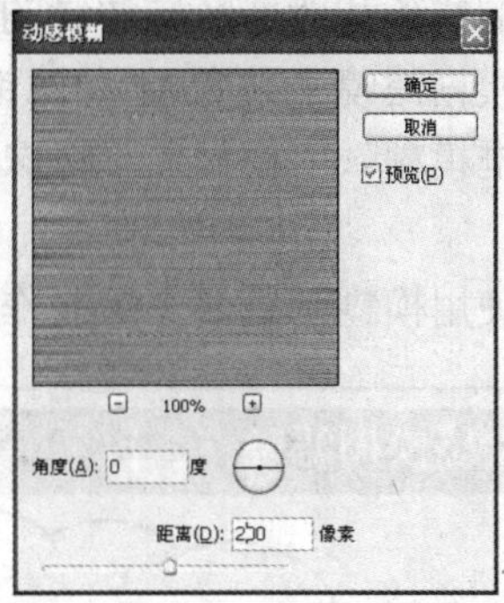

5 设置完成后，图像效果如下图所示。

6 按“Ctrl+u”键，打开“色相/饱和度”对话框，在对话框中设置相应的参数，给图像着色。。

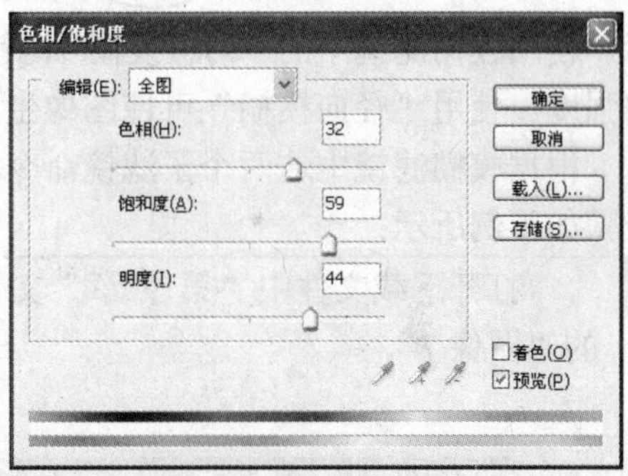

7 选择工具箱上的“矩形选框”工具，创建如下图所示的选区，便于使用“扭曲”滤镜制作木板花纹。

8 打开“旋转扭曲”对话框，将角度设置为“999”，单击“确定”后，将图像反选，并按“Delete”键删除选区以外的部分。

9.6 模糊滤镜

使用滤镜菜单中的“模糊”滤镜，可柔化图像或某一选区。它主要通过平衡图像中已定义的线条和遮蔽区域边缘的像素，使图像产生柔和效果。

模糊滤镜中共有 11 种滤镜，分别是“动感模糊”、“平均”、“形状模糊”、“径向模糊”、“方框模糊”、“模糊”、“特殊模糊”、“表面模糊”、“进一步模糊”、“镜头模糊”、“高斯模糊”。

使用模糊滤镜命令可制作物体运动效果、梦幻效果等。

9.6.1 动感模糊滤镜

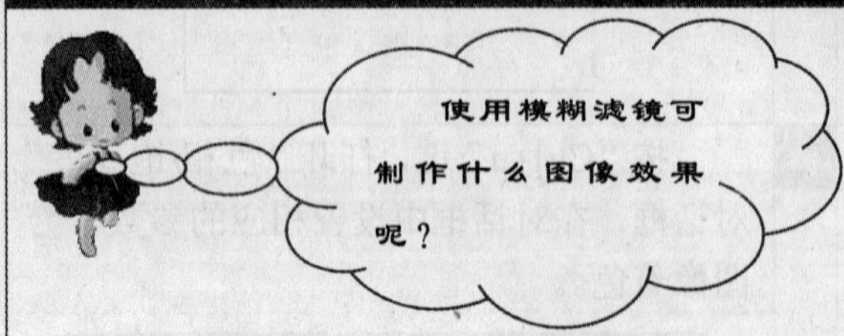

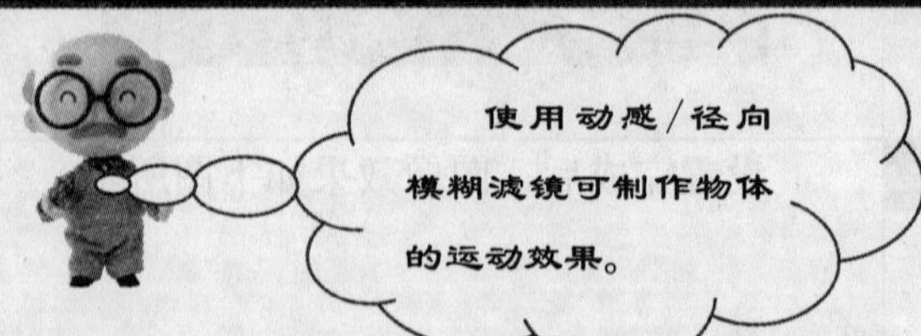

使用模糊滤镜中的“动感模糊”滤镜可制作出物体运动的效果，并可设置物体运动的方向和强度。使用“径向模糊”可使图像生成旋转模糊的效果。

根据模糊滤镜中这两个子滤镜命令的特点，可制作跑车在公路上急驰的效果，其具体操作步骤如下例所示：

1 打开下载文件中“第 9 章”文件夹下的“图像 7”。

2 在工具箱中选择“磁性套索”工具将图像中的跑车选取出来，并按“Ctrl+J”键复制一个选区。

3 复制选区后，图层调板如下图所示。

4 选择背景图层，执行“滤镜”/“模糊”/“动感模糊”滤镜命令，在弹出的“动感模糊”滤镜对话框中，设置其角度和距离。距离设置得越大，表示跑车运行的速度越快。

5　选择“图层 1”，单击“确定”按钮后，即可得到一种运动的效果，但还要注意一些细节的部分，即是车轮的变化，先用选区工具将车轮选取出来。

6　执行“滤镜”/“模糊”/“径向模糊”滤镜命令，在弹出的“径向模糊”滤镜对话框中，设置其数量、模糊方法和品质。

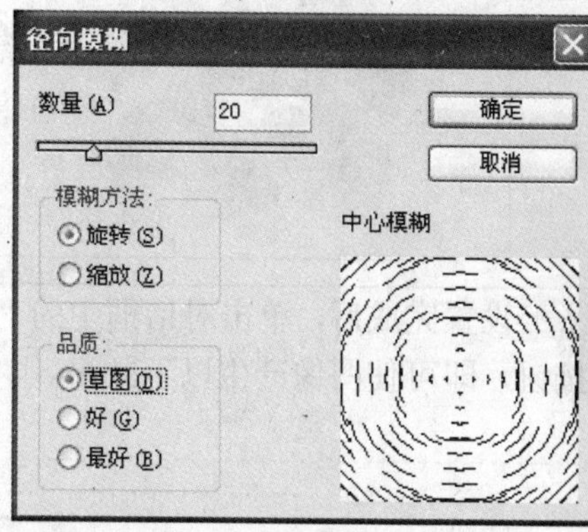

7　设置完成后，前车轮即可产生运动的效果。

8　使用同样的方法使后车轮也变成运动的，最终效果如下图所示。

9.6.2 径向滤镜

使用径向滤镜可使图像向旋转或缩放的方向进行模糊，在上节实例中使用径向模糊滤镜制作出车轮的行驶效果，这一节将介绍使用“径向模糊”滤镜与历史记录艺术画笔工具制作梦幻效果，其具体的操作步骤如下例所示：

1 打开下载文件中“第 8 章”文件夹下的“图像 8”。

2 执行“滤镜”/“模糊”/“径向模糊”滤镜命令，会弹出一个对话框，将模糊方法选为“缩放”，数量设置为“60”。

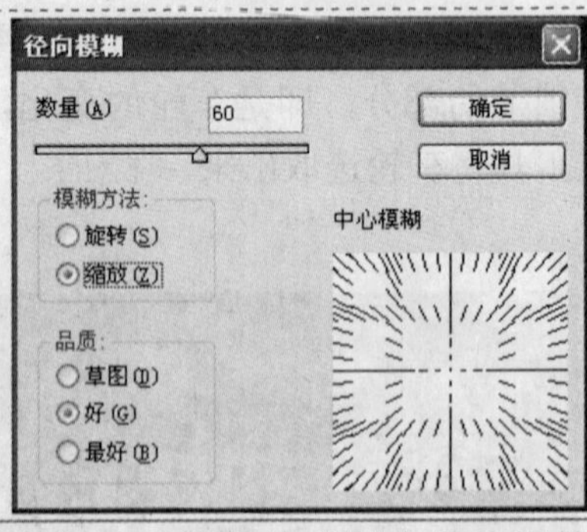

3 设置完成后，单击对话框中的“确定”按钮，即可使图像产生以下效果。

4 选择工具箱上的“历史记录画笔”工具，调出历史记录调板，在径向模糊操作的上一步操作做上记号。

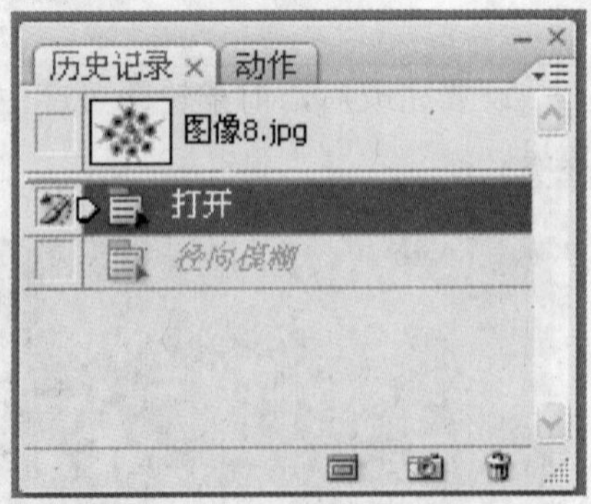

5 设置画笔的大小，并按住鼠标在如下图所示的位置拖动，即可将拖动过的图像还原成以前的样子。

6 将图像中间的三朵玫瑰还原后，即可产生梦幻般的效果。

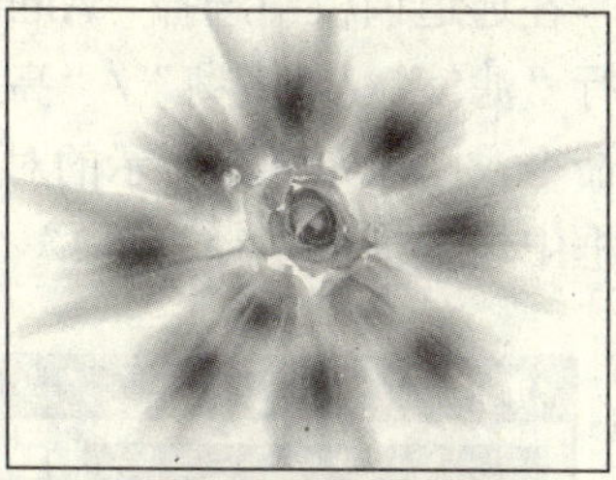

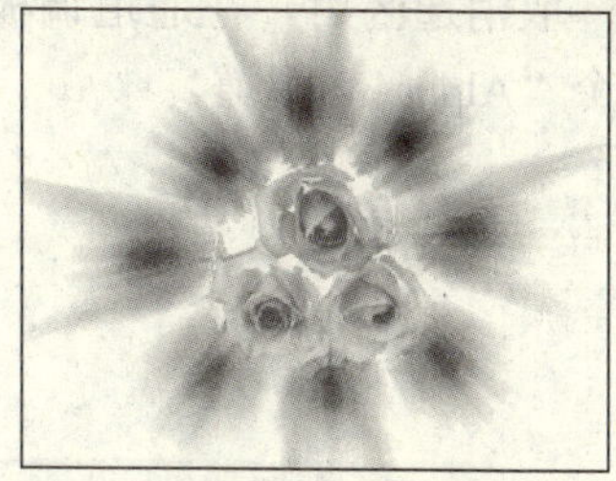

9.7 渲染滤镜

使用渲染滤镜可制作 3D 变换、云彩图案和光照效果。渲染滤镜共有 5 种滤镜子命令，分别是“云彩”、“光照效果”、“分层云彩”、“纤维”和“镜头光晕”，只要执行“滤镜”/“渲染”即可打开这些滤镜命令。

9.7.1 分层云彩滤镜

使用渲染滤镜中的分层云彩滤镜命令，可使图像反相并与云彩的背景融合，由分层云彩得到的云彩效果是由前景色与背景色随机混合而成的。使用分层云彩滤镜可制作许多图像效果，如制作香烟、闪电、爆炸等效果。

1 在文件中新建一个图层，打开通道调板，并在通道调板中新建一个通道。

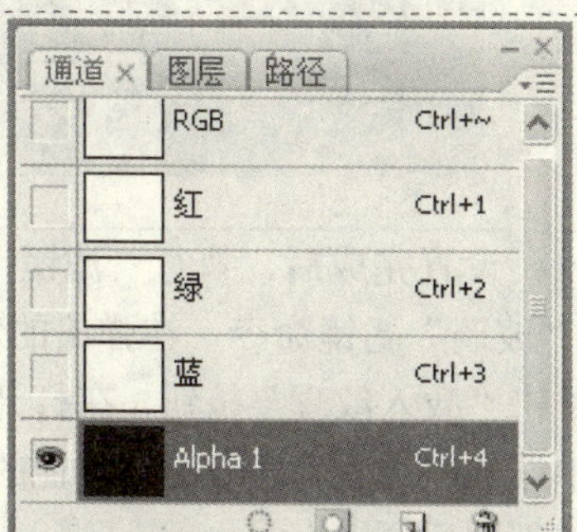

2 选择工具栏上的“横排文字”工具，在文件中输入“镀铬字”，并设置其字号为“100”，字体为“楷体”，颜色为“白色”，按“Ctrl+Enter”键确认。

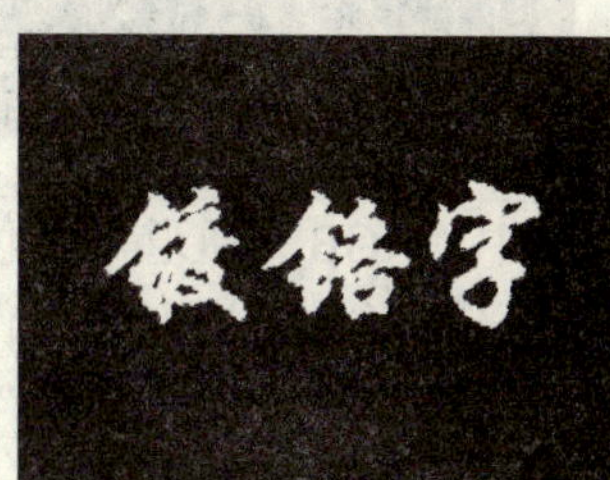

3 取消选区后，在通道调板中再复制一个“Alpha1”通道。

4 在通道调板中选择“Alpha1”通道，执行“滤镜”/“模糊”/“高斯模糊”滤镜命令，打开如下图所示的对话框，在对话框中设置模糊半径为“2”个像素

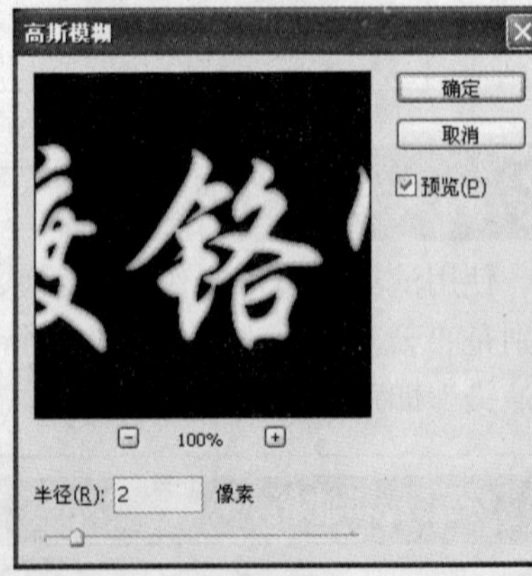

5 设置完成后，单击“确定”按钮即可将“Alpha1”通道中的字体进行高斯模糊。

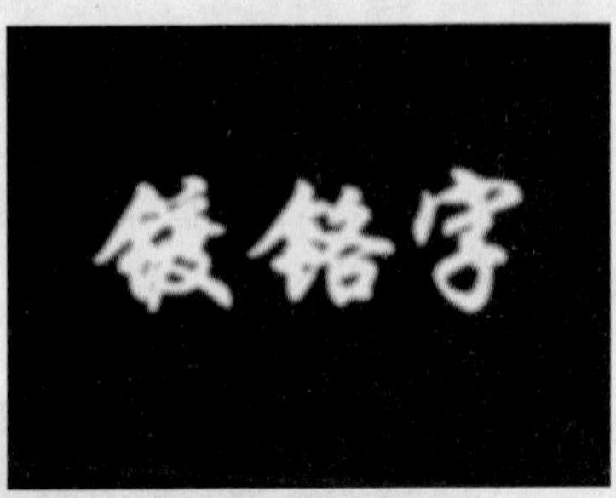

6 新建一个与源文件大小相同的文件，在工具箱中选择“移动”工具，将源文件中的内容移动到新建文件中，合并图层后，保存为“PSD”格式。再新建一个文件，执行“滤镜”/“渲染”/“分层云彩”命令即可得到如下图所示的效果。

7 选中“RGB”通道，并使用移动工具将分层云彩效果拖到源文件中。执行“图像”/“调整”/“色阶”命令，打开色阶对话框。

8 设置完成后，执行“滤镜”/“扭曲”/“玻璃”滤镜命令，在弹出的对话框中，单击“载入纹理”按钮，在打开的对话框中选择刚才保存的文件，其他的参数设置如下图所示。

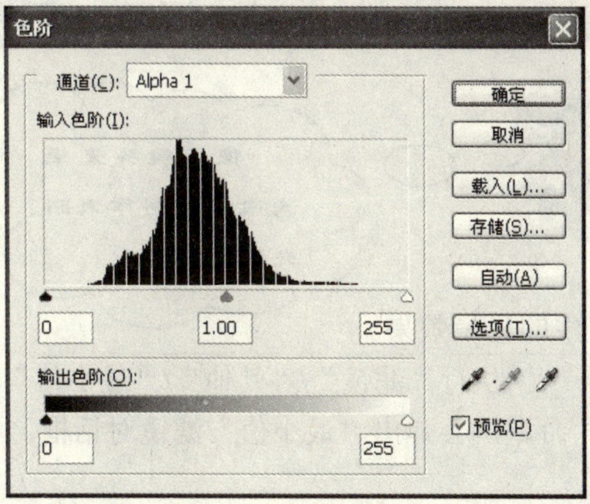

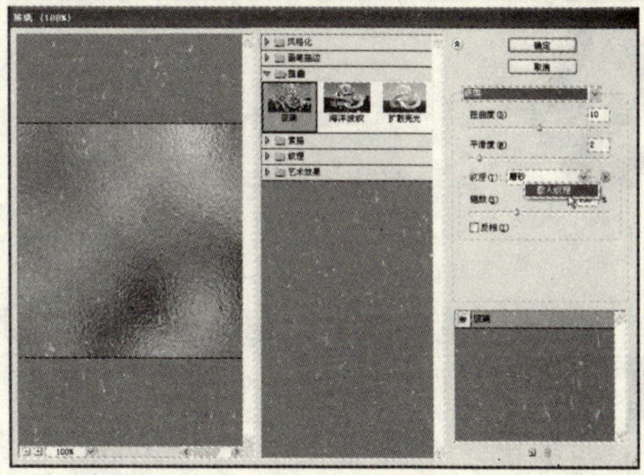

9 设置完成后，效果如下图所示。新建“图层 2”，并将“图层 2”填充为白色的背景。

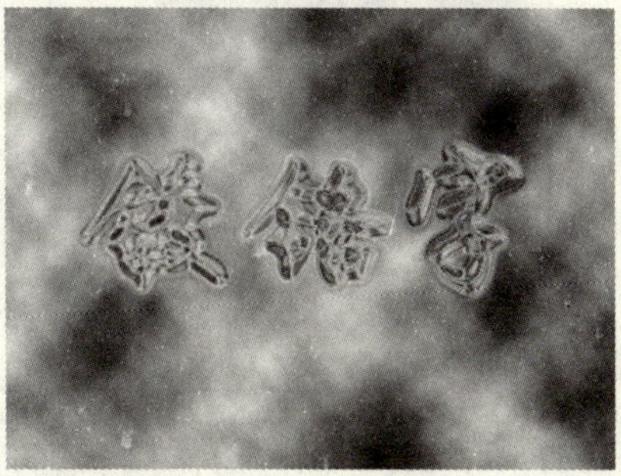

10 执行“滤镜”/“渲染”/“光照效果”命令，会弹出“光照效果”对话框，其设置如下图所示，需注意的是“纹理通道”必须选择“Alpha 1”。

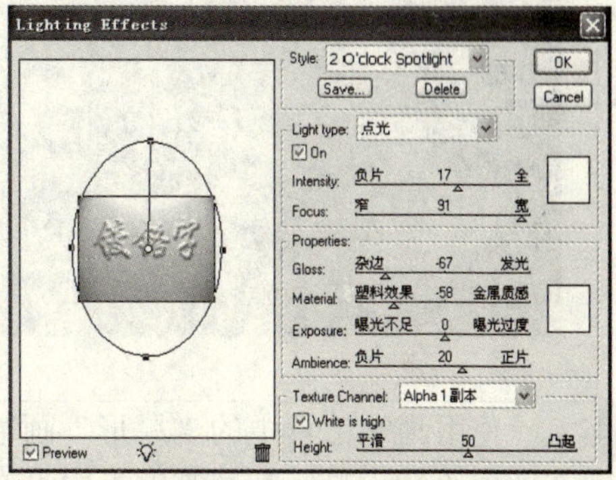

11 使用“光照效果”滤镜后，效果如下图所示。

12 在通道调板中，调出文字选区，并按“Ctrl+Shift+J”键进行反选，删除“图层 2”和“图层 1”只保留字体效果。

9.7.2 镜头光晕

使用“镜头光晕”滤镜可制作出太阳光所产生的光晕效果。

1 在文件中新建一个图层，并执行“添加杂色”滤镜命令，在“添加杂色”对话框中选择“高斯分布”选项，且数量设置为“400”。

2 执行“滤镜”/“其他”/“最小值”滤镜命令，会弹出“最小值”滤镜对话框。

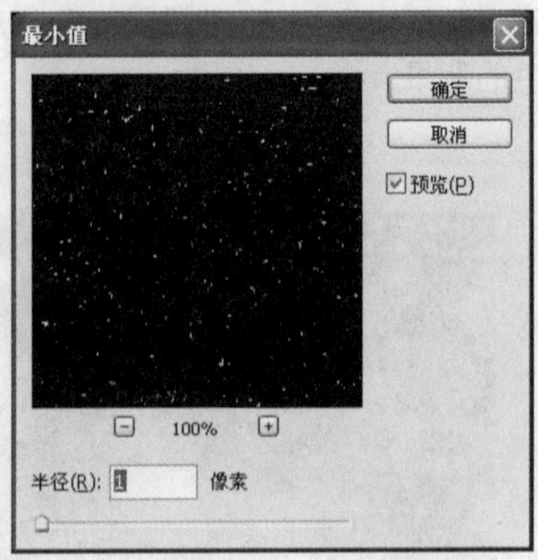

3 使用画笔工具中的“星形”画笔，在图中绘制星星。若画笔调板中没有此画笔笔尖形状，可通过“载入”和“定义画笔”设置星形笔尖形状。

4 打开下载文件中“第 9 章”文件夹下的“图像 9”。在工具箱中选择“磁性套索”工具选取地球，并通过快捷菜单羽化选区边缘。

5 在工具箱中选择“移动”工具，将地球拖到刚制作的文件中，调整其位置和不透明度。

6 执行“滤镜”/“渲染”/“镜头光晕”滤镜命令，会弹出如下图所示的对话框。在对话框中，拖动下图鼠标指向的十字形可改变光源的位置。

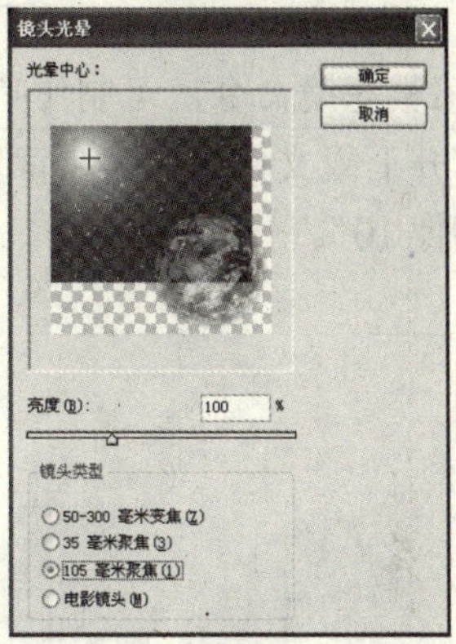

7 拖动“亮光”下面的滑块，可改变光晕的亮度。通过“镜头类型”可改变光源的聚焦，其设置如下图所示。

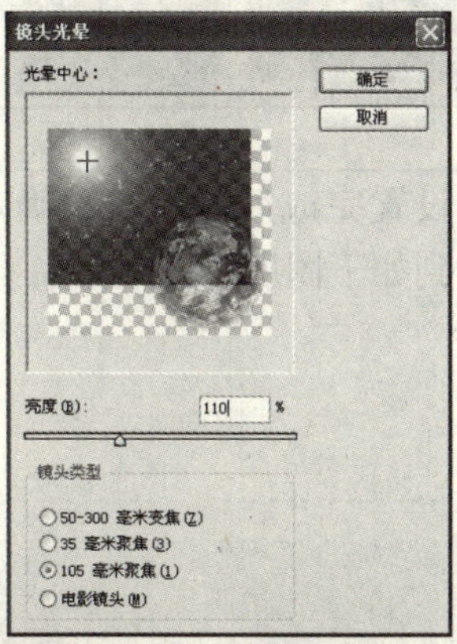

8 设置完成后，单击对话框中的“确定”按钮，一个太阳系的制作就完成了。

9.8 画笔描边滤镜

使用画笔描边滤镜，可用于不同的画笔及油墨进行描边，使图像具有绘画效果。画笔描边滤镜共有 8 个子滤镜，分别是“喷溅”、“喷色描边”、“墨水轮廓”、“强化的边缘”、“成角的线条”、“深色线条”、“烟灰墨”和“阴影线”。执行“滤镜”/“画笔描边”滤镜命令，即可使用画笔描边滤镜命令。

9.8.1 喷溅滤镜

使用喷溅滤镜命令，可制作喷枪效果的图像。

1 打开下载文件中“第9章”文件夹下的“图像10”。

2 执行“滤镜”/“画笔描边”/“喷溅”滤镜命令，可打开如下图所示的“喷溅”滤镜对话框。

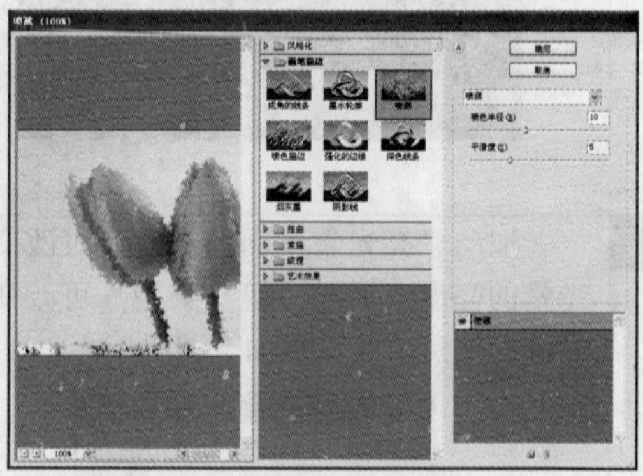

3 在对话框中有两个参数设置，拖动“喷色半径”滑块可改变图像的喷溅效果，半径设置得越大，图像产生的喷溅效果就越明显。“平滑度”设置得越小，图像的喷溅效果就越明显。

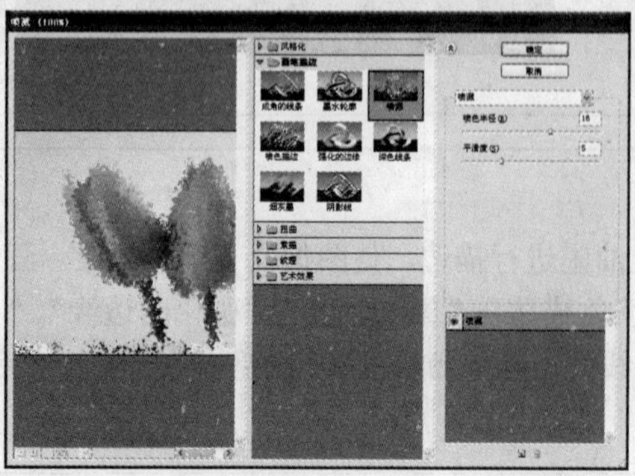

4 设置完成后，单击“确定”按钮，即可得到如下图所示的效果。

9.8.2 墨水轮廓

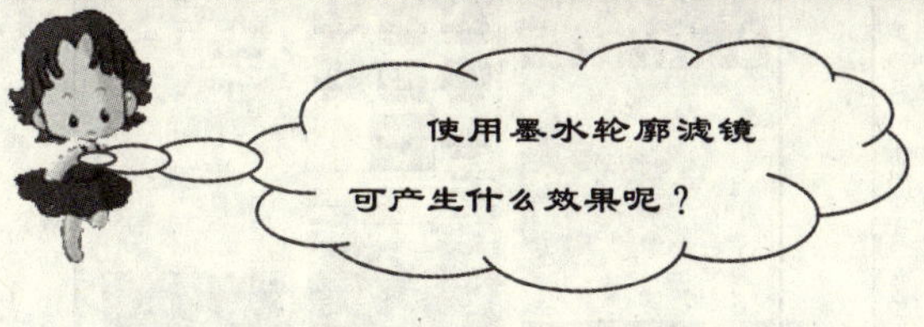

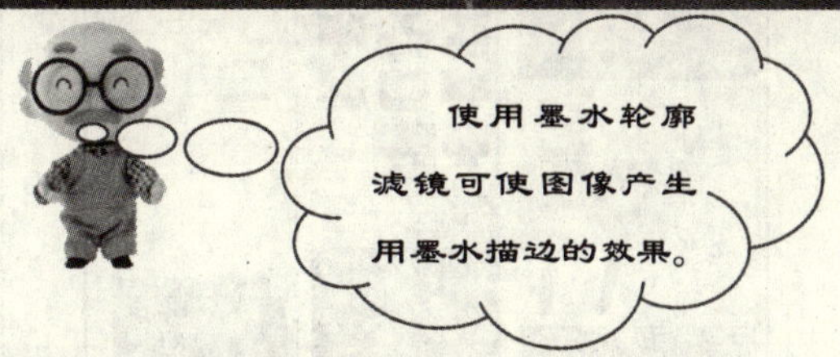

使用墨水轮廓滤镜可使图像产生一种用细线重新描绘过的效果。

1 使用本章已打开用的“图像 8”。执行“滤镜”/“画笔描边”/“墨水轮廓”滤镜命令（或直接在喷溅对话框中单击“墨水轮廓”选项），会打开“墨水轮廓”滤镜对话框。

2 对话框中共有“描边长度”、“深色强度”和“光照强度”3 个参数，其值都在“0～50”之间，当把这 3 个参数的值都设置为最大值时，可在预览框中看到图像的轮廓会变得非常明显。

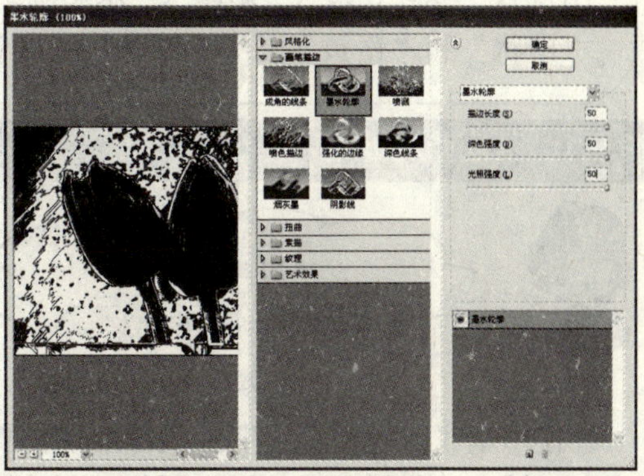

9.8.3 阴影线滤镜

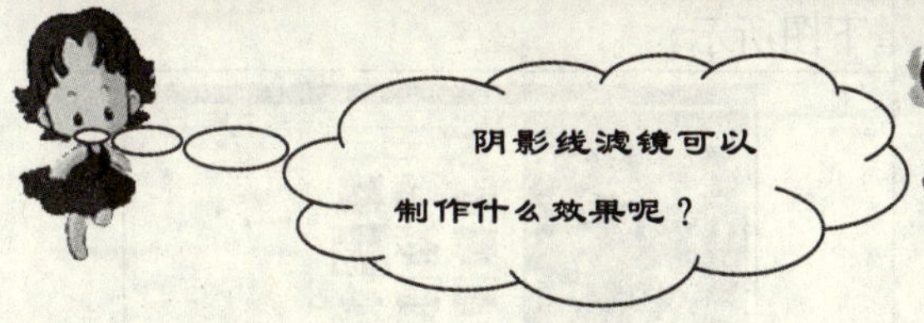

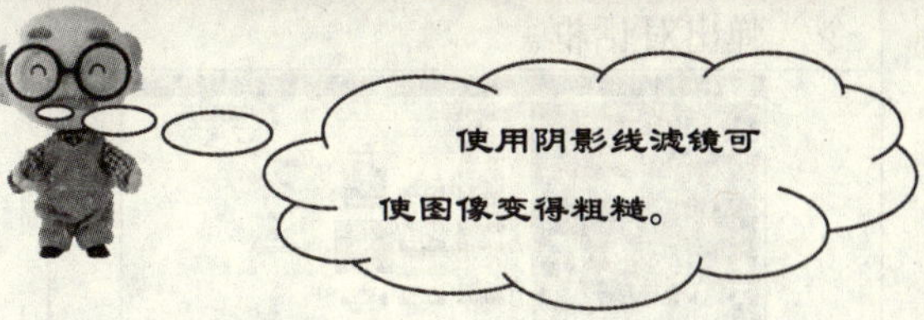

使用阴影线滤镜可使图像变得粗糙或模拟铅笔线给图像添加纹理。

1 使用本章已打开的“图像 8”。执行“滤镜”/“画笔描边”/“阴影线”滤镜命令打开如下图所示的“阴影线”滤镜对话框。

2 在对话框中设置其“描边长度”、“锐化程度”和“强度”，即可变成如下图预览框中所示的效果。

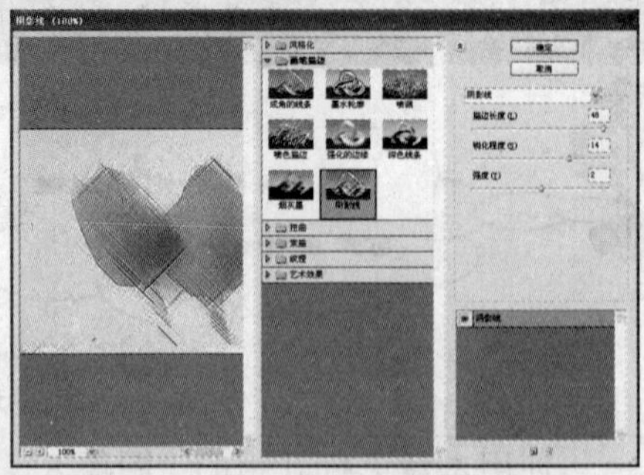

9.9 素描滤镜

使用本章素描滤镜可创建出非常精美的手工艺品效果。它可对图像增加纹理，获取 3D 效果等。

素描滤镜中共有 14 个子滤镜命令，分别是“便条纸”、“半调图案”、“图章”、“基底凸现”、“塑料效果”、“影印”、“水彩画纸”、“炭笔”、“炭精笔”、“粉笔和炭笔”、“绘图笔”、“网状”和“铬黄”。

9.9.1 基底凸现滤镜

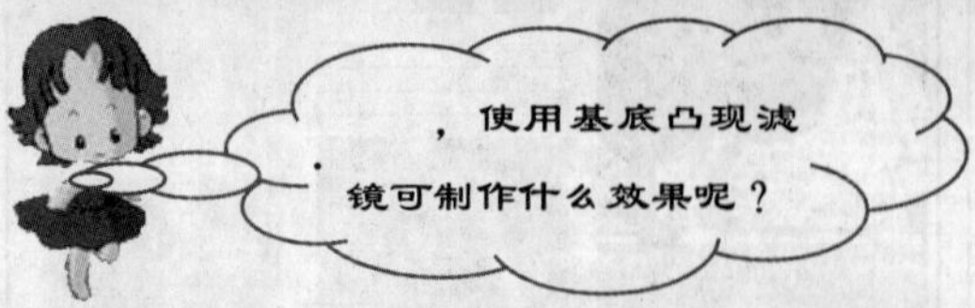

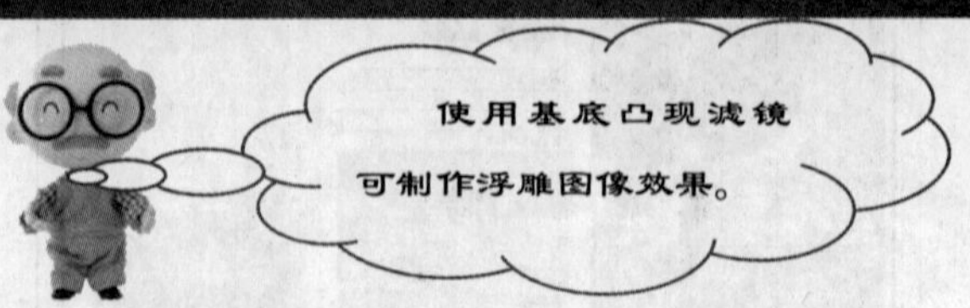

使用基底凸现滤镜可制作浅浮雕的图像效果。使用此滤镜后，将以前景色重新绘制图像的明亮区域，以背景色重绘原有图像的阴暗区域。

1 使用本章已打开的“图像 8”。执行“滤镜”/“素描”/“基底凸现”滤镜命令，弹出对话框。	2 在对话框中，分别拖动“细节”和“平滑度”滑块，改变图像的平滑度，其设置如下图所示。
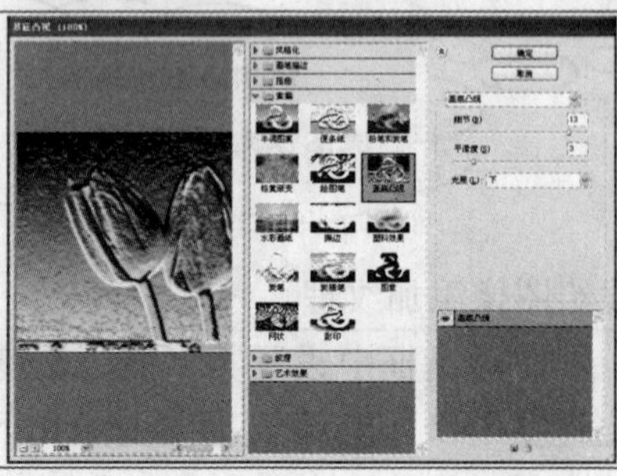	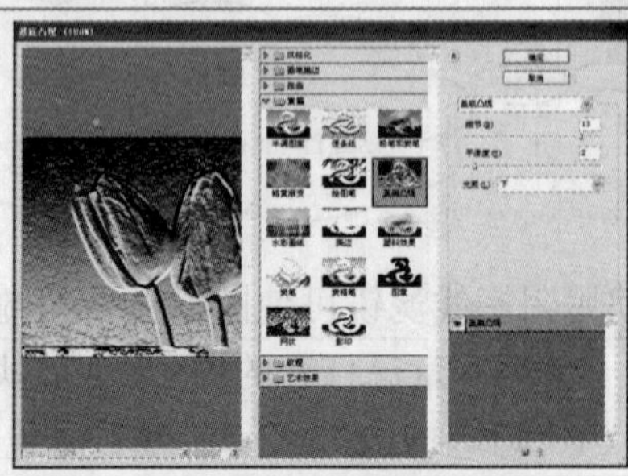

3　单击“光亮”后面的按钮，在打开的光亮列表框中选择光亮的方向。

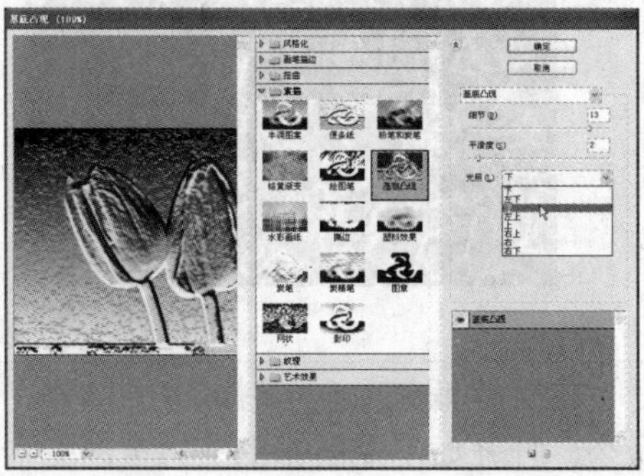

4　设置完成后，即可在右边的预览框中看到图像的效果。

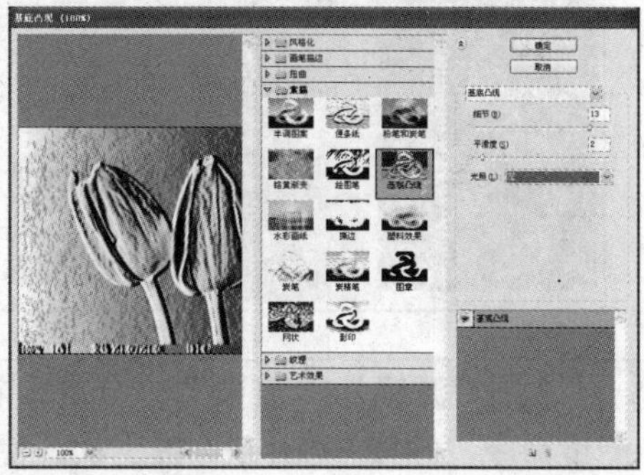

9.9.2　铬黄滤镜

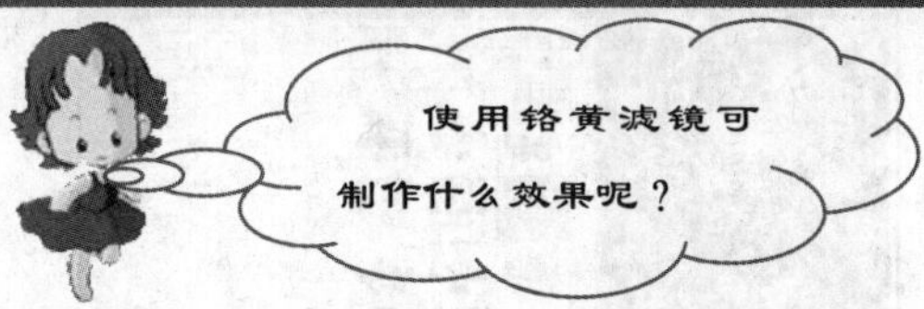

使用铬黄滤镜命令可将图像模拟成铬黄构成的图像效果。本节就以制作液态金属的实例，详细介绍铬黄滤镜的使用方法。

1　在文件中新建一个图层，执行“添加杂色”滤镜命令，在对话框中选择“高斯分布”选项，并选择“单色”复选框，杂色数量为“400”。

2　执行“滤镜”/“像素化”/“晶格化”滤镜命令，并在对话框中将“单元格大小”设置为17，得到如下图所示的效果。

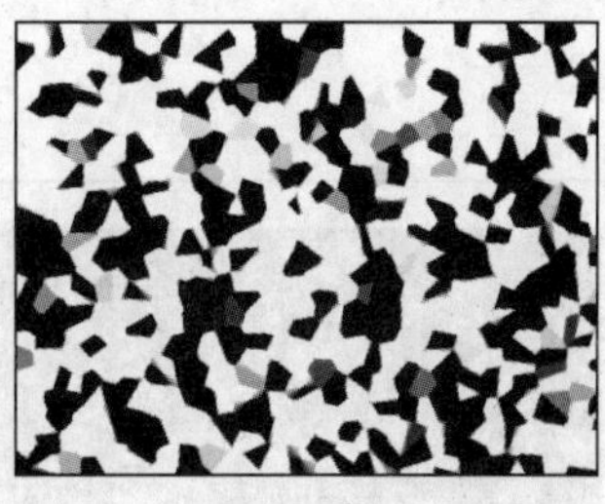

3　执行“滤镜”/“风格化”/“照亮边缘”滤镜命令，会打开“照亮边缘”对话框，其参数设置如下图所示。

4　设置完成后，单击“确定”按钮，效果如下图所示。

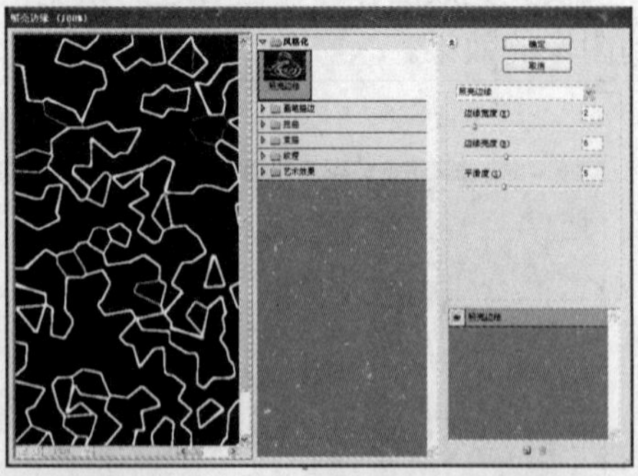

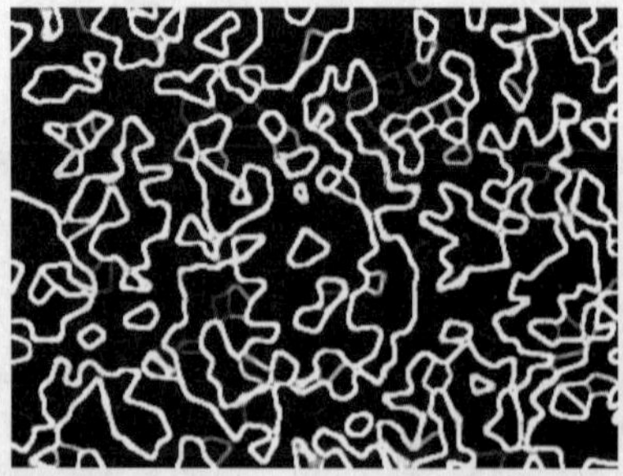

5 执行“滤镜”/“渲染”/“分层云彩”滤镜命令，并按“Ctrl+F”键三次，使图像变成如下图所示的效果。

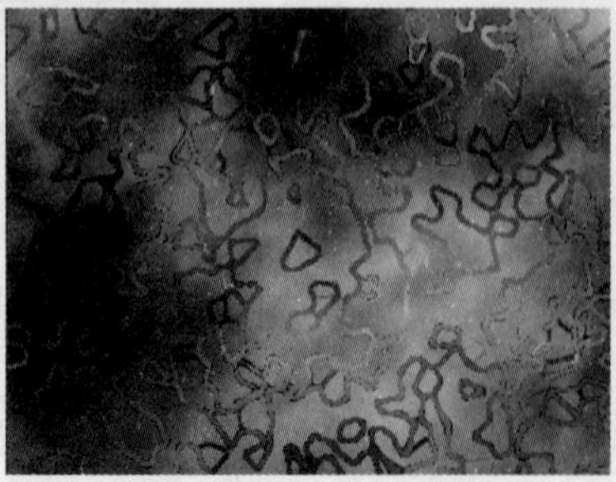

6 执行“滤镜”/“素描”/“铬黄”滤镜命令，打开如下图所示的“铬黄渐变”对话框。

7 设置完成后，单击“确定”按钮，效果如下图所示。

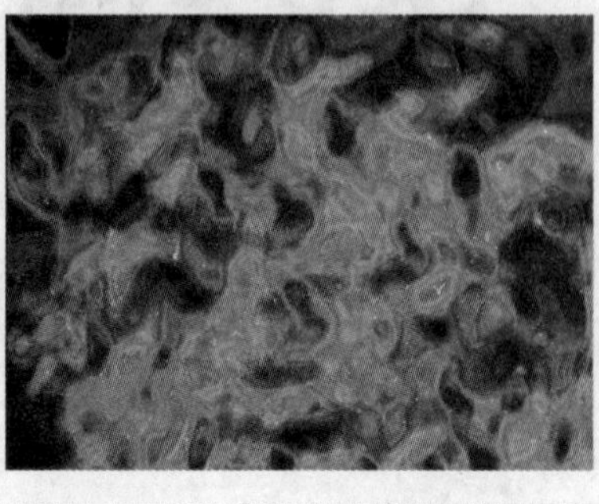

8 打开“色相/饱和度”对话框，在对话框中选择“着色”对话框，将色相调整为深黄色，单击“确定”后，液态金属效果如下图所示。

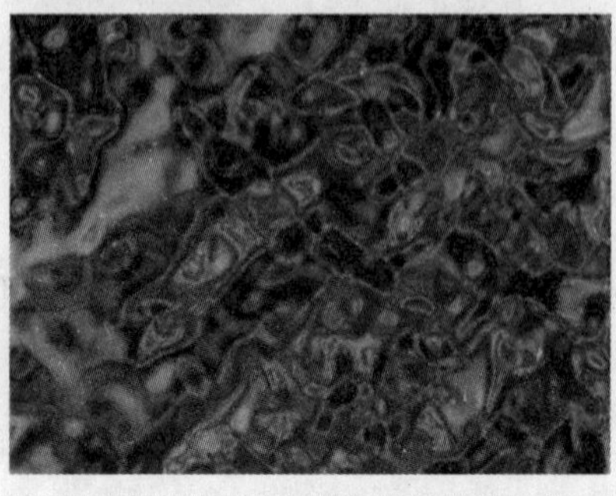

9.10 纹理滤镜

使用纹理滤镜可使图像产生各种背景纹理效果。纹理滤镜中共有 6 种子滤镜命令，分别是“拼缀图”、“染色玻璃”、“纹理化”、“颗粒”、“马赛克拼贴”和“龟裂缝”。使用不同的纹理滤镜命令，可产生不同的纹理图像效果，如使用拼缀图滤镜能使图像产生正方形纹理效果，使用纹理化滤镜可使图像产生纹理效果等。本节就以“拼缀图”滤镜和“马赛克拼贴”滤镜为例来说明纹理滤镜的使用方法。

9.10.1 拼缀图滤镜

拼缀图滤镜可使图像分为不同区域颜色填充的正方形。

1 打开下载文件中“第 9 章”文件夹下的“图像 11”。

2 执行“滤镜”/“纹理”/“拼缀图”滤镜命令，会弹出如下图所示的对话框。

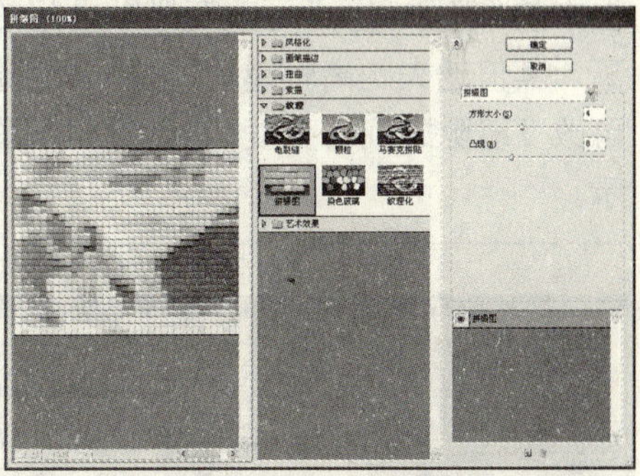

3 在对话框中，拖动“方形大小”滑块，可改变拼缀的正方形大小，其值越小，图形就越明显。拖动“凸现”滑块，其值越大，方形的凸出效果就越明显。

4 设置完成后，单击对话框中的“确定”按钮即可得到如下图所示的效果。

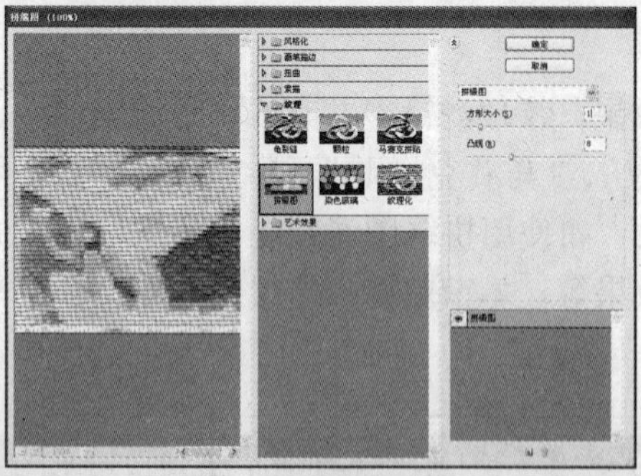

9.10.2 马赛克拼贴滤镜

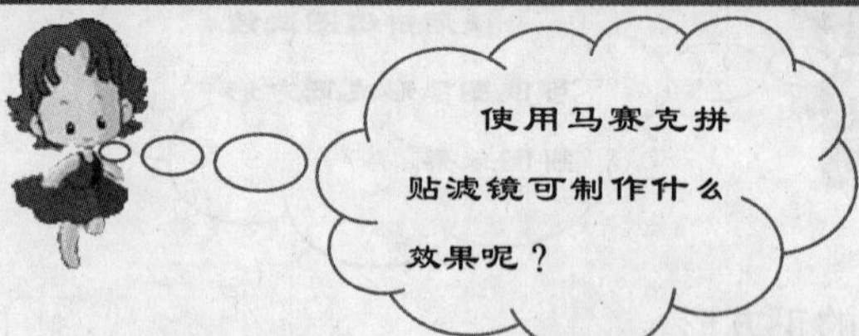

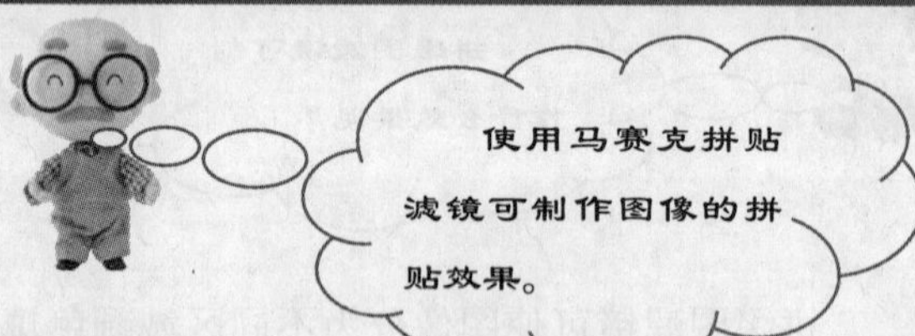

马赛克拼贴滤镜可通过将图像分解成许多小碎片制作拼贴图像效果。

1 使用本章已打开的“图像 11”。执行“滤镜”/“纹理”/“马赛克拼贴”滤镜命令，会弹出如下图所示的对话框。对话框中的“缝隙宽度”可改变拼贴之间的距离，其值越大距离就越远，“加亮缝隙”可改变缝隙之间的亮度，其设置如下图所示。

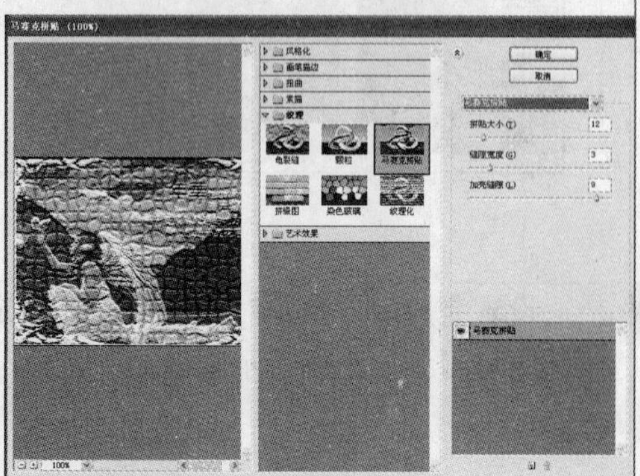

2 设置完成后，其效果如下图所示。

9.11 艺术效果滤镜

通过执行“滤镜”/“艺术效果”中的子滤镜命令可使图像产生美术图像效果，如使用“彩色铅笔”滤镜可使图像变成用彩色铅笔素描过的效果，使用“壁画”滤镜可创建具有艺术绘图的效果等。

艺术效果滤镜共有 15 个子滤镜命令，分别是“塑料包装”、“壁画”、“干画笔”、“底纹效果”、“彩色铅笔”、“木刻”、“水彩”、“海报边缘”、“海绵”、“涂抹棒”、“粗糙蜡笔”、“绘画涂抹”、“胶片颗粒”、“调色刀”和“霓虹灯光”。

9.11.1 塑料包装滤镜

使用塑料包装滤镜可使图像产生用塑料包装过的效果，下面就以制作塑料字详细介绍塑料包装滤镜的使用方法。

1 在通道调板中新建一个通道，并输入“塑料字”，得到如下图所示的效果。

2 执行“滤镜”/“模糊”/“高斯模糊”，在高斯模糊对话框中，设置其半径为“8”个像素，其效果如下图所示。

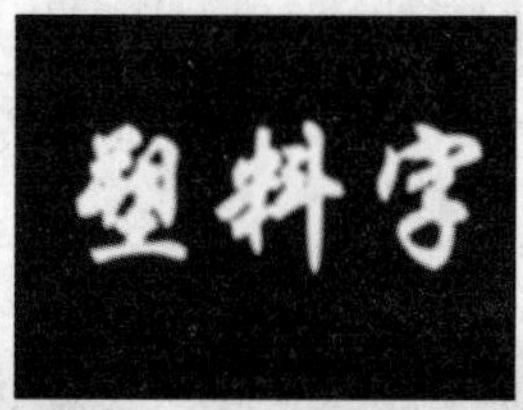

3 在通道调板中载入文本的选区，然后新建一个图层，并在选区中填充绿色。填充完颜色后，对图层添加“斜面与浮雕”图层样式，其效果如下图所示。

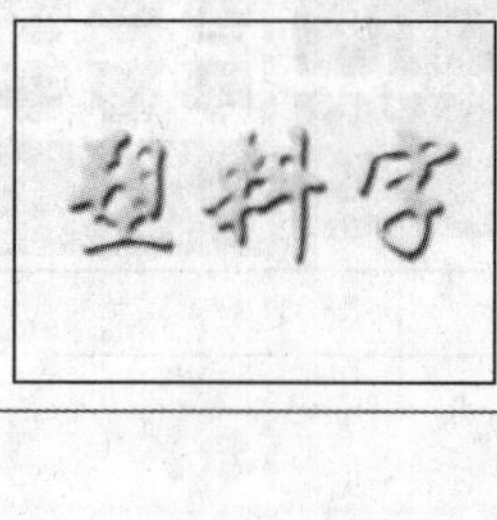

4 执行“滤镜”/“渲染”/“光照效果”，用户可根据自己的需要对光照的效果进行设置，效果如下图所示。

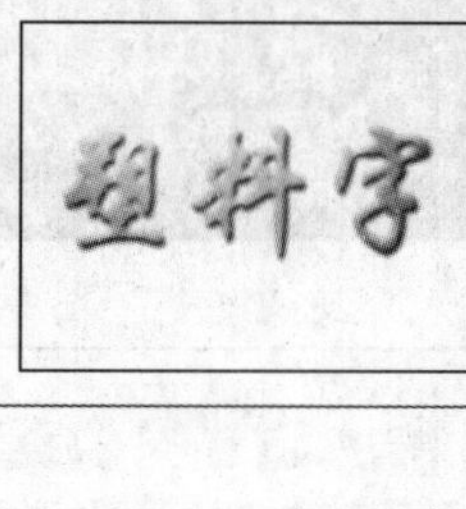

5 执行“滤镜”/“艺术效果”/“塑料包装”滤镜命令，会弹出“塑料包装”滤镜对话框。

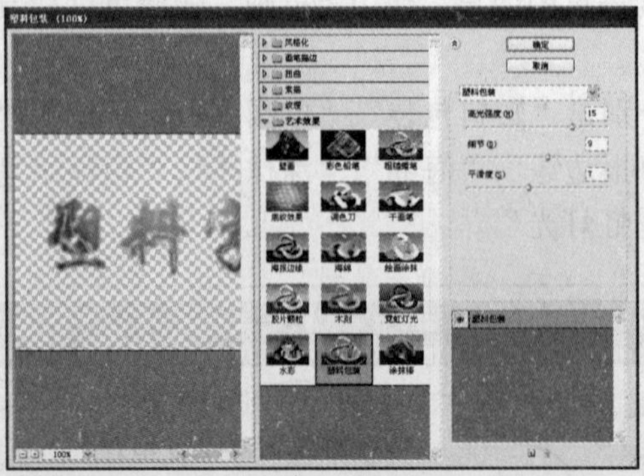

6 设置完成后，塑料文字的效果如下图所示。

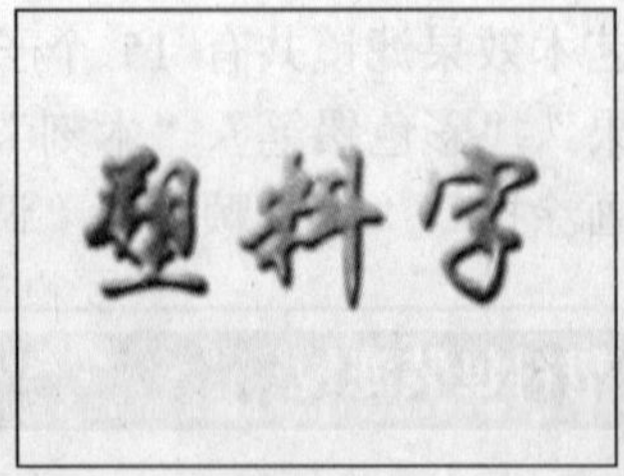

9.11.2 粗糙蜡笔滤镜

使用粗糙蜡笔滤镜可使图像产生彩色粉笔画过的纹理，从而使图像变得粗糙。

1 打开下载文件中“第 8 章”文件夹下的“图像 12”。

2 执行“滤镜”/“艺术效果”/“粗糙蜡笔”滤镜命令，会打开“粗糙蜡笔”对话框。

3 拖动对话框中各选项的滑块，可使图像的效果发生改变，单击“纹理”后面的按钮可打开“纹理列表框”。在此列表框中共有4种纹理效果，不同的纹理其效果大不相同，如下图选择的是“砖形”，在右边的预览框中即可观察图像的效果。

4 设置完成后，效果如下图所示。

9.11.3 水彩滤镜

使用水彩滤镜可使图像产生美术水彩作画的风格。

1 使用已打开的“图像12”。执行“滤镜”/“艺术效果”/“水彩”滤镜命令，会弹出“水彩”滤镜对话框。

2 设置完成后，即可使图像具有美术作画的艺术风格。

9.12 视频滤镜

使用视频滤镜可用来处理视频图像，它属于一种外部接口程序，用于处理视频图像与普通图像之间的转换。

视频滤镜包括两种子滤镜命令，分别是“逐行”和“NTSC 颜色”。“NTSC 颜色”滤镜命令可通过限制图像的色域使其成为视频可接收的颜色，防止颜色太过饱和或颜色渗透电视扫描行。

执行“滤镜”/“视频”/“逐行”滤镜命令，会弹出如右图所示的对话框，其对话框的含义如下：

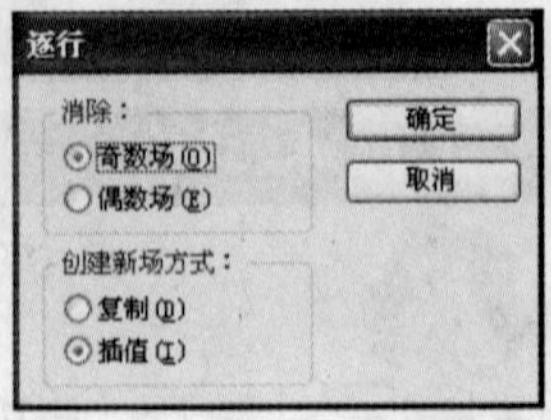

奇数场：移去奇数隔行线。

偶数场：移去偶数隔行线。

复制：通过复制的方式创建新场方式。

插值：通过插值的方式创建新场方式。

9.13 锐化滤镜

使用锐化滤镜可使图像变得更加清晰，它主要通过增加相邻两个相素之间的对比度来锐化模糊的图像。

锐化滤镜包括“USM 锐化”、“智能锐化”、“进一步锐化”、“锐化”和“锐化边缘”五个滤镜命令。

使用 USM 锐化滤镜是锐化滤镜组中锐化效果最好的一个滤镜命令，它可用来调整图像中颜色边缘细节的对比度，并可通过在图像的边缘制作亮线或暗线强调图像边缘，使图像变得更加清晰。使用 USM 锐化滤镜可用来校正照相、扫描等。

执行“滤镜”/“锐化”/“USM 锐化滤镜”命令，可打开“USM 锐化”滤镜对话框，在对话框中分别有“数量”、“半径”、“阈值”3 个参数，其含义是：

数量：取值范围在“1%～500%”，其值越大，图像的锐化效果就越明显。

半径：取值范围在“0.1～250”，其值越大，图像中增加的明暗区域就越大。

阈值：取值范围在“0～255”，用于控制参与运算的两个像素值之差的最低限度。

1 打开下载文件中“第 9 章”文件夹下的“图像 13”。

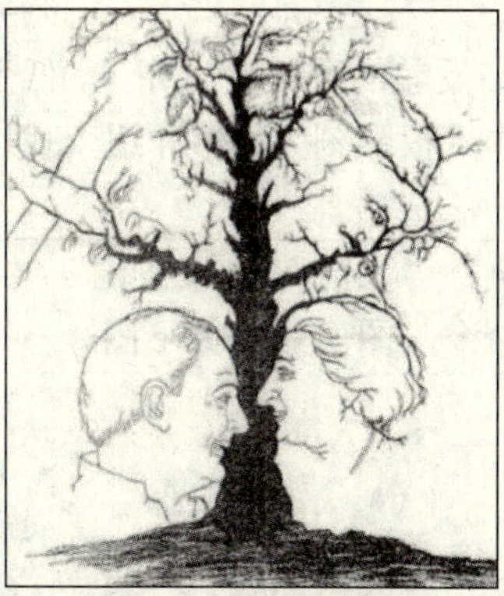

2 执行“滤镜”/“锐化”/“USM 锐化”滤镜命令，会打开如下图所示的对话框。

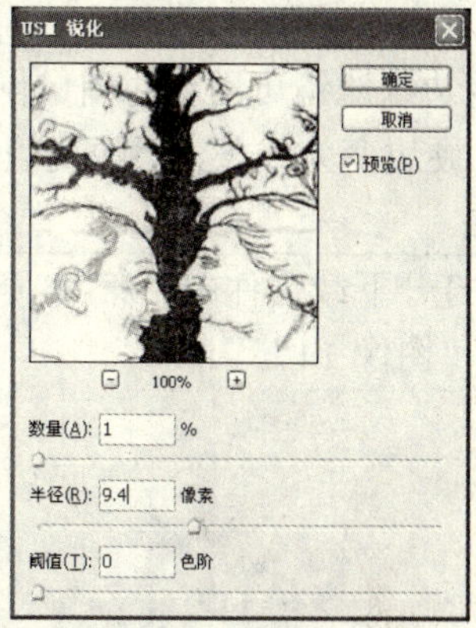

3 设置对话框中的三个参数，如下图所示。

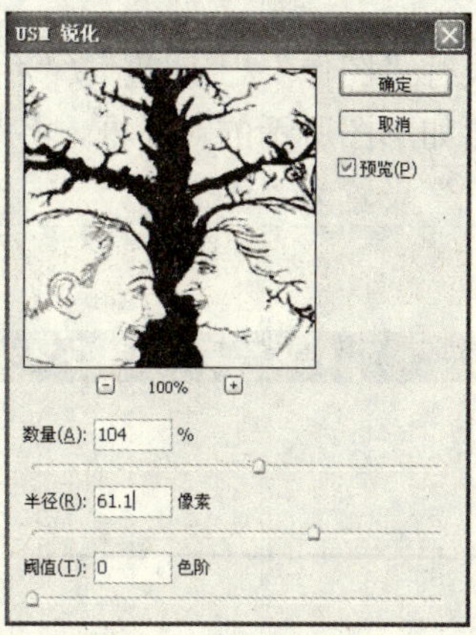

4 图像执行“USM 锐化后”，效果如下所示。

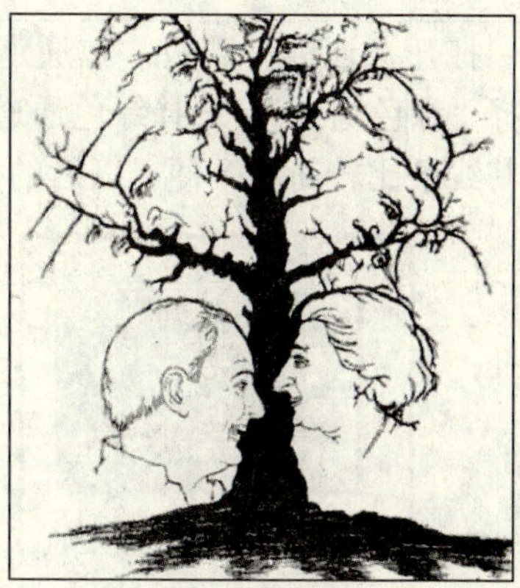

9.14 风格化滤镜

风格化滤镜可通过置换像素且查找和增加图像中的对比度，使图像产生被风吹过或在某一选区上产生一种绘画式的印象派效果。

风格化滤镜共有 9 个子滤镜命令，分别是“凸出”、“扩散”、“拼贴”、“曝光过度”、“查找边缘”、“浮雕效果”、“照亮边缘”、“等高线”和“风”。

9.14.1 查找边缘滤镜

查找边缘滤镜可用于对图像创建轮廓边线，它可将高反差的区域变为亮色，低反差区域变为暗色，硬边变为线条，柔边变粗等作用。本小节以制作木板雕刻为例，介绍查找边缘滤镜的使用方法。

1 打开下载文件中“第 9 章”文件夹下的“图像 14”。

2 执行“滤镜”/“风格化”/“查找边缘”滤镜命令，图像效果如下图。

3 打开“通道”调板，在通道调板中选择“绿色通道”，选择绿色通道中的图像其线条比较简单，便于以后的操作。

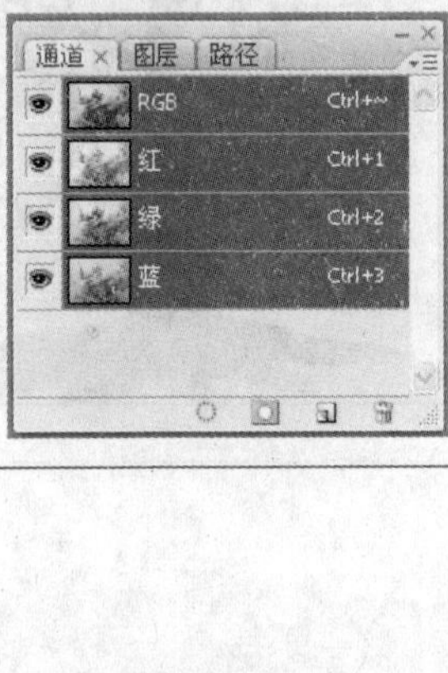

4 执行“图像”/“调整”/“色调分离”，会弹出如下图所示的对话框，将对话框中的“色阶”设置为“8”。

5　执行“图像”/“调整”/“色阶”命令，并在色阶对话框中将“输出色阶”分别设置为“40”、“1”、“215”，使黑白两色的对比变得明显。最后保存图像为“PSD”格式。

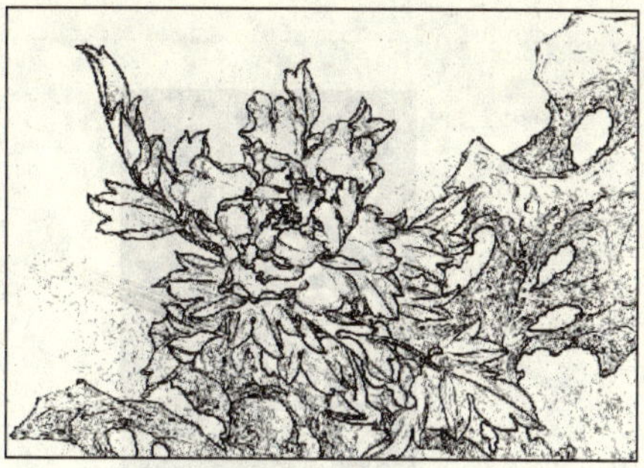

6　选择工具栏上的“矩形选框”工具，按图像的大小创建一个选区，进行反选后，按“Del”键删除选区中的图像，再进行反选并执行“编辑”/“描边”，会弹出描边对话框，其设置如下图所示。

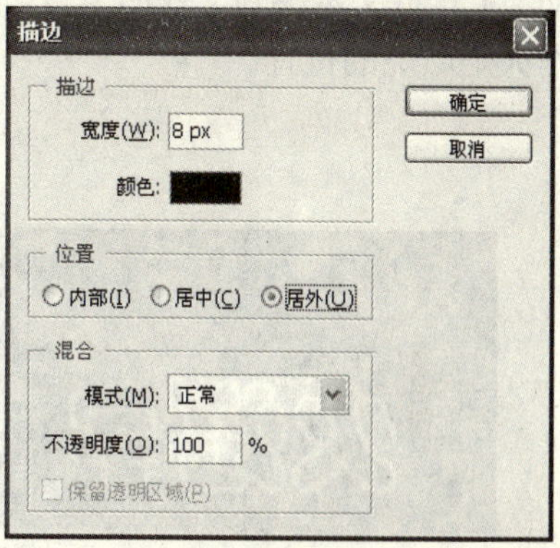

7　打开“图像 13”并通过“图像”/“调整图像大小”命令，调整图像的大小与刚才保存的文件大小一样。

8　执行“滤镜”/“纹理”/“纹理化”滤镜命令，在“载入纹理”对话框中打开刚才保存的文件，并调整其光照位置及凸出参数，得到的木板雕刻效果如下图所示。

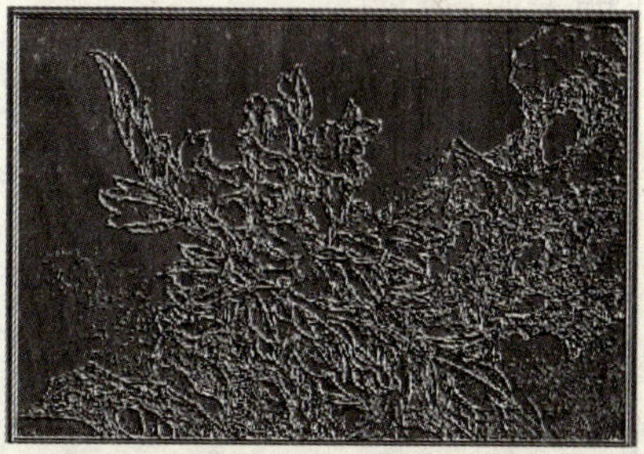

9.14.2　风滤镜

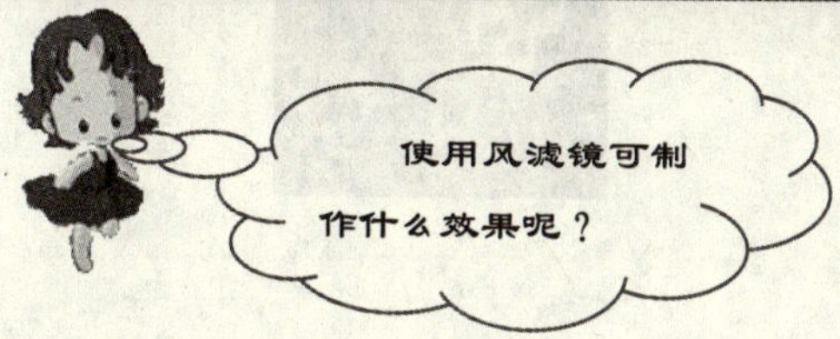

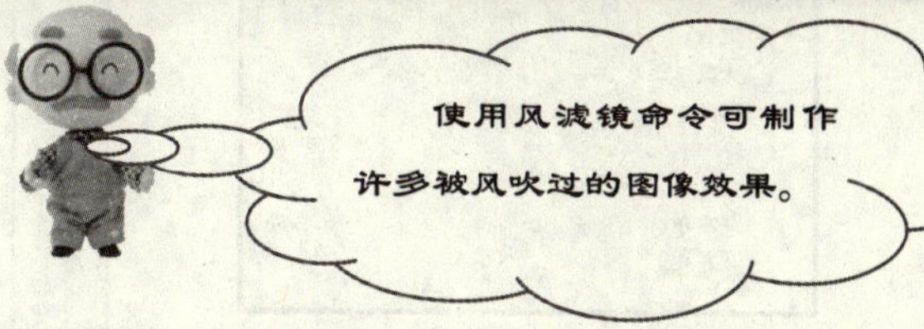

使用风滤镜可制作许多风格化图像效果，它能使图像形成一种被风吹过的效果。此节将以制作火焰字为例，学习风滤镜的使用方法。

1 新建一个“灰度”模式的文件，使用“横排文字”工具在文件中输入“火焰字”，并将字体设置为“华文彩云”。用“移动”工具将文本移到文件的下方，上方留作火焰燃烧的位置。

2 执行“编辑”/“旋转画布”/“90°顺时针”命令，此时图像变成如下图所示。

3 执行“滤镜”/“风格化”/“风”命令，打开如下图所示的“风”滤镜对话框，在对话框中的“方法”选项中，可选择风的大小及方向。

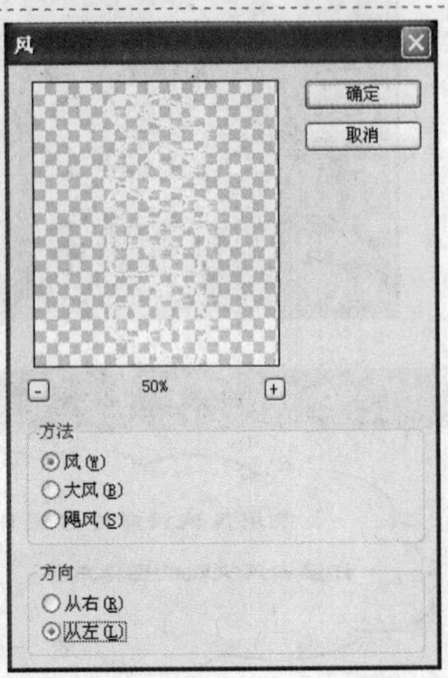

4 执行一次“风”滤镜命令，效果不是很明显，如果选择“大风”效果又不对，因此可以按“Ctrl+F”键再执行一次“风”滤镜命令。

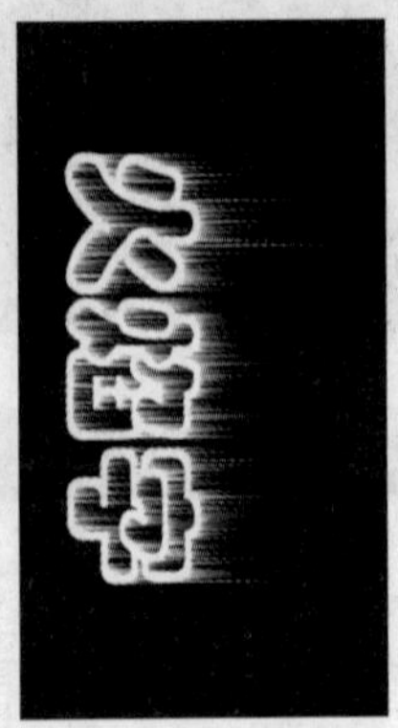

5 执行“编辑”/“旋转画布”/“90°逆时针”命令，将画布旋转成原来的样子。执行“滤镜”/“风格化”/“扩散”滤镜命令，会打开如下图所示的对话框，在对话框中选择“变暗优先”选项。

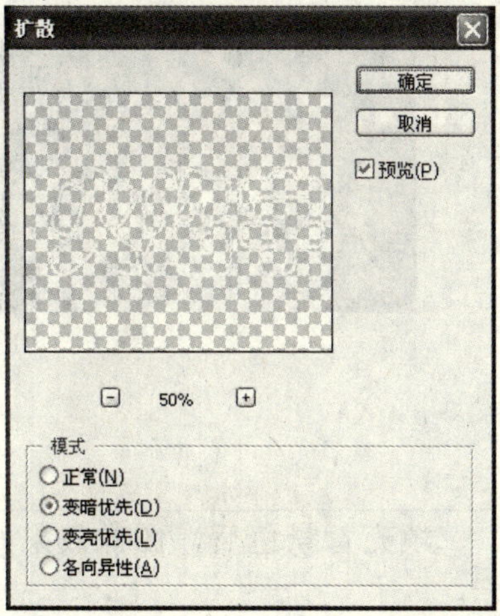

6 单击“确定”按钮后，其效果如下图所示。

7 执行“滤镜”/“模糊”/“高斯模糊”滤镜命令，会弹出如下图所示的对话框，将“半径”设置为“3”个像素。

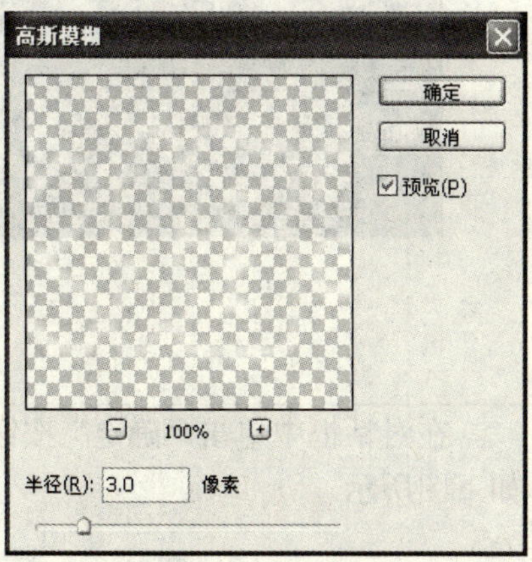

8 单击“确定”按钮后，效果如下图所示。

9 执行“滤镜”/“扭曲”/“波纹”滤镜命令，会弹出“波纹”滤镜对话框，其设置如下图所示。

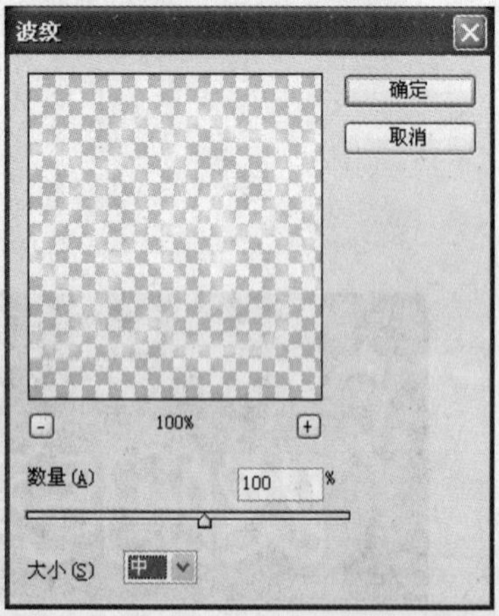

10 单击“确定”按钮后，效果如下图所示。

11 载入文字选区后，执行“编辑”/“填充”命令，会弹出“填充”对话框，其设置如下图所示。

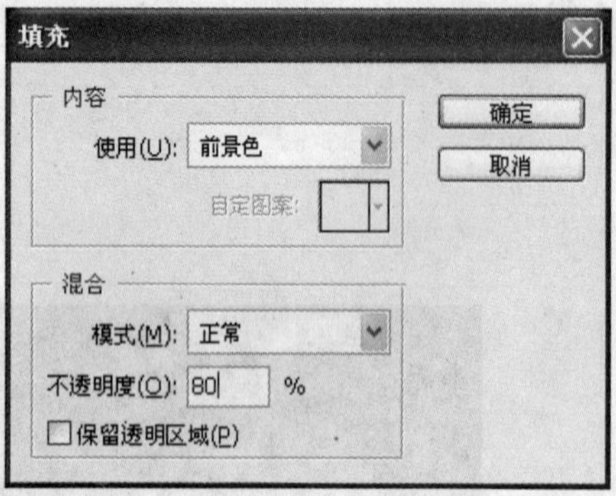

12 填充背景色后，图像效果如下图所示。

13 执行“图像”/“模式”/“索引颜色”命令，将灰度模式转换为索引模式后，再执行“图像”/“模式”/“颜色表”命令，在“颜色表”对话框中选择“黑体”选项。

14 在对话框中单击“确定”按钮，效果如下图所示。

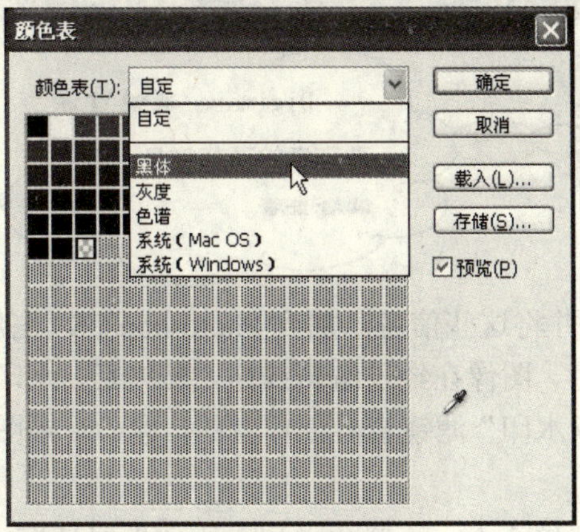

9.15 其他滤镜

使用其他滤镜可执行修改蒙版、在图像中位移选区和快速调整颜色等操作。其他滤镜共有 5 个子滤镜命令，分别是“位移”、“最大值”、“最小值”、“自定”、“高反差保留”。

执行“滤镜”/“其他”/“位移”滤镜命令，会弹出“位移”滤镜对话框，其对话框中各选项的含义如下：

水平：控制图像在水平方向上偏移的距离。

垂直：控制图像在垂直方向上偏移的距离。

未定义区域：可选择未定义区域的填充方式。它共有三种方式，分别是“设置为背景”“重复边缘像素”和“折回”。

9.16 Digimarc 滤镜

使用 Digimarc 滤镜可使图像的著作权通过使用 Digimarc Picture Marc 技术的数字水印加以保护。

通过“嵌入水印”滤镜可设置作品的著作权，并将这些信息添加到 Photoshop CS3 图像中。图像在加入水印后可以数字、打印的形式长期保存，图像在经过编辑或格式转换后，水印依然存在。当一幅作品嵌入水印后，用户可通过“读取水印”滤镜查看创作者的信息。一幅图像只能嵌入一次水印。

执行“滤镜”/“Digimarc”/“嵌入水印”滤镜命令，会弹出“嵌入水印”对话框。

嵌入水印对话框中各选项的含义如下：

个人注册：单击此按钮可弹出一个注册对话框，在对话框中，单击“信息”按钮获得“Digimarc 标识号”并输入“Digimarc 标识号”后面的文本框中，接着输入“个人身份号码”即可进行注册。

图像信息：单击下面的三角形按钮即可为图像选择一个信息。它包括“版权年份”、“图像标识号”和 “事务处理标识号”三个选项。

图像属性：选择下面的复选框，即可为图像设置属性。

目标输出：单击后面的三角形符号，可选择输出的方式，分别有“显示器”、“网页”和“打印”三个选项。

水印耐久性：可在后面文本框中输入数字或拖动下面的滑块改变其值。

电脑即学即用

教你学电脑

第 10 章　ImageReady CS3 的应用

本 章 要 点:

- ImageRead CS3 的概念
- ImageReady CS3 的运行
- ImageReady CS3 的使用

电脑博士，在 Photoshop CS3 中可以制作动画效果吗？

当然可以！本章就教你如何使用 Photoshop CS3 中的捆绑软件 ImageReady CS3 制作动画吧。本章将着重介绍 ImageReady CS3 的概念和使用方法。

10.1 ImageReadyCS 的概念

ImageReady CS3 是 Photoshop CS3 中捆绑的一个软件，使用它可以直接调用 IE 浏览器预览生成的动画，从而弥补了 Photoshop CS3 中制作网页及动画编辑方面的不足。ImageReady CS3 使用起来非常容易，是一种所见即所得的工具软件。

10.1.1 ImageReady CS3 的界面

启动 ImageReady CS3 的方法非常简单，如果当前没有启动 Photoshop CS3，可以直接执行“程序”/“ImageReady CS3”即可，如果当前已启动 Photoshop CS3 可直接单击工具箱中的“跳转到 ImageReady CS3”按钮即可。

ImageReady CS3 的界面只比 Photoshop CS3 多了一个制作动画效果的动画面板（如下图所示）。此外 ImageReady CS3 中的工具栏也发生了一些改变，它将一些工具重新分组，大大的简化了工具栏的复杂性，但各工具的使用方法和功能都没有发生变化。

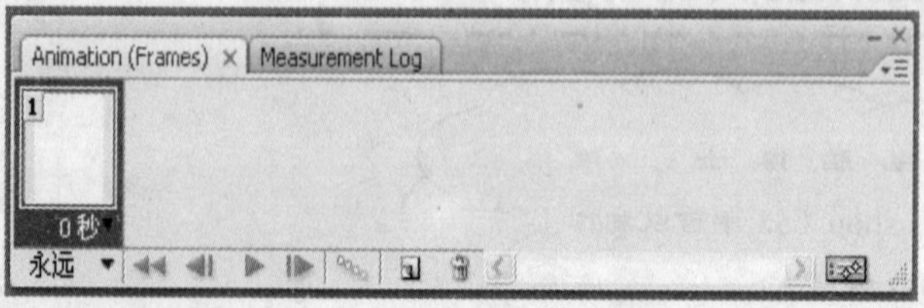

动画面板：主要用来编辑动画，通过面板底部的按钮即可制作出各种效果的动画。具体操作见下节内容。

除动画面板外，切片面板也是 ImageReady CS3 的一个重要特点。使用切片面板可将图像连接到网页中，在切片面板中有几个重要的参数设置，其含义如下：

类型：指定切片的类型，共有三个选项分别是“图像”、“无图像”和“表”。

名称：所选类型的名称。

URL：可将当前切片转换为具有超链接的热区，使浏览者在单击该位置后可跳转至超链接所定义的位置。

使用切片面板可将当前分割出来的小图像通过 URL 与网页进行链接，在 ImageReady CS3 里面操作时，可对每一个切片图像进行优化、指定 URL 和提示信息，因此多数切片操作都是在 ImageReady CS3 里面操作的，切片的具体操作步骤如下例所示：

1 在工具箱中选择“切片”工具，当鼠标变成“ ”形状时，在图像中拖动一个区域即可创建一个区域的切片。

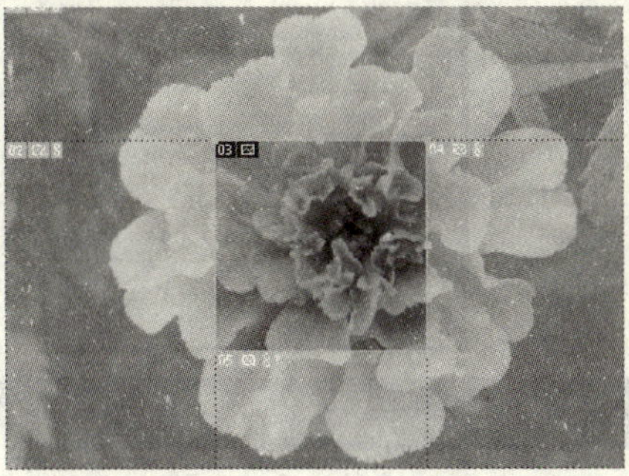

2 执行“窗口”/“切片”命令，打开动画面板。

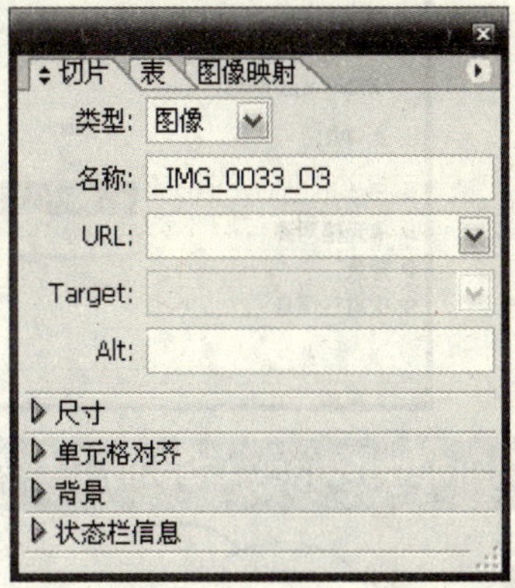

3 打开切片调板后，即可指定切片的选项，在调板中单击“类型”后面的按钮，在列表框中选择切片的类型为“图像”。

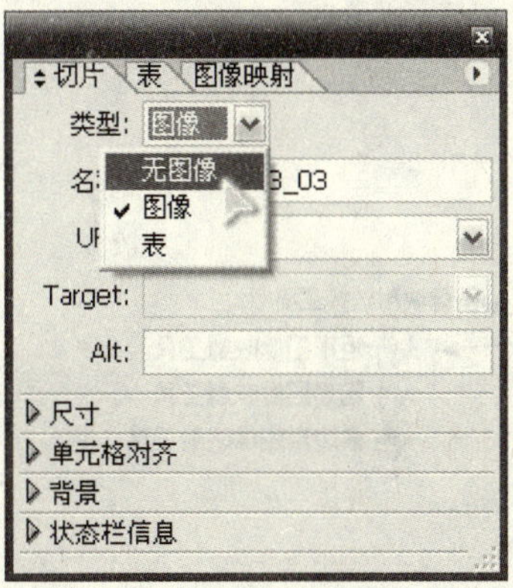

4 在名称文本框中输入切片的名称。在URL文本框中输入URL的地址，为当前的切片链接一个热区域，需注意的是，在输入地址时必须在前面加上“Http：//”，否则会出错。

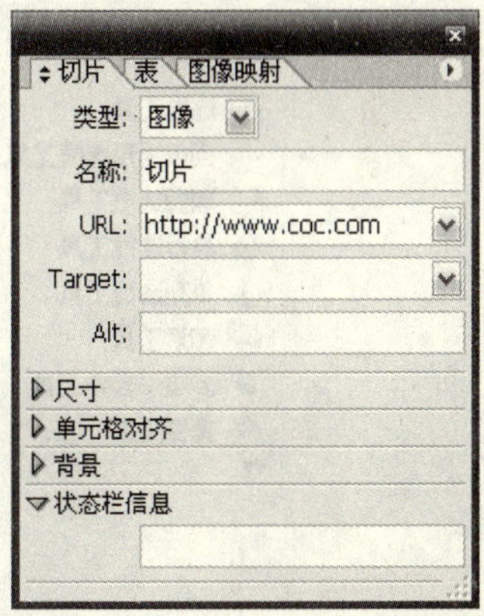

5 单击“Target”文本框后面的按钮可定义超链接所定义的网页弹出方式，在此选择“Parent”（在自己的父窗口中显示链接文件）。

6 在调板下面分别有“尺寸”、“单元格对齐”、“背景”和“状态栏信息”四个选项，通过这些设置可使切片的应用更加灵活，其设置不再多说。单击每个选项前面的小三角形即可展开其选项设置。

10.1.2 ImageReady CS3 的工具栏

ImageReady CS3 的工具栏比起 Photoshop CS3 的工具栏要简单、明了得多，这是因为它将一些工具进行了合并。它除了将一些工具合并在一起之外，还增加了几个新的工具，其工具栏如下图所示：

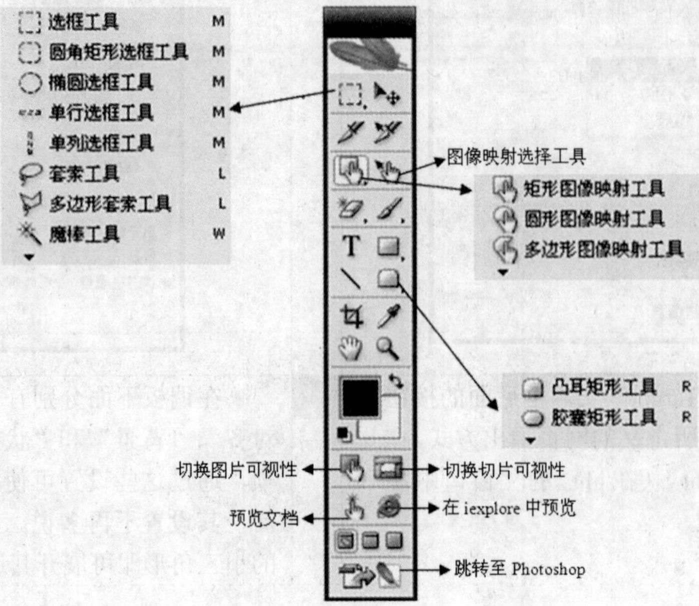

图像映射工具：使用此工具可创建矩形、圆形和多边形的图像映射，使用它可使图像的某一个区域链接到某一个 URL 地址上。

图像映射选择工具：此工具主要用于选择图像的映射。

直线工具：使用此工具可在图像中绘制直线。

凸耳工具：包括凸耳矩形工具和胶囊矩形工具，“凸耳矩形工具”是特意为在制作网页时画表格上方的导航栏所使用的工具，使用它可以画出上方两个角边带有弧形，而下方两角则为方形的矩形。“胶囊矩形工具”可以绘制出如药丸一样的图形。在“凸耳矩形工具”与“药丸矩形工具”的属性栏中，均有以“形状图层”和“完整像素”、“固定大小”来绘制图形，并可以调节其“圆角半径”、“模式”以及“透明度”，最完美的是有更多漂亮的“图层样式”供大家选择。

下面将以实例来进行讲解 ImageReady CS3 新增工具的使用方法及功能。

1 选择工具栏上的“凸耳矩形”工具，并单击其属性栏上的“样式”按钮，打开样式列表框，在此样式列表框中共包含了 30 种样式，用户可根据需要任选一种，然后用鼠标在图中拖动即可创建一个按钮。

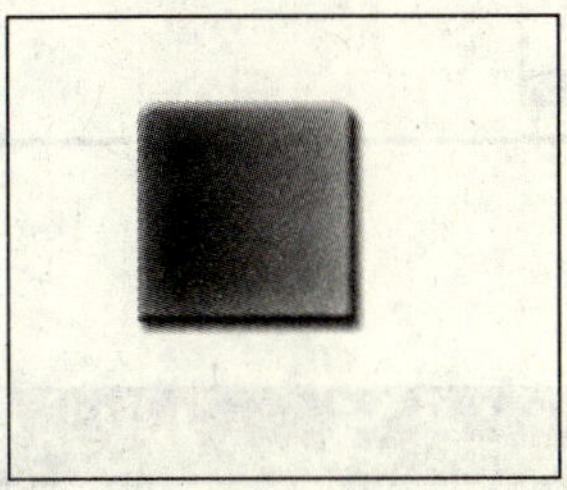

2 在工具属性栏中还可设置图形的不透明度及大小，若选择“固定大小”复选框即可设置所要创建图形的大小。如将高和宽分别设置为 150，不透明度为 80，则效果如下图所示。

10.2 ImageReadyCS3 的使用

ImageReady CS3 用于制作动画和网页。

10.2.1 动画控制面板

ImageReady CS3 中控制面板的使用很简单，只要是学过 Flash 的用户操作起来是轻而易举的事。在学习面板的使用前，我们先来认识面板上各按钮的作用及使用方法。

“”：单击此按钮可选择面板中的第一帧。

“”：单击此按钮可选择当前帧的前一帧。

“”：单击此按钮可播放或停止动画。

“”：单击此按钮可选择当前帧的后一帧。

“”：单击此按钮可打开“过渡”对话框，此按钮主要用于自动添加或修改两个现有帧之间的一系列帧，从而创建动画效果。

“”：单击此按钮可复制当前帧。

“”：单击此按钮可删除当前帧。

1 打开下载文件中“第 10 章”文件夹下的“图像 1”，此图像共有 4 个图层，且是“PSD”格式的文件。

2 打开文件后，动画调板将在第 1 帧显示整个图像。

10.2.2 复制帧

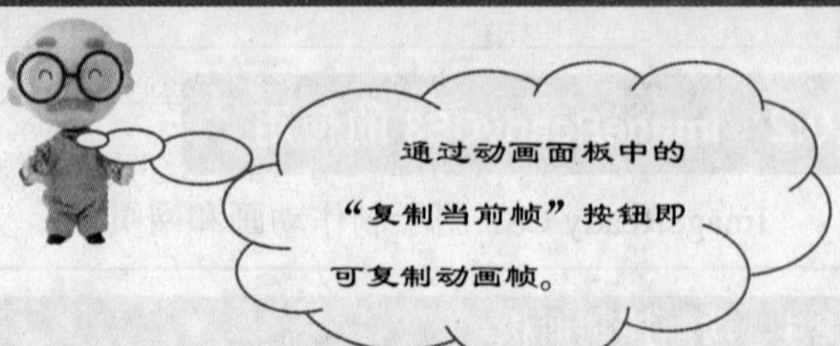

帧操作是 ImageReady CS3 制作动画的关键，帧的操作有许多种，如复制帧、粘贴帧、选择帧及删除帧等。学过 Flash 的用户都知道动画就是在一定的时间内快速显示一些略有不同的图像，而这些图像都是表达了一系列的动作或意义的。在 ImageReady CS3 中编辑动画也一样，它通过动画控制调板将一系列的动作存储图层内，并在调板中通过每一帧显示一个图层来完成这一动作，从而形成动画的效果。

1 打开“图像 1”的图层面板，如下图所示。

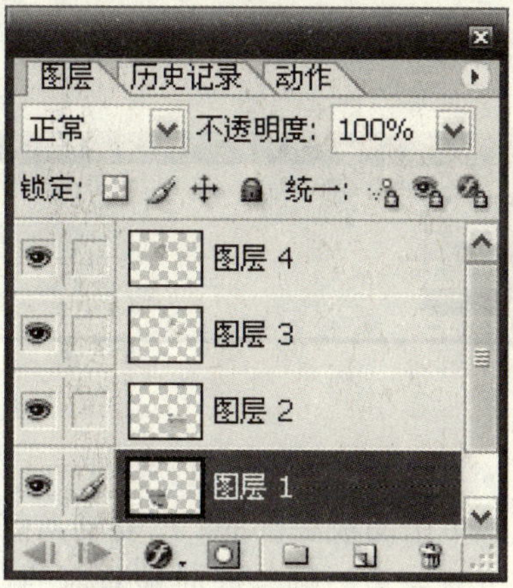

2 在动画调板中，选择第一帧后，在图层面板中只显示“图层 1”，即可达到第一帧显示图层 1 的效果。

3 单击动画调板下面的“复制当前帧”按钮，即可复制第一帧，此时复制的帧默认为第二帧，按照相同的方法，达到第二帧显示“图层 1”和“图层 2”的效果。

4 继续执行复制帧和显示图层的操作，即可达到每帧显示一个动作的效果，最后动画调板效果如下图所示。

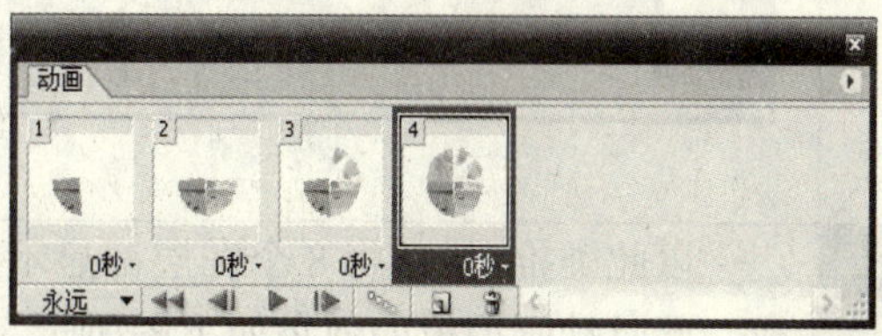

10.2.3 反转帧

反转帧即是指通过将动画中的帧进行逆序播放而达到一种反转的动画效果。反转帧的方法即是选中将要进行反转的帧，然后在面板下拉菜单中选择“反向帧”命令即可。

1 打开下载文件中“第 10 章”文件夹下的“图像 2”，此图像是一个“PSD”格式的文件，一共有 8 个图层。

2 执行“窗口”/“动画”命令，打开动画面板。

3 在动画面板中，选择第一帧，并在图层面板中显示“背景图层”和“图层 1”，此时在第一帧中显示的是“图层 1”的内容。

4 单击面板底部的“⧉”复制当前帧按钮，即可复制第一帧，此时被复制的帧默认为第二帧，在第二帧中显示“背景”、“图层 1”和“图层 2”。

5 以此类推，最后将 8 个图层都显示完成，此时动画调板的效果如下图所示。

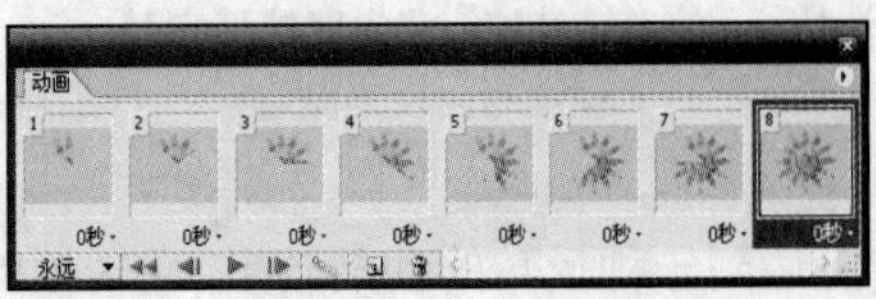

6 设置好每帧显示的内容后，即可设置帧显示的时间，显示时间的设置可根据用户的需要进行，在此只讲设置的方法。用鼠标单击当前帧下面的小三角即可在弹出的菜单中选择帧显示的时间。

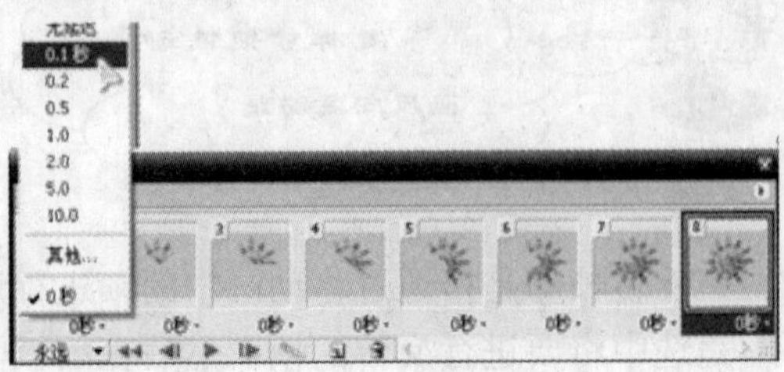

7 在给每一个帧设置好显示时间后，即可按面板底部的“播放/停止”按钮，播放动画效果。

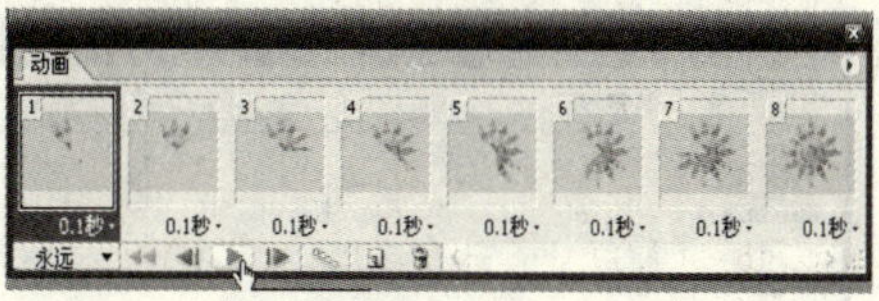

8 通过面板底部的“永远”按钮，可设置动画的播放次数，如选择一次，则动画只播放一次，若选择其他，则可在弹出的对话框中设置动画的播放次数。

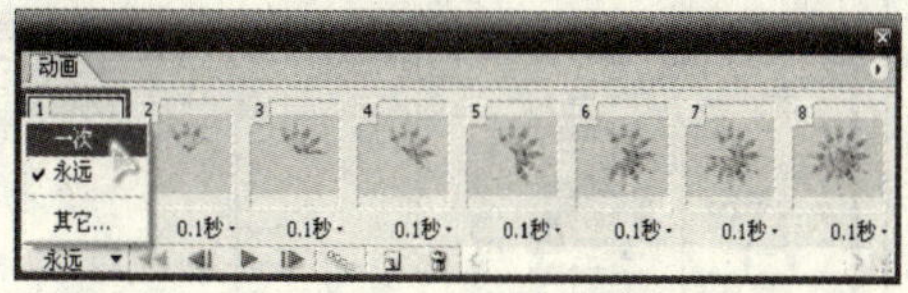

9 动画制作好后，选择第一帧并按住“Shift”键，用鼠标选择第八帧，即可将所有的帧都选中。单击面板右边的按钮打开菜单，选择“反向帧”命令。

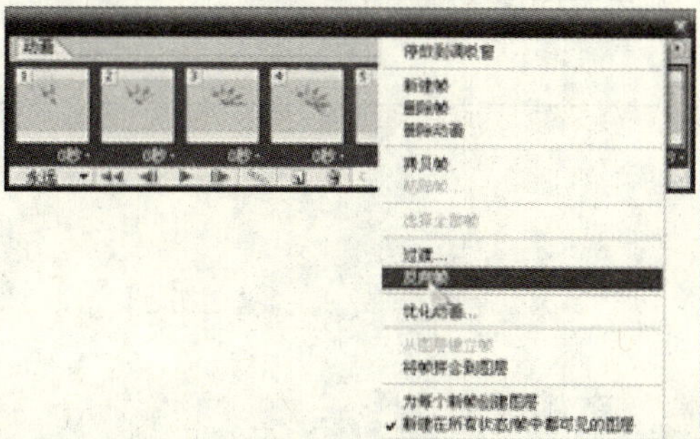

0 在动画面板中，将帧反转后，动画即可进行反向转动，其动画面板中帧的排列顺序，如下图所示。

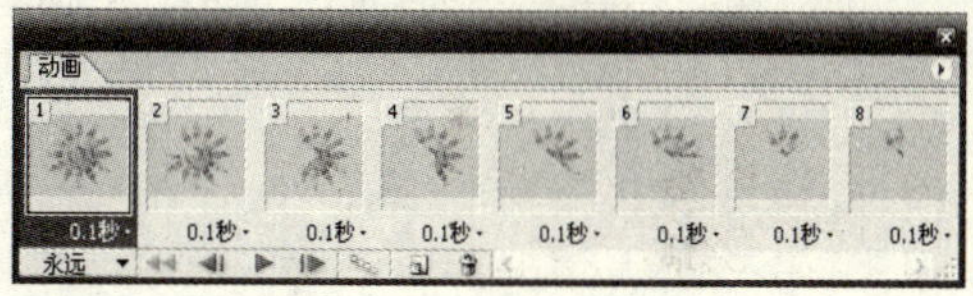

10.2.4 保存动画

在 ImageReady CS3 里面编辑的动画可存储为“GIF”和“HTML”两种格式的动画。

在保存动画时，可在其“保存”对话框中的“保存类型”列表中选择所需的文件类型，选择好后，单击“确定”按钮即可保存到目的位置。

制作好动画后，执行“文件”/“将优化结果存储为”命令，会打开“存储优化结果”对话框，在对话框中选择文件将要存放的路径。

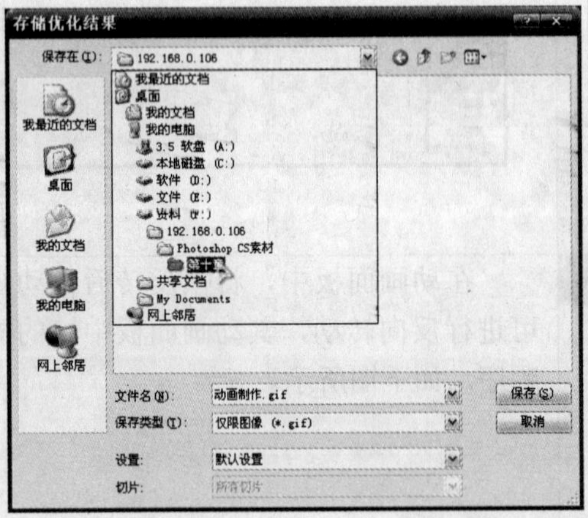

单击保存类型右边的按钮，即可在弹出的下拉菜单中选择将要保存的动画的类型。设置完成后，单击“确定”按钮后即可。

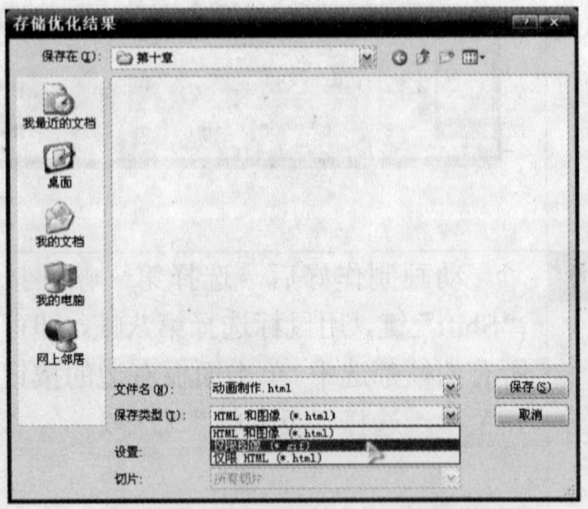

电脑即学即用

教你学电脑

第11章 综合实例

本章要点:

- Photoshop CS3 填充工具的使用
- Photoshop CS3 路径工具的使用
- Photoshop CS3 图层样式的使用
- Photoshop CS3 滤镜的使用

电脑博士，使用 Photoshop CS3 可制作哪些图像效果呢？

小丽，本章就教你使用填充工具、路径 工具、滤镜和图层样式制作卷边效果、木雕效果和雨景效果。

11.1 卷边效果

制作卷边效果主要用到填充工具组中的“渐变工具”及变换命令。此例的关键在于设置卷边的渐变色，及透视变换渐变框。在学习本例时应多熟悉“编辑”菜单下“透视变换”命令的操作方法。

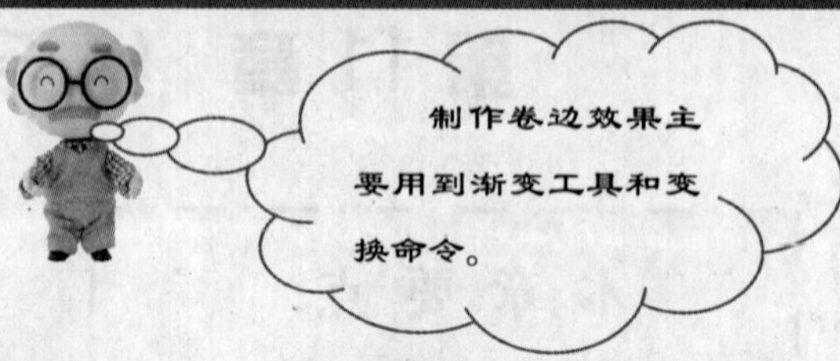

制作卷边效果的步骤如下例所示：

1 打开下载文件中“第 11 章”文件夹下的“图像 1”。

2 在工具箱中选择“矩形选框工具”创建如下图所示的选区。

3 在工具箱中选择“渐变工具”，并打开“渐变工具”对话框。在对话框中将两边的渐变控制块设置为黑色，中间的控制块设置为白色）。

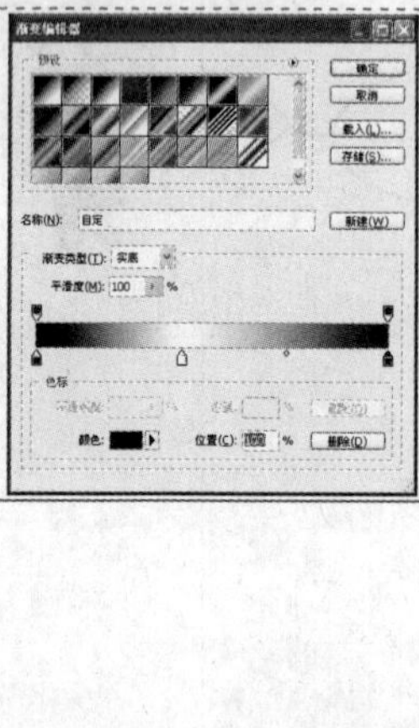

4 设置好后，新建一个图层，并用渐变色填充选区，效果如下图所示。

5　执行“编辑”/“变换”/“透视变换”命令，此时在矩形的四周会出现8个控制点。

6　用鼠标单击左边的点向中间移动，此时左上方的控制点也会随着向中间方向移动。

7　变换控制点使其变成一个三角形后，按回车键即可应用透视变换。在工具条中选择“椭圆选框”工具，创建如下图所示的选区。

8　按“Delete”键删除选区中的渐变图像。

9　执行“编辑”/“自由变换”命令（或按“Ctrl+T”键），将图像移动并旋转成如下图所示的位置。

10　按回车键，取消变换。在工具箱中选择“多边形套索”工具，创建如下图所示的选区。

11 在工具箱中选择“填充工具”，并将前景色设置为白色。用填充工具指向选区单击即可为选区填充白色，效果如下图所示。

12 在图层面板中，将新建图层拖到“新建图层”按钮上复制一个图层，并按“Ctrl+T”键移动和旋转图层。

13 将图层移动到合适的位置，按回车键即可应用变换效果。

14 再通地创建选区及填充选区的操作即可制作另一个卷边效果。

11.2 木板雕刻

制作木板雕刻效果主要用到选区和图层的应用。首先用多边形工具创建一个选区，再通过复制和粘贴图层，选择菜单中的“收缩选区”命令及删除选区中的图像操作制作雕刻外框，最后通过应用“斜面和浮雕”图层样式即可制作出木板雕刻的效果。

制作木板雕刻效果的具体操作步骤如下所示。

1　打开下载文件中“第 11 章”文件夹下的“图像 2”。

2　在工具箱中选择多边形工具，并在其属性栏中打开“多边形选项”对话框，其设置如下图所示。

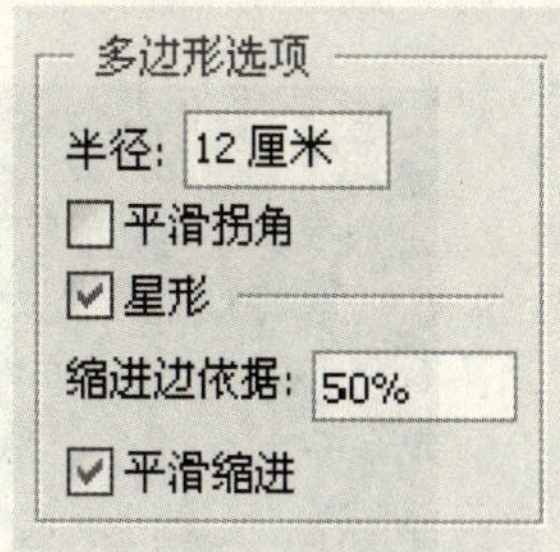

3　用鼠标在图中拖动，即可形成如下图所示的路径。

4　在路径面板中，单击底部的“将路径转换为选区”按钮。

5　按“Ctrl+C”将选区中的图像放在剪贴板中，再按“Ctrl+V”将图像复制到另一个图层中，此时图层中会自动生成一个“图层 1”。

6　执行“选择”/“修改”/“收缩”命令，将打开如下图所示的“收缩选区”对话框，在对话框中输入“收缩量”为“20”的像素。

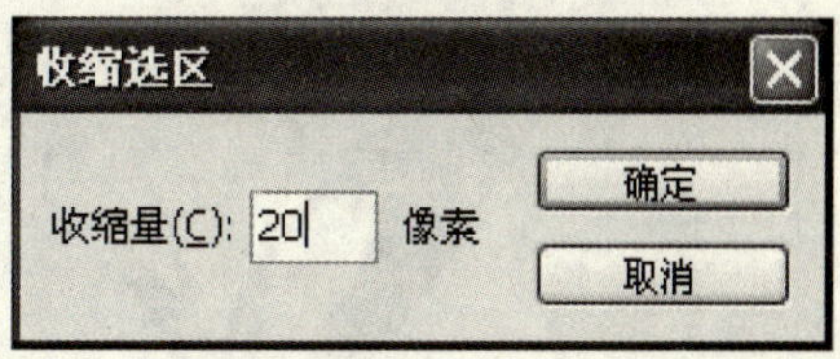

7 收缩选区后，效果如下图所示。

8 使当前图层为“图层 1”，按“Del”键删除选区中的图像。单击图层面板下面的“添加图层样式”按钮，为图层应用“斜面和浮雕”样式，其对话框的设置如下图所示。

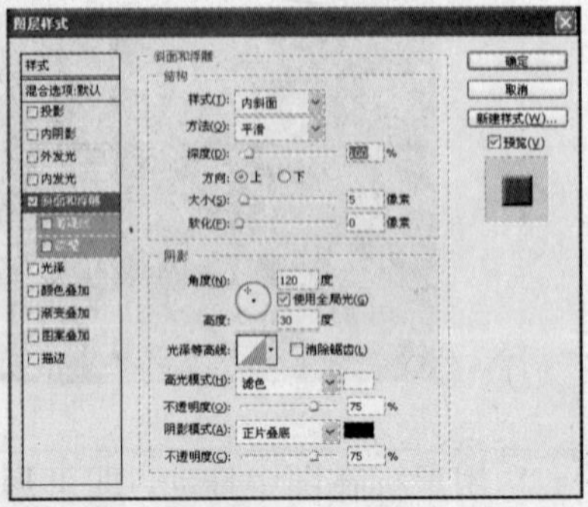

9 应用图层样式后，图像效果如下图所示。

10 打开“图像 3”。

11 在图像中创建如下图所示的选区。

12 在工具箱中选择“移动”工具，把图像拖动到“图像 2”中，并按“Ctrl+T”键将图像变小。

13　载入选区，并删除选区中的图像，如下图所示。

14　对图层应用“斜面和浮雕”图层样式，最终效果如下图所示。

11.3 贺卡

本例在制作贺卡时主要用到选区、路径及文字工具方面的操作。首先通过创建和填充选区制作贺卡的边框，再通过路径工具绘制花边，最后加上文字祝语，一张母亲节的贺卡就大功告成了。

制作贺卡的具体操作步骤如下。

1　新建一个文件，并填充淡粉红色，制作贺卡的背景。

2　新建“图层 1”。选择工具箱上的“矩形选框”工具，创建如下图所示的选区，并将其填充为白色。

3 新建“图层2”，重复步骤2的操作，效果如下图所示。

4 新建“图层3”选择工具箱上的“矩形选框”工具，在图层2上创建如下图所示的选区，并填充为白色。

5 使“图层3”为当前图层，单击图层面板下面的“添加图层样式”按钮，在弹出的快捷菜单选择“内阴影”命令，在弹出的“内阴影”对话框中，将颜色设置为深紫色，阴影的大小为40个像素。

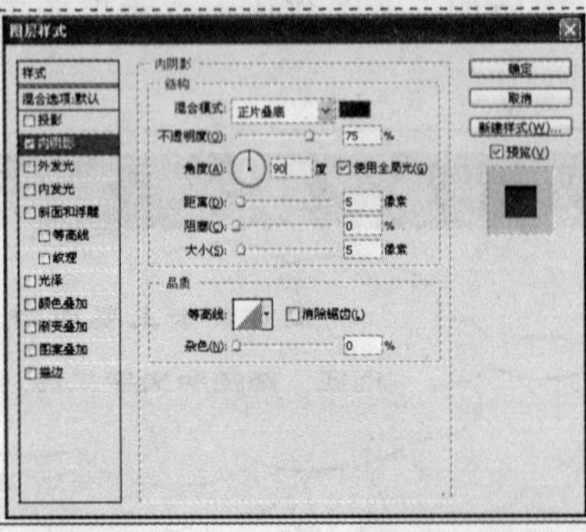

6 应用图层样式后，图像效果如下图所示。

7 打开下载文件中“第11章”文件夹下的“图像4”，并使用工具箱中的“魔棒”工具，创建如下图所示的选区。

8 在工具箱中选择“移动工具”将图像移动到文件中，并通过变换及图层的不透明度制作如下图所示的效果。

9 在工具箱中选择“路径”工具，创建如下图所示的路径。

10 选择“画笔”工具，并打开画笔调板，在调板中选择花朵笔尖形状。

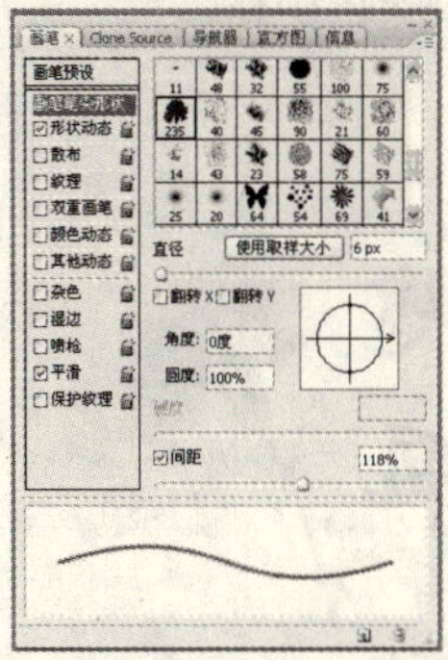

11 打开“路径面板”，可看到在路径面板中有一个新建的工作路径，用鼠标指向工作路径并单击右键，在弹出的菜单中选择“描边路径”。

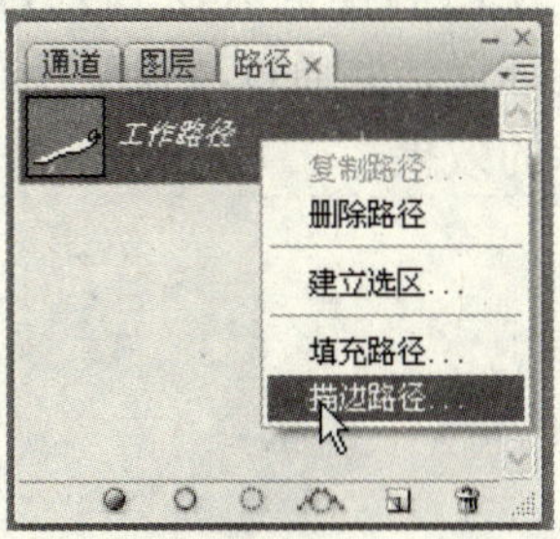

12 执行“描边路径”命令后，会弹出如下图所示的对话框，在对话框的“工具”列表中选择“画笔”工具，单击“确定”即可。

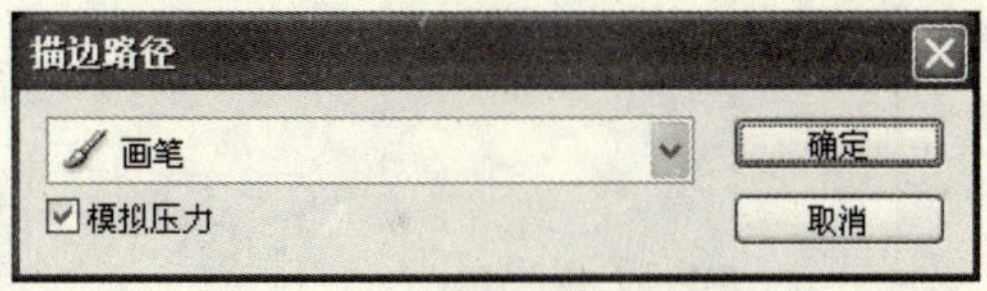

13 执行画笔描边操作后，在路径面板中删除路径，即可得到如下图所示的效果。

14 在工具箱中选择“横排文字”工具，在图像中输入文本。

15 使用同样的方法，在图像中输入“感恩”文字，并在栅格化图层后对文字进行移动和旋转操作。

单击图层面板底部的“添加图层样式”按钮，选择“内发光”命令，其对话框中的设置如下图所示。

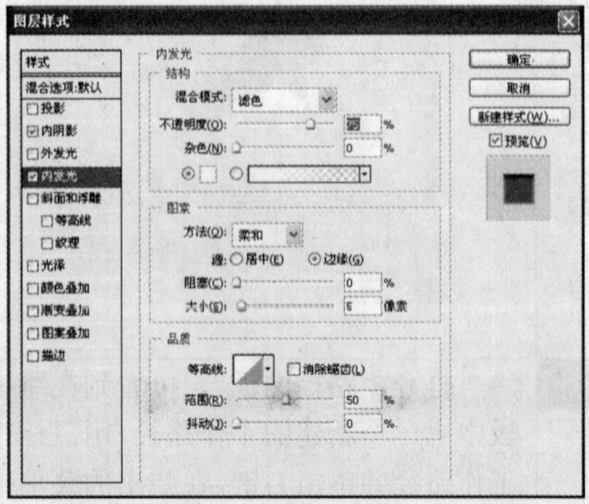

17 应用内发光图层样式后，文字效果如下图所示。

使用同样的方法输入母亲节快乐的英文翻译，并通过透视变换，得到如下图所示的效果。

11.4 雨 景

制作雨景效果主要用到滤镜中的“像素化”、“模糊”和“USM 锐化”三个命令。本例的制作过程比较简单，关键是滤镜对话框中各参数的设置一定要适中，如在执行“点状化”滤镜时，其单元格的大小直接控制着雨点的大小。

怎样制作雨景效果呢？

使用“像素化”、“模糊”和“USM 锐化”三个滤镜命令即可以制作雨景效果。

制作雨景的具体操作步骤如下：

1 打开下载文件中“第9章”文件夹下的“图像 5”，并在图层面板中复制一个背景图层。

2 执行“滤镜”/“像素化”/“点状化”滤镜命令，在弹出的“点状化”滤镜对话框中设置“单元格的大小”为“3”。

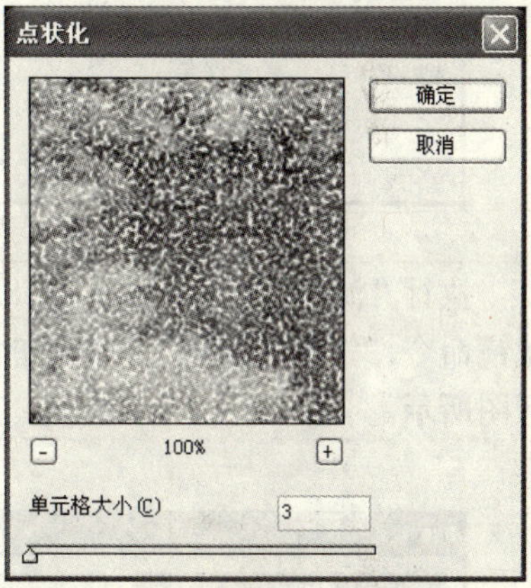

3 执行“图像”/“调整”/“阈值”命令，在“阈值”对话框中将“阈值色阶”设置为最大。

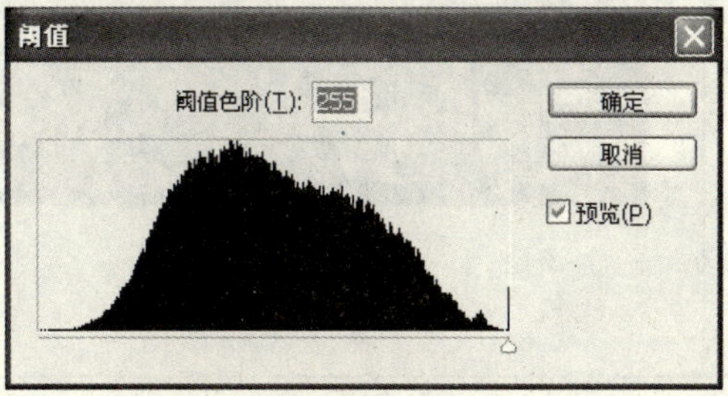

4 使用点状化滤镜和阈值命令后，图像效果如下图所示。

5 执行“滤镜”/“模糊”/“动感模糊”命令，“动感模糊”对话框的设置如下图所示。

6 使用“动感模糊”滤镜命令后，图像效果如下图所示。

7 执行“滤镜”/“锐化”/“USM 锐化”滤镜命令，“USM 锐化”对话框的设置如下图所示。

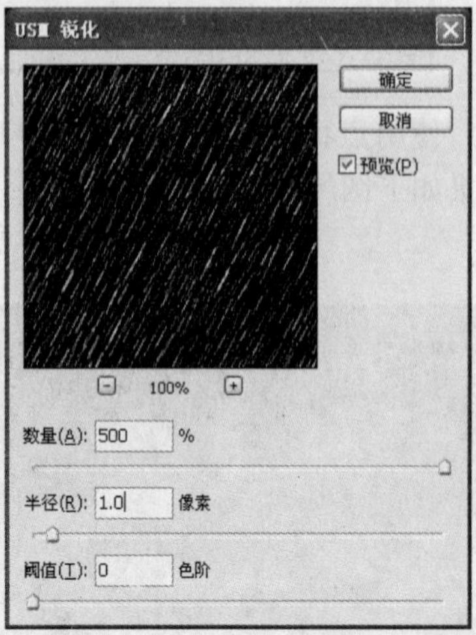

8 图像的最终效果如下图所示。